移动开发

AIR Android in Action

# AIR Android
## 应用开发实战

邱彦林◎著

机械工业出版社
China Machine Press

本书由资深 Adobe 技术专家兼资深 Android 应用开发工程师亲自执笔，既系统全面地讲解了如何利用 Adobe AIR 技术开发 Android 应用，又细致深入地讲解了如何将已有的基于 PC 的 AIR 应用移植到 Android 设备上。不仅包含大量实践指导意义极强的实战案例，还包括大量建议和最佳实践，是系统学习 AIR Android 应用开发不可多得的参考书。

全书共 16 章，分为五个部分：准备篇（1～2 章）主要介绍了利用 AIR 开发 Android 应用之前需要了解的基本信息、开发环境的搭建，以及一个简单的 AIR Android 应用开发的全过程，旨在让读者对 AIR Android 应用开发有一个全面清晰的认识；基础篇（3～10 章）对 AIR 移动开发技术进行了系统而全面地讲解，包括移动设备上的用户交互方式、加速计的使用、地理定位功能、整合系统程序、访问设备资源、网络通信、多媒体、文件和数据库等，以及程序的调试和发布；进阶篇（11～13 章）以 AIR 桌面应用开发为参照对象，讲解了 AIR 移动开发的重点和难点，如何针对移动设备进行界面设计，如何提高用户体验，以及如何提升程序的性能等，作者分享了大量具有实际意义的技巧和最佳实践；实战篇（14～15 章）详细讲解了一款游戏的开发过程，将 AIR 移动技术和 Flash Web 技术灵活地结合了起来，展现了 Flash 技术在移动平台上的巨大潜力；高级篇（第 16 章）讲解了 AIR 3.0 的新特色——本地扩展，本地扩展为 AIR 技术提供了超强的扩展能力，使得开发者可以摆脱 AIR 的技术局限性。

## 图书在版编目（CIP）数据

AIR Android 应用开发实战 / 邱彦林著 . —北京：机械工业出版社，2012.7

ISBN 978-7-111-39177-7

I. A… 　II. 邱… 　III. 移动电话机－应用程序－程序设计 　IV. TN929.53

中国版本图书馆 CIP 数据核字（2012）第 163959 号

机械工业出版社（北京市西城区百万庄大街 22 号　邮政编码　100037）
责任编辑：孙海亮
三河市杨庄长鸣印刷装订厂印刷
2012 年 8 月第 1 版第 1 次印刷
186mm×240mm • 22.75 印张
标准书号：ISBN 978-7-111-39177-7
定价：69.00 元

凡购本书，如有缺页、倒页、脱页，由本社发行部调换
客服热线：（010）88378991；88361066
购书热线：（010）68326294；88379649；68995259
投稿热线：（010）88379604
读者信箱：hzjsj@hzbook.com

前　言

　　2010 年年底，我有幸受邀参加了 Flash 开发者大会（http://www.wefdc.com）主办的第六届技术交流会，作了题为《AIR Android 开发的一些心得》的演讲。当时 AIR 移动版（也就是 2.5 版）尚在测试阶段，还没有正式发布，所以很多朋友都觉得很新鲜。参加这次大会最大的收获是结识了一些志同道合的朋友，其中就有本书的策划编辑杨福川。与福川几番交流后，就有了创作本书的想法。

　　从 2010 年到 2012 年，短短两年时间，移动互联网的发展日新月异。移动互联网给人们带来的变化是全方位的，从生活到工作，一切都在变化，而且速度越来越快。对技术人员而言，身处这样一个技术更替的大时代，面临着挑战的同时，也有很多机遇，在 Flash 技术领域更是如此。

## Flash 技术的移动之路

　　回首过去，Flash 技术在移动平台上走过了一段颇为曲折的道路。

　　在 Macromedia 没被 Adobe 收购前，就已经着手让 Flash 技术进军移动领域。在 Flash Player 4.0 时代，Macromedia 推出了针对移动设备的 Flash Lite 解决方案，这是一个轻量级的 Flash Player，支持在设备上直接运行 Flash 文件。此时移动平台还处于诺基亚的 Symbian 系统时代，软硬件条件都和 PC 相去甚远。由于移动应用的发展缓慢，Flash Lite 并没有取得理想的成就。到 2009 年，Flash Lite 发展到 3.1 版本，但一直没有达到 Adobe 的预期效果。

　　2007 年，iPhone 手机的横空出世，打乱了移动市场的格局。2008 年 Android 系统手机问世，随后，移动互联网时代就这样"忽如一夜春风来"。在这一时期，客观地说，Adobe 在发展战略上走了一些弯路，因为他们还是按照 Flash 技术在 PC 上的发展套路，执著地在移动平台上推行 Flash Player。事实上，Flash Lite 的失败已经证明这条路很难走。好在 Adobe 及时调整了方向，2009 年后将重点放在 AIR 上，让 AIR 支持 Android、iOS 和 Blackberry 等主流移动平台，走 Native App 路线，为广大的 Flash 技术开发者打开了通往移动平台的方便之门。

2010 年，Adobe 发布了 AIR 2.5 版本，支持 Android 平台和 Blackberry 的 Playbook，随后的 2.6 版增加了对 iOS 平台的支持。在此之后，AIR 的发展更加迅猛。2011 年底，Adobe 正式宣布终止更新移动版 Flash Player，集中力量发展 AIR 移动技术。截止到本书出版，AIR 已经到了 3.2 版本，AIR 3.3 也进入了公测期。

谈到 AIR 在移动平台的发展历史，笔者想起了一款名为 ELIPS Studio 的软件。这款软件出自一家法国的公司 OpenPlug（发布于 2009 年，比 AIR 2.5 还早），是基于 Flash 平台的移动解决方案，为 Flash 开发者提供了跨平台的开发环境，并能够将 Flash 技术运用到 Android、iOS、Windows Mobile 等平台上。2010 年，这家公司被跨国公司阿尔卡特朗讯（Alcatel-Lucent）收购。不过，当 AIR 完成了移动平台的布局后，OpenPlug 的技术优势已不复存在，毕竟他们的产品都是基于 Flash 技术，无法和 Adobe 抗衡。不久之后，阿尔卡特朗讯宣布终止更新 OpenPlug 产品，这也就在意料之中了。OpenPlug 固然是昙花一现，但从中可以得出一个结论：Flash 技术走向移动平台确实适应了市场的需求。

## 本书面向的读者

如果你开发过 AIR 桌面程序，想知道如何将程序移植到 Android 平台上，那么本书非常适合你。

如果你了解 ActionScript 3.0 编程语言并用它编写过程序，现在又想为 Android 设备开发移动应用，那么这本书值得你一读。

如果你开发了一款 Flash Web 程序，想知道如何将程序移植到 Android 平台上，那么这本书里有你需要的东西。

如果你想为 Android、iOS 或 Playbook 开发跨平台的移动程序，那么一些不错的技巧和建议。

需要说明的是，这是一本关于 AIR Android 开发的教程，不是 ActionScript 3.0 的入门教程，也不是 AIR 开发的入门教程，更不是 Android SDK 开发的入门教程。当然，书中涉及一些 Android SDK 的内容，可帮助你加快 Android SDK 的学习进度。总而言之一句话，只要你有 ActionScript 3.0 开发经验，阅读这本书就肯定没问题。

## 本书包括的内容

本书共包括 16 章，分为 5 个部分：

**准备篇**（第 1 ~ 2 章）　主要介绍了 AIR Android 开发需要做哪些准备，如何搭建开发环境，并编写了一个简单的应用程序。通过这部分使读者了解移动技术的优势和局限。

**基础篇**（第 3 ~ 10 章）　介绍了 AIR 移动开发的基础技术，包括移动设备上的用户交互方式、加速计的使用、地理定位功能、访问设备资源、网络通信、文件和数据库等，涵盖了移动开发的方方面面，另外，程序的调试和发布也是移动开发的一个重要组成部分。

**进阶篇**（第 11 ～ 13 章） 和桌面开发相比，移动开发的重点和难点在哪里？如何针对设备进行界面设计？如何提高用户体验？更重要的是，在移动设备上，如何提升程序性能？在这部分，笔者结合自己的开发经验，分享了很多具有实际意义的技巧和方法。

**实战篇**（第 14 ～ 15 章） 用两个章节的篇幅详细介绍了一款游戏的开发过程，将 AIR 移动技术和 Flash Web 技术灵活结合起来，展现了 Flash 技术在移动平台上的巨大潜力。

**高级篇**（第 16 章） 介绍了 AIR 3.0 的新特色——本地扩展。本地扩展为 AIR 技术提供了超强的扩展能力，使得开发者可以摆脱 AIR 的技术局限性。

# 如何使用源代码

读者可以先登录 http://www.hzbook.com 网站，找到本书网页下载实例代码包。

每个实例程序一般包含三部分：

❑ src 文件夹：包含所有的源代码，都使用纯 ActionScript 3.0 编写。

❑ dist 文件夹：包含最终的 APK 文件，可以安装到设备上运行。

❑ application.xml：应用程序描述文件。

使用 FlashDevelop 时，直接将 src 和 application.xml 复制到项目中即可运行。如果读者使用 FlashBuilder 开发环境，也可以建立 ActionScript mobile 项目来运行程序。

代码包中还有一个 library 目录，包含了公共代码库和类库，请读者务必将此目录添加到 FlashDevelop 的全局类路径中，否则一些实例程序将无法通过编译。添加方法是：在 FlashDevelop 中，单击菜单中的 Tools → Global Classpaths 命令，在弹出的窗口中，单击 "Add Classpath" 按钮，找到 library 目录，添加即可。

添加完毕后，在 FlashDevelop 中编辑项目时，在 Project 面板的文件列表中会看到 library 目录。如果没有出现 library 目录，则单击菜单中的 Tools → Program settings 命令，在弹出窗口的左侧找到 "Project Manager"，将右侧设置项 "Project Tree" 下的 "Show Global Classpaths" 修改为 true，然后重新启动 FlashDevelop 即可。

# 勘误和支持

由于作者的水平有限，加之编写时间仓促，书中难免会出现一些错误或者不准确的地方，恳请读者批评指正。无论你遇到什么问题，都可以访问新浪微博 http://weibo.com/waktree 给我留言，或者发送邮件至 walktree@gmail.com，期待能够得到你的反馈。

## 致谢

首先，感谢 Flash 开发者大会能够为我提供这么好的机会，让我认识了很多技术同仁，也感谢他们为广大 Flash 技术人员提供的这个很好的交流平台，和对国内的 Flash 技术推广做出的贡献。

其次，感谢我的上级领导和同事。因为在公司参与了相关的项目开发，我才有机会研究 AIR 移动技术。在 AIR 移动技术还处于测试阶段时，我又有幸承担了开发重任。在开发过程中，同事们共同解决了一系列的技术问题，这些心得和经验最终都成为了书中实例。

感谢本书的策划编辑杨福川，在内容布局和安排上他都提出了很多好的意见和建议。感谢白宇，她一丝不苟的工作态度保证了这本书的质量。

因为诸多原因，曾一度拖稿，在爱人的不断督促和帮助下，最终才得以完成本书。谢谢家人的支持，祝家人和朋友们一切都好！

邱彦林

2012 年 5 月

目　录

前言

第一篇　准备篇

第1章　AIR Android 开发简介 / 2

1.1　开发之前需要了解的信息 / 2
1.1.1　AIR Android 开发的可行性 / 2
1.1.2　开发过程中常见的问题 / 4
1.1.3　优势和局限性 / 6
1.2　搭建开发环境 / 7
1.2.1　安装 Android SDK / 7
1.2.2　使用 Flash Professional CS5 / 9
1.2.3　使用 Flash Builder 4.5 / 13
1.2.4　构建开源的开发环境 / 16
1.3　实战：一个简单的 AIR 项目 / 17
1.4　本章小结 / 20

第2章　第一个 AIR Android 程序：翻转黑白棋 / 21

2.1　游戏的设计思路 / 21

2.2 像往常一样编写 ActionScript 代码 / 23

2.2.1 创建棋子类 Grid / 23

2.2.2 编写主类 Main / 24

2.3 设置程序属性 / 31

2.3.1 了解应用程序描述文件 / 31

2.3.3 设置访问权限 / 32

2.4 打包 APK 文件 / 33

2.5 安装和运行程序 / 34

2.5.1 使用模拟器运行程序 / 34

2.5.2 在真机上运行程序 / 39

2.6 本章小结 / 40

# 第二篇 基础篇

# 第3章 处理用户交互 / 42

3.1 关于多点触摸 / 42

3.2 处理触摸事件 / 43

3.2.1 使用 TouchEvent 类 / 43

3.2.2 触摸事件与鼠标事件的区别 / 47

3.3 处理手势动作 / 48

3.3.1 放大与缩小手势 / 49

3.3.2 旋转手势 / 52

3.3.3 Swipe 手势 / 53

3.4 本章小结 / 56

# 第4章 加速计 / 57

4.1 Accelerometer API 用法 / 57

4.2 重力小球实例 / 59

4.2.1 如何模拟重力场 / 59

4.2.2 绘制小球 / 60

4.2.3 让小球总是掉到屏幕下方 / 61

4.2.4 为小球设置围墙 / 62

4.2.5 优化代码后运行程序 / 64

4.2.6 管理程序的状态 / 64

4.3 加速计实战：检测手机晃动 / 66

4.4 本章小结 / 68

## 第 5 章 地理定位 / 69

5.1 开启手机的地理定位功能 / 69

5.2 Geolocation API 用法 / 70

5.3 地理定位实战：自动查询地址和天气 / 73

5.3.1 查询地址 Geocoding / 74

5.3.2 查询本地天气 Weather / 75

5.3.3 代码解析 / 76

5.3.4 测试运行 / 79

5.4 本章小结 / 83

## 第 6 章 整合系统程序 / 84

6.1 使用自定义 URI 调用系统程序 / 84

6.1.1 电话拨号 tel / 84

6.1.2 发送短信 sms / 88

6.1.3 发送邮件 mailto / 90

6.2 使用 Android 系统自带的地图服务 / 92

6.3 使用 StageWebView 加载网页 / 95

6.4 本章小结 / 100

## 第 7 章 多媒体 / 101

7.1 使用摄像头 / 101

7.1.1 摄像头的传统用法 / 101

7.1.2 使用 CameraUI 类调用摄像程序 / 103

7.2 使用设备上的多媒体资源 / 108

7.2.1 使用 CameraRoll 类向系统相册添加照片 / 108

7.2.2 使用 CameraRoll 类选取照片 / 111

7.3 使用麦克风录音 / 115

7.4 播放视频 / 122

    7.4.1 AIR 支持的视频格式 / 122

    7.4.2 播放视频实战：VideoPlayer / 123

7.5 本章小结 / 126

# 第 8 章　文件和数据库 / 127

8.1 文件系统 API / 127

    8.1.1 Android 文件系统和程序目录结构 / 127

    8.1.2 常用的文件操作 / 132

    8.1.3 用异步方式操作文件 / 134

8.2 SQL 数据库 / 136

    8.2.1 SQLite 简介 / 136

    8.2.2 连接数据库 / 137

    8.2.3 创建表 / 138

    8.2.4 添加、查询、更新和删除 / 141

    8.2.5 数据库实战：使用查询参数重用 SQLStatement 对象 / 146

8.3 本章小结 / 149

# 第 9 章　网络通信 / 150

9.1 网络通信知识简介 / 150

    9.1.1 网络通信 API / 150

    9.1.2 AIR 的安全机制 / 153

9.2 检测网络状态 / 154

9.3 Socket 实战：开发即时聊天工具 / 157

    9.3.1 Socket 通信流程 / 157

    9.3.2 在桌面建立服务器 / 158

    9.3.3 构建简单的聊天服务器 / 160

    9.3.4 制作聊天客户端 / 167

9.4 强大的 P2P 功能 / 173

    9.4.1 P2P 通信模型 / 173

    9.4.2 P2P 开发实战：视频直播 / 174

9.5 本章小结 / 179

# 第 10 章　调试和发布 / 180

10.1　调试程序 / 180

　　10.1.1　使用 ADL 在桌面上调试程序 / 180

　　10.1.2　远程连接 Flash 调试器 / 183

　　10.1.3　使用 Android SDK 的 DDMS 工具 / 186

10.2　发布程序前的准备工作 / 188

　　10.2.1　设置程序的基本属性 / 188

　　10.2.2　管理程序的版本号 / 189

　　10.2.3　针对 Android 设备的设置 / 190

10.3　发布 APK 文件 / 191

10.4　将程序发布到应用商店 / 192

　　10.4.1　发布到 Google Play 商店 / 192

　　10.4.2　发布到安卓市场 / 195

10.5　本章小结 / 196


# 第三篇　进阶篇


# 第 11 章　针对移动设备的程序设计 / 198

11.1　设计界面 / 198

　　11.1.1　自动适应不同型号的屏幕 / 198

　　11.1.2　友好的用户交互 / 202

　　11.1.3　有效的界面布局 / 204

11.2　管理程序的状态 / 207

　　11.2.1　监测程序状态 / 208

　　11.2.2　实战：自动保存播放位置 / 211

11.3　跨平台开发 / 215

　　11.3.1　跨平台开发时的注意事项 / 215

　　11.3.2　技巧：使用编译参数兼容多平台 / 217

11.4　本章小结 / 219

## 第 12 章　键盘交互 / 220

12.1　Android 设备上的键盘交互 / 220

12.1.1　Android 设备上的实体按键 / 220

12.1.2　监听键盘事件 / 222

12.2　实战：使用 Menu 键模拟 Android 的菜单和行为 / 224

12.2.1　创建菜单对象 / 224

12.2.2　关联按键动作 / 228

12.3　Back 键的用法 / 232

12.3.1　实战：使用 Back 键进行页面导航 / 233

12.3.2　通过 Back 键自动关闭程序 / 238

12.4　本章小结 / 239

## 第 13 章　性能优化 / 240

13.1　了解 ActionScript 3.0 的运行机制 / 240

13.1.1　ActionScript 3.0 的特点 / 240

13.1.2　关于垃圾回收机制 / 243

13.2　从编程细节处看优化 / 246

13.2.1　使用最合适的数据类型和 API / 246

13.2.2　资源的回收和释放 / 249

13.2.3　实例：一段代码的优化历程 / 251

13.3　常用工具和代码库 / 253

13.3.1　使用 FlexPMD 优化代码 / 254

13.3.2　Flash Builder 的性能调试工具 Profiler / 255

13.3.3　第三方调试工具 Monster Debugger / 258

13.4　优化技巧实战案例 / 260

13.4.1　运用 render 事件减少代码执行 / 260

13.4.2　构建对象池重用对象：动态小球实例 / 265

13.4.3　异步事件的使用：搜索 SD 卡 / 270

13.5　本章小结 / 274

# 第四篇　实战篇

## 第14章　迷宫游戏的准备阶段 / 276

14.1　需求分析 / 276
    14.1.1　游戏规则 / 276
    14.1.2　游戏功能的实现 / 277
14.2　技术要点分析 / 277
    14.2.1　如何实现物理效果 / 278
    14.2.2　如何生成地图 / 279
14.3　Box2D 物理引擎 / 279
    14.3.1　Box2D 中的基本概念 / 280
    14.3.2　示例程序 HelloBox2D / 280
    14.3.3　实现碰撞效果 / 285
14.4　迷宫地图算法 / 287
    14.4.1　问题分析 / 287
    14.4.2　回溯法详解 / 288
    14.4.3　代码实现 / 290
14.5　本章小结 / 296

## 第15章　迷宫游戏的实现 / 297

15.1　制作迷宫地图 / 297
    15.1.1　绘制带有物理属性的地图 / 297
    15.1.2　添加随机障碍物 / 300
15.2　加入可"行走"的角色 / 302
    15.2.1　创建小球 / 302
    15.2.2　使用加速计控制小球的移动 / 303
    15.2.3　碰撞检测 / 304
15.3　游戏状态控制 / 306
    15.3.1　自动暂停和恢复 / 306
    15.3.2　关卡设置 / 308
15.4　游戏代码分析 / 309

15.4.1　程序中的类 / 309

15.4.2　主程序 Game 类详解 / 310

15.5　本章小结 / 320


# 第五篇　高级篇

## 第 16 章　AIR 本地扩展 / 322

16.1　ANE 的特点 / 322

16.2　一个简单的本地扩展 / 323

16.2.1　搭建开发环境 / 323

16.2.2　编写本地代码 / 324

16.2.3　编写 ActionScript 代码 / 329

16.2.4　打包和发布 / 332

16.2.5　在程序中使用本地扩展 / 334

16.3　ANE 进阶实战技术 / 337

16.3.1　Intent 机制：分享信息到社交网站 / 337

16.3.2　在顶部状态栏显示系统通知 / 342

16.4　本章小结 / 347

第一篇

准 备 篇

第 1 章　AIR Android 开发简介
第 2 章　第一个 AIR Android 程序：翻转黑白棋

# 第1章 AIR Android 开发简介

2010 年，Adobe 公司成功地将 AIR 技术引入移动平台，从此，一举打开了通往移动领域的大门。而对于 Flash 开发者来说，该技术的出现为他们转向移动应用开发提供了便利的条件。

2010 年年底，AIR 已经实现了对 Android、BlackBerry Tablet OS 和 iOS 三个移动操作系统的支持。从目前的状况看，AIR 在 Android 平台上的表现最抢眼。一方面，AIR 程序在 Android 设备（手机和平板电脑）上的运行性能得到了用户的肯定；另一方面，当前市面上绝大部分 Android 手机和平板电脑都支持 AIR 程序，而且电子市场上使用 AIR 开发的程序数量呈上升趋势。

因此，本书以 Android 平台为目标，介绍 AIR Android 开发的必备知识，以及 AIR Android 的新功能和新特性。移动应用开发与桌面应用开发和 Web 应用开发相比，有其自身的特点。本书还将针对开发中的常见问题、程序设计技巧以及开发者关心的程序性能优化等内容进行重点讲解。另外，由于 AIR 的跨平台特性，书中的很多内容同样适用于 BlackBerry Tablet OS 和 iOS 平台。

## 1.1 开发之前需要了解的信息

在国内知名的 Flash 开发者论坛上，关于 AIR Android，许多朋友都提到以下问题：

❑ AIR 程序在手机上的性能如何？
❑ 可以使用 Flex 框架吗？如何搭建开发环境？
❑ 如何发布 APK 文件？
❑ 必须使用 Android 的 SDK 吗？
❑ 一定要使用真机吗？

......

这一节，将针对这些问题给出答案。

### 1.1.1 AIR Android 开发的可行性

可行性无疑是开发人员优先考虑的因素，如果开发的程序根本无法在设备上运行，或者用户体验很不友好，性能远远没有达到设定的目标，那么技术就失去了实际意义。

从市场的反馈来看，用户对 AIR 在 Android 上的性能表现相当满意。2010 年 10 月，AIR 正式登陆 Google 电子市场（2012 年 3 月更名为 Google Play 商店），在短短两个月时间里，程序的累计下载量超过了 25 万次。截至本书出版前，AIR 的最新版本为 3.1，支持

Android 2.2 及以上版本。

需要说明的是，并不是所有的 Android 设备都支持 AIR。Adobe 官方网站的信息显示，设备必须满足以下条件才能运行 AIR：

- Android 2.2 或更高版本。
- ARM <sup>⊖</sup> v7-A 或更高级的处理器。
- 支持 OpenGL ES <sup>⊖</sup> 2.0。
- 支持 H.264 & AAC H/W 解码。
- 至少有 256 MB 内存。

一般情况下，安装或升级到 Android 2.2 的设备都可以运行 AIR，而市面上的 Android 设备很多都已经安装或升级到 2.2 或以上版本了。在 Android 开发者站点上，会定期发布统计数据，让开发者了解当前 Android 不同版本的市场状况。图 1-1 所示为 2011 年 10 月 20 日至 11 月 3 日的统计数据。数据显示了在这两周的时间内访问 Google 电子市场的设备所对应的 Android 系统版本分布。

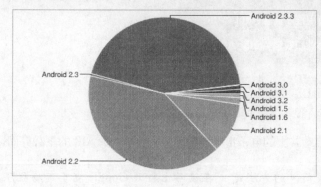

| Platform | API Level | Distribution |
|---|---|---|
| Android 1.5 | 3 | 0.9% |
| Android 1.6 | 4 | 1.4% |
| Android 2.1 | 7 | 10.7% |
| Android 2.2 | 8 | 40.7% |
| Android 2.3 - Android 2.3.2 | 9 | 0.5% |
| Android 2.3.3 - Android 2.3.7 | 10 | 43.9% |
| Android 3.0 | 11 | 0.1% |
| Android 3.1 | 12 | 0.9% |
| Android 3.2 | 13 | 0.9% |

图 1-1 Android 版本市场份额

从数据上看，Android 2.2 及以上版本占主导地位。2010 年年底，Android 2.2 的市场份额超过 50%；2010 年底发布 Android 2.3 后，到 2011 年 11 月，Android 2.3 的市场份额已经超过 2.2 版成为市场主流。与过去的数据进行对比可以看出，Android 的发展速度真是日新月异。从 1.5 版到 2.2 版，Android 进入了成熟期，不管是性能还是用户体验，都有了质的飞跃。2.3 版在 2.2 版的基础上增加了不少新功能，性能也有了大幅提升。Android 3.0 是专门为平

---

⊖ ARM（Advanced RISC Machines）公司，位于英国伦敦，以设计 ARM 微处理器架构闻名于世。它本身不生产芯片，而采用转让许可证制度，由合作伙伴生产芯片，其合作伙伴包括 Intel、IBM、SONY、飞利浦等公司。采用 ARM 架构的处理器占据了手机处理器近 90% 的份额。Apple 的 iPad 一代和二代使用的都是基于 ARM 架构的处理器。

⊖ OpenGL ES（OpenGL for Embedded Systems）是 OpenGL 三维图形 API 的子集，针对手机、PDA 和游戏主机等嵌入式设备而设计。——维基百科

板电脑设计的系统，在 2011 年下半年的平板电脑热潮中占据了越来越多的市场份额。2011 年 10 月份发布的 4.0 版则是 Android 一个全新的版本，从界面到功能都有了很多引人瞩目的变化，随后就有大批采用新版系统的设备涌现出来。

Adobe 官方网站上列出了支持 AIR 的设备列表，网址为 http://www.adobe.com/flashplatform/ certified_devices/。从这个列表中可以看到，备受大家追捧的 Nexus 系列、HTC Desire、Motor Milestone 系列等。

可能有些开发者还有疑虑：如果用户的手机中并没有安装 AIR，那即便安装了自己开发的应用程序也没有什么意义。因为程序必要依靠 AIR 运行时（Runtime）才能运行。

事实上，这个担心是多余的，Adobe 已经为我们解决了这个问题。当用户运行使用 AIR 技术开发的程序时，程序在启动期间会判断设备上是否安装了 AIR，如果安装了，则调用 AIR 运行时来加载并运行程序；如果没有，则弹出图 1-2 所示对话框。

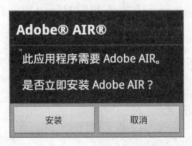

图 1-2 提示安装 AIR 的对话框

单击"安装"按钮，设备会自动启动其上的电子市场程序，并进入 Adobe AIR 的下载界面。

---

**提示** 判断设备是否支持 AIR，比较简单的方法是：在设备上打开 Google 电子市场程序，搜索"Adobe AIR"，如果能够找到该程序，则表示设备支持 AIR，因为电子市场会自动根据手机型号进行过滤。

---

一些厂商对系统进行了个性化定制，移除了自带的 Google 电子市场。如果无法通过 Google 电子市场安装 AIR 运行时，也可以通过其他的应用商店安装 AIR 运行时，比如国内的安卓市场、AppChina 应用汇等。

另外，AIR 3.0 引入了一个功能来解决 AIR 运行时的安装问题，那就是 captive-runtime，即将 AIR 运行时捆绑在程序中，使得程序不需要 AIR 运行时就可以直接运行，使程序成为完全独立的应用。

## 1.1.2 开发过程中常见的问题

虽然 AIR 在 Android 平台上表现不错，但由于其发布时间较短，再加上很多 Flash 平台技术人员没有移动开发经验，仍然有许多这样或那样的问题。这一节将对一些常见问题予以解答。

Q1：AIR 支持哪些开发环境？

A：AIR Android 开发和 Flash 开发都使用相同的开发环境，大家可以选择自己熟悉的开发环境比如 Flash Professional CS5、Flash Builder 等，也可以构建完全开源的开发环境。

AIR 移动开发要求 AIR SDK 2.5 及以上版本，目前在 Android 上只支持 Flash 技术，不支持 HTML 和 JavaScript。本章的后半部分会详细介绍开发环境的搭建。

Q2：是否可以使用 Flex 框架进行 AIR Android 开发？

A：可以，但只适合 Flex SDK 4.5 及以上版本。因为 Flex SDK 4.0 以及更早的版本没有针对移动设备进行优化，如果把用这些框架开发的程序放到设备上运行，会遇到很多"不算问题"的问题，比如，你会发现无法用手指去拖动那条狭长的滚动条，按钮总是点不中，文本会被弹出的虚拟键盘挡住等。当然，最重要的是程序的性能不佳。

幸运的是，这些问题在新一代的 Flex SDK 中得到了解决。Adobe 已经发布了代号为 Hero 的 Flex SDK 4.5，同时发布的还有 Flash Builder 4.5。新一代的 Flex SDK 采用了全新的设计结构，同时兼容 Web、桌面和移动平台，大大简化了开发流程。

Q3：如何输出 APK 文件？

A：APK 是 Android package 的缩写，即 Android 安装包，文件名以 .apk 为后缀，是 JAR 文件的一种变体，类似 Windows 系统上的 EXE 文件。

AIR SDK 自带的编译工具，除了支持打包为 AIR 文件外，还支持 APK 文件。不管是基于 Flash Professional CS5 的开发环境，还是 Flash Builder 4.5，都提供了图形化配置界面，简化了发布流程。另外，我们也可以使用命令行的方式，实现自动编译、打包和部署的"一条龙作业"。

Q4：一定要使用真机吗？

A：这也是开发者关心的问题之一。可能刚接触 Android 开发的开发者没有合适的设备，所以 Android SDK 提供了模拟器工具，让开发者在 PC 上就能体验各个版本的 Android 系统。在模拟器上，除了没有摄像头、Google 电子市场等特殊的功能以外，基本上和真机没有区别。因此，不一定使用真机进行开发。

不过，在模拟器上无法看到程序真实的性能表现，故真机测试是移动开发最重要的一个环节。即便是安装了相同版本的操作系统，在不同型号的设备上，程序的表现也可能会有差异。因此，只有在真机上测试才能得到最准确的信息。

Q5：是否支持跨平台？

A：如上文所述，除了桌面操作系统，AIR 已经实现了对 Android、BlackBerry Tablet OS 和 iOS 三个移动操作系统的支持。从技术角度看，针对 Android 和 BlackBerry Tablet OS 系统采用的是和桌面类似的方式，即 Runtime（运行时）＋应用程序，程序依托运行时才能运行；而在 iOS 平台上，由于 Apple 的限制，Adobe 采用了一种间接方式，为开发者提供了一套打包工具，可以将 AIR 程序连同运行时一起编译为 iOS 原生代码，程序不需要运行时就可以运行。因此，AIR 在 Android 和 BlackBerry Tablet OS 上更符合跨平台的条件。

经笔者测试，同一个程序，只要配置好相关参数，一行代码都不用修改，就可以将应用部署到 Android 手机和 PlayBook（采用 BlackBerry Tablet OS 的平板电脑）上。当然，前提是在程序设计中充分考虑了跨平台的需求。

Q6：AIR Android 和 Flash Lite 有什么联系？

A：两者没有任何联系。Flash Lite 是 Adobe 针对移动开发的第一代解决方案，和 AIR 相比，它更像是针对低端智能手机的 Flash Player，即使在硬件条件很有限的设备上，也能部署 Flash 内容。几年前，智能手机的硬件水平远没有现在这么先进，如今，移动设备迅猛发展，连智能手机都开始运用"双核"技术了，完全有能力运行更复杂的程序。因此，Flash Lite 逐渐失去了用武之地。

Q7：Adobe 不再继续为移动设备开发 Flash Player，是否也会停止 AIR 移动版的开发？

A：不会，两者没有任何联系。2011 年 11 月，Adobe 宣布，该公司将正式停止为移动浏览器、操作系统开发移动版本 Flash Player 播放器。停止开发移动版 Flash Player 后，Adobe 将把主要精力放在 AIR 桌面和移动版本开发上，因此，对 AIR 移动开发者来说，这其实是一个好消息。

## 1.1.3 优势和局限性

我们常说的 Android 开发，是指以 Java 为编程语言，使用官方提供的 SDK 工具进行的开发。Android SDK 提供了一整套功能强大的 API，涵盖了从图形界面到系统底层控制等方方面面的功能。另外，官方还提供了一套 NDK 工具，允许开发者使用传统的 C 或 C++ 语言编写程序，进行更底层的数据操作，进一步提升程序性能。

### 1. 优势

既然 Android 自有的开发方式已经很完善了，那我们为什么还要使用 AIR 呢？笔者认为，主要有以下两点因素：

1）AIR 和 Android 自有的开发方式并不冲突，相反，AIR 对 Android 平台是一个很好的技术补充。

Flash 技术的优势在于界面呈现、交互处理。比如制作一段复杂的动画，使用 Java 技术也可以实现，但肯定会遇到一些困难，花费不少时间，如果使用 Flash 技术，则会轻松很多。另外，AIR 还扩展了 Android 平台的技术生态圈。如今在移动平台领域竞争激烈，Android 引入 AIR 技术，能够吸引庞大的 Flash 开发者队伍加入进来，对 Android 平台而言，有百利而无一害。

2）AIR 的跨平台特性依然是吸引开发者的利器。

对移动开发者来说，跨平台历来是个难题。平台间的移植所耗费的时间和人力成本，对企业而言，是一笔不小的支出。因此，对一些企业来说，AIR 是一个相当经济的解决方案。AIR 支持多个桌面操作系统，包括 Windows、Mac 和 Linux，现在这个名单上又多了 Android、iOS 和 BlackBerry Tablet OS，而且 Adobe 还在努力支持更多平台，在未来的一段时间内，这个名单可能还会继续增长。

**2. 局限性**

当然，AIR 也有自己的局限性。

1）不支持所有版本的 Android 系统。

AIR 只支持 Android 2.2 及以上版本，且需要安装运行时，对设备的硬件要求比较高。如果用户需要支持所有型号的设备，那么 AIR 就无法满足。不过这个缺点几乎可以忽略不计，因为目前 Android 2.2 和 2.3 已经成为市场主流，对早期的版本提供支持意义不大。

2）AIR 不提供访问系统底层资源的 API。

这也是 AIR 在各个平台上的"通病"。具体到 Android 设备上，AIR 没有针对移动设备提供额外的功能，比如获取用户的通信录、短信、通信记录等数据。

AIR 3.0 引入了一个新功能——本地扩展（AIR Native Extension，ANE）。ANE 允许开发者使用本地原生 API 为 AIR 编写扩展库，来实现 AIR API 无法做到的功能，包括访问系统底层资源。有了 ANE 这个利器，可以使很多不可能的任务成为可能。ANE 可以被当做共享库分发，目前已经有很多开发者将自己编写的 ANE 分享出来，相信在未来一段时间，AIR 在移动平台上的应用与原生开发环境制作出来的应用的差距会越来越小。

## 1.2 搭建开发环境

AIR Android 开发支持多种开发环境，本节将介绍其中常见的三种方式。本书所有的实例都以第三种方式即开源方式为主。

下面以 Windows 系统为例，介绍如何搭建基于 Android 的 AIR 开发环境，安装过程全部在 Windows XP 和 Windows 7 Ultimate 下测试通过。

### 1.2.1 安装 Android SDK

在 AIR Android 的开发过程中，并不需要使用 Android SDK。但是，后面会用到 SDK 中的一些工具软件。例如 ADB（Android Debug Bridge）工具，管理连接到 PC 上的 Android 设备，支持直接操作设备上的资源，包括程序、文件等；DDMS（Dalvik Debug Monitor Server）则是一个很实用的调试工具。另外，创建模拟器也离不开 SDK 的支持，因此，这里先介绍 Android SDK 的安装，为后面的内容奠定基础。安装 Android SDK 的步骤如下。

**步骤 1**  安装 JDK 1.5 或更高版本，并将 JDK 所在的 bin 目录加入到系统环境变量中。

因为 SDK 工具必须在 Java 环境下才能运行，所以先要安装 JDK（Java Development Kit，Java 开发套件）。步骤如下：

1）打开 SUN 公司的官方网站 http://java.sun.com/javase/downloads/index.jsp，下载最新版本的 JDK，最新版本为 Java SE 6 Update 24。单击页面上的 Download JDK 按钮，随后选择正确的操作系统，下载合适的安装包。

2）JDK 的安装程序是一个 EXE 可执行程序，直接双击安装即可。安装时建议修改默认的安装路径为预设的文件夹，目录结构简单且有意义，方便以后升级维护，这里假定为 D:\dev\jdk。如无特殊要求，其他需要设置的路径建议使用默认值。

3）设置环境变量。在桌面上右击"我的电脑"图标，在弹出的快捷菜单中选择"属性"命令打开系统属性窗口，切换到"高级"标签下，单击底部的"环境变量"按钮。在系统变量中新建一个 JAVA_HOME 变量，其值设为 D:\dev\jdk。然后，编辑系统变量中的 Path 变量，在变量值后加上";%JAVA_HOME%\bin"（分号不可省略），最后保存修改。

至此，JDK 安装完成。为验证操作是否成功，可以打开一个 DOS 命令行窗口，执行 javac 命令，如输出相关使用说明，则说明配置成功；如显示错误信息，则说明配置有误，请对照上述说明检查是否有遗漏或拼写错误。

提示　在 Windows 7 系统中，选择"属性"菜单后，还需要多一个步骤才能打开系统属性窗口，即在新开的窗口上单击左侧的"高级系统设置"。

步骤2　下载 Android SDK 包。

打开 Android 开发者站点上的下载页面 http://developer.android.com/sdk/index.html，网站上提供了 Windows、Mac 和 Linux 三个平台的版本，其中 Windows 下分为 EXE 和 ZIP 两种格式，为方便配置，应选择 Windows 平台下的 ZIP 包，文件名为 android-sdk_r**-windows.zip，其中 ** 表示版本号。

由于网络原因，访问 developer.android.com 可能出现无法访问的情况。如遇到这种情况，可以到国内常见的技术社区比如 CSDN（http://www.csdn.net/）寻找该资源。

直接将下载的 ZIP 包解压到 D:\dev\Android_SDK 下。SDK 中文件不多，其中有一个 tools 目录，里面是和开发相关的工具软件，包括模拟器程序、调试工具等；SDK Manager.exe 程序，用来管理开发组件；AVD Manager.exe 程序，用来管理所有的模拟设备。SDK 包只包含了基本的工具软件，还需要根据开发需要，下载其他的软件包。

运行 SDK Manager.exe，该程序在启动后自动从服务器上获取当前可用的工具包列表。读者没必要下载所有的 SDK API 软件包，为了创建模拟器运行 AIR 程序，必须安装以下软件包：

❑ Tools 节点下的 Android SDK Tools 和 Android SDK Platform-tools。
❑ Android 2.2 或更高版本下的 SDK Platform，至少安装其中一项。每个 API 节点下还包括了示例代码、第三方扩展库等资源。
❑ Extra 节点下的 Google USB Driver package 和 USB Driver Package，这两项是移动设备的 USB 驱动程序。

在 Packages 中列出的资源树中，依次点选要安装的软件包，最后单击底部的 Install * packages 按钮，开始下载和安装，如图 1-3 所示。

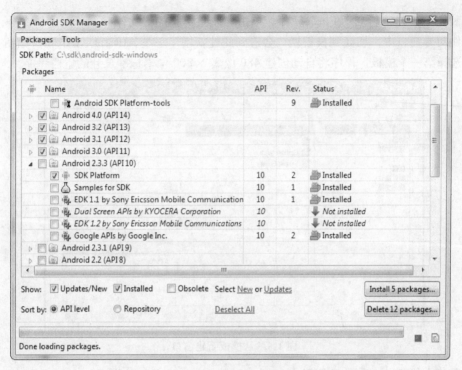

图 1-3　安装软件包

安装完毕后，为了方便以后使用 SDK 中的工具，编辑系统环境变量 Path。方法如下：

1）在变量值后加上 ";D:\dev\Android_SDK\tools;D:\dev\Android_SDK\platform-tools"。

2）保存后，打开一个 DOS 命令行窗口，执行 adb 命令，如输出相关使用说明，则说明配置成功。

---

**提示**　ADB 是一个通用的调试工具，可以管理设备或模拟器的状态，在后面的内容中将讲述具体的应用。

---

至此，Android SDK 的准备工作结束。如果读者想了解更多有关 SDK 的详细信息，可以参阅官方站点上的说明文档。

## 1.2.2　使用 Flash Professional CS5

Flash Professional CS5 是最早支持 AIR Android 的开发工具，使用起来非常方便，只要安装一个为 AIR 准备的插件即可。该插件的最新版本为 Beta 2，下载地址为 http://labs.adobe.com/technologies/flashpro_extensionforair/。

下载的安装文件后缀为 .zxp，这是 Adobe 软件扩展包通用的格式。在安装任何一款 CS5 软件时，都会同时安装 Extension Manager，用来关联 ZXP 文件。因此，在安装了 Flash CS5 的机器上，直接双击 ZXP 文件即可运行。安装过程不再细述。

安装完毕后，重新启动 Flash 软件。单击导航菜单里的"文件"→"新建"命令，在弹出的文件向导窗口中，切换到模板栏，会看到此处新增了一类 AIR for Android，如图 1-4 所示。如选择第一个模板，程序将自动创建 480 像素 ×800 像素标准尺寸的空白程序。

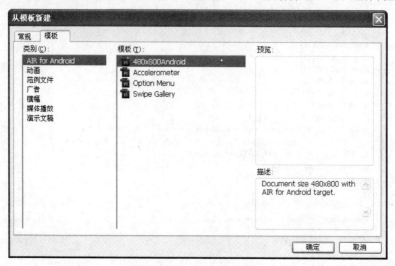

图 1-4　从模板新建窗口

另外三个模板其实都是示例程序，Accelerometer 演示了如何使用加速计；Option Menu 是一个利用 Menu 键创建菜单的例子；Swipe Gallery 则是一个支持触摸手势的图片浏览器。作为入门的示例，这三个例子值得一看。

和 AIR 桌面开发相比，Android 程序在配置上稍有不同，主要是因为 Android 系统在程序管理、权限设置等方面有自己的要求。单击导航菜单中的"文件"→"AIR Android 设置"命令，调出设置对话框，如图 1-5 所示。

其中的 General（常规）选项卡下，包括了所有常用的参数，说明如下：

❑ App name，程序名。它将显示在系统的程序列表页面，命名的原则是中英文皆可，但不宜太长。

❑ App ID，程序在系统中的唯一的标识名。一般使用公司名＋项目名的结构，类似 ActionScript 类的包名，比如 com.fluidea.testapp。所有用 AIR 开发的 Android 程序的 ID 前面都会加上 air。

❑ ersion 和 Version 这两个参数很容易混淆。前者是数字，供程序升级之用；后者是字符，仅供显示版本信息之用。如果要将程序发布到 Google 电子市场或其他市场上，则必须特别注意 ersion 参数。每次向电子市场上传 APK 文件时，必须保证同一程序的 ersion 值比上一个版本高，这样系统才能通过电子市场检测到有新版本发布，然后自动去下载更新或提示用户手动更新，另外，ersion 采用的是 000.000.000 的格式，1.0.0 表示是 1.000.000，而不是 1。对于 Version 这个参数没有严格要求，可以根据开发习惯来设置，比如 V1.0、Ver1.2.0322 等。

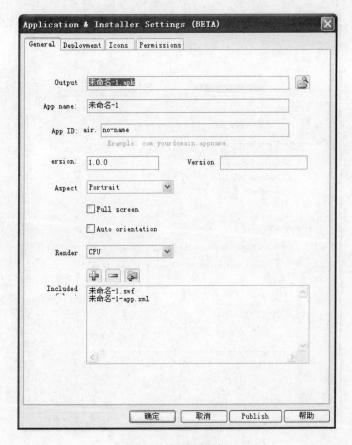

图 1-5　设置对话框

❑ Aspect 表示程序在设备屏幕的朝向，支持三个可选项：Portrait，竖屏，默认值；Landscape，横屏；Auto，自动选择。如果选择了 Auto，那么程序将自动适应设备的屏幕朝向，否则，屏幕朝向总是固定不变的。不管怎样，界面上的元素都不会自动按照手机水平和竖直方式定位，一切还得靠代码来控制。

❑ Full screen，该复选项决定程序是否全屏运行。在运行期间也可以改变全屏状态。

❑ Auto orientation，该复选项决定设备的屏幕朝向发生变化时，是否派发 StageOrientationEvent 事件。这一选项并不影响屏幕的朝向。

❑ Render，渲染模式，支持三个值：AUTO、CPU 和 GPU，默认为 CPU。GPU 模式一般在开启了位图缓存的时候使用，使用硬件加速来提高程序性能，后面的章节有详细介绍。

❑ Include files，所有包含在 apk 包中的资源文件，默认包括了主程序 SWF 文件和配置文件 ***-app.xml，配置面板上的所有信息都保存在 XML 文件中。

Deployment 选项卡为发布 APK 文件时需要配置的项，如图 1-6 所示。

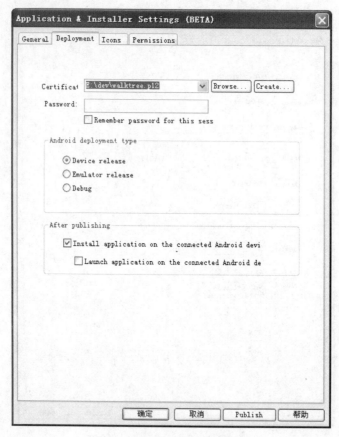

图 1-6 Deployment 选项卡

其中各选项的说明如下：

❏ Certificate，此处选择输入 p12 格式的签名证书路径。签名证书主要用来保证程序的可靠性，如果没有，可以单击右侧的 Create 按钮，按照向导创建新的证书。

❏ Password，输入创建证书时设置的密码。

❏ Android deployment type，程序打包类型。Device release，针对移动设备的版本，也是最终发布的版本；Emulator release，针对模拟器的版本，用于测试；Debug，开启了调试模块的版本，可以在设备上进行联机调试。

❏ After publishing 中包含两项：Install application on the connected Android device 表示 apk 包创建后，自动将生成的 apk 包安装到当前已连接的设备上，可以是模拟器或通过 USB 线连接在 PC 上的手机设备；Launch application on the connected Android device，表示马上在设备上运行该程序。

❏ Icons 选项卡用来自定义程序的图标，分别有 3 个尺寸，推荐使用 PNG 格式。

❏ Permission 选项卡设置程序对设备资源的访问权限，比如是否允许访问网络、是否允许操作 SD 卡上的文件等。

　　总体来说，在开发流程上，除了程序属性设置有些区别外，AIR Android 开发和桌面开发基本相同。

## 1.2.3　使用 Flash Builder 4.5

　　Flash Builder 的最新版本为 4.5，在没有正式发布前，曾先后发布过几款测试版，版本代码为 Burrito，直译为"玉米煎饼"。按照 Adobe 的意思，这将是送给开发者的一块味道鲜美的煎饼。Flash Builder 4.5 整合了 Flex SDK 4.5，在移动开发方面下足了功夫。新版的 Flex SDK 不仅带来了全新的 spark 组件，而且引入了多屏应用程序开发技术，同时满足了桌面开发、Web 开发和移动开发三方面的需求。另外，Flash Builder 4.5 在编译性能、用户体验等方面也做了很多改进，可以预见，Flex 的功能将得到极大的增强。

　　在 Adobe 的官方网站上，可以下载到 Flash Builder 最新版本的试用版，网址如下：
http://www.adobe.com/products/flash-builder.html
程序的安装比较简单，一直单击 Next 按钮即可，这里不再详述。
打开新安装的程序，单击导航菜单中的 File → New，会发现多了以下两个选项：
❑ Flex Mobile Project：基于 Flex SDK Hero 进行开发，使用了全新的 Mobile UI 组件。
❑ ActionScript Mobile Project：使用纯 ActionScript 开发。
在创建 Flex Mobile Project 时，多了一个设置步骤，如图 1-7 所示。

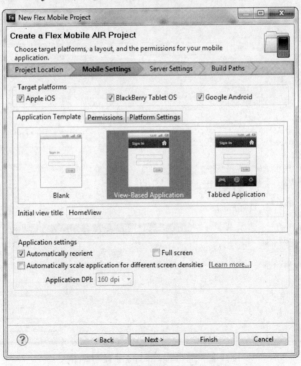

图 1-7　创建移动项目对话框

图 1-7 中各选项说明如下：

❑ Target platforms：表示所要支持的平台，有 Apple iOS、BlackBerry Tablet OS 和 Google Android 三项。其中，开发 BlackBerry Tablet OS 应用需要安装 RIM 公司提供的开发插件。

❑ Application template 表示程序模板，默认为 View-Based Application，是一个多屏结构的程序模板，可大大简化开发流程，这里保留默认，强烈建议不要更改；选择 Blank，将创建一个空白程序；Tabbed Application 是一个针对平板电脑设计的模板。

与 Application template 并列的还有 Permissions 和 Platform Settings 两个选项卡，分别用来设置平台的类型和权限。

❑ 在 Application settings 项中，如果勾选 Automatically reorient，表示自动处理屏幕朝向。和 Flash CS5 略有不同的是，程序可以自动实现界面元素的重新布局，做到完全适应屏幕朝向。

另外，针对移动程序，Flash Builder 4.5 提供了一个简单的界面模拟器，并支持多款手机，利用它可以大致看一下程序的运行效果。单击 Run 运行程序时，弹出图 1-8 所示的对话框。

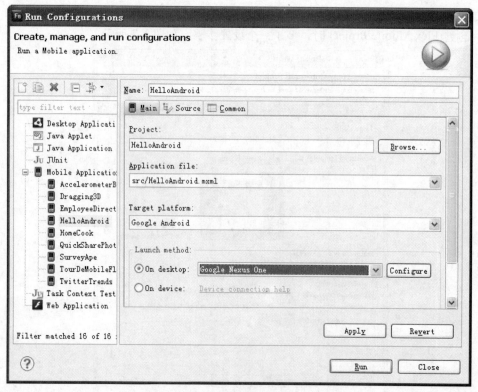

图 1-8　运行程序时的设置对话框

　　在 Launch method 选项组中，On desktop 表示在桌面运行程序，可以从中选择一个手机型号；On device 则表示直接安装到设备上运行，后面会列出当前 PC 上连接的所有 Android 设备。

　　在桌面上运行新建的 Flex Mobile Project，选择 Google Nexus One 界面，效果如图 1-9 所示。

图 1-9　在桌面上的运行效果

　　这个简单的模拟器提供了一个 Device 菜单，其中有 Rotato Left、Rotato Right 等项，用以模拟手机设备上的用户行为，用它来测试效果很直观。

　　Flash Builder 没有提供程序属性设置的图形化编辑窗口，需要开发者手动编辑项目下的 ****-app.xml 文件，有关该文件的详细说明，请参阅第 2 章的相关内容。

　　总的来说，Flash Builder 在开发流程上变化很小，整个流程简单明了，对习惯了 Flex 的开发者来说，很容易接受。

## 1.2.4 构建开源的开发环境

在前面介绍的两种开发环境中，使用的 Flash Professional CS5 和 Flash Builder 都是商业产品，并不适合喜欢开源的开发者。Flash 平台上的开源技术经历了较长时间，早在 ActionScript 2.0 时代，就已经有了开源的编译器、脚本编辑工具，到了现在，开源技术已经相当成熟。

下面介绍如何搭建开源的开发环境。

**步骤 1** 下载 AIR SDK。

Adobe 的官方站点上提供了 AIR SDK 免费下载，地址为 http://www.adobe.com/go/air_sdk，最新版本为 3.1。选择 Windows 版本，将下载的压缩包 AdobeAIRSDK.zip 解压至 D:\dev\AIR_SDK 目录下。

**步骤 2** 下载 Flex SDK。

在 Adobe 的开源大本营 opensource.adobe.com 上，提供了有关 Flex SDK 的所有资源，开发者可以看到所有版本的开发进度，包括一些还在测试阶段的新版本。开发团队每隔一段时间就会发布一个最新的 Build，供一些热衷于新技术的开发者试用。

Flex 4.5 的下载地址为 http://opensource.adobe.com/wiki/display/flexsdk/Download+Flex+4.5。下载时，选择 Adobe Flex SDK 一栏中的链接，如图 1-10 所示。这个包中包含了开发所需的所有工具，比如 Adobe AIR 打包工具、Flash Player 播放器等。

| Milestone | Build | Build Date | Adobe Flex SDK | Open Source Flex SDK | Adobe Add-ons |
|---|---|---|---|---|---|
| Flex 4.5.1 (Release) | 4.5.1.21328 | Mon Jun 20, 2011 | Download (ZIP, 209MB) | Download (ZIP, 131MB) | Download (ZIP, 163MB) |
| Flex 4.5 (Release) | 4.5.0.20967 | Tue May 3, 2011 | Download (ZIP, 229MB) | Download (ZIP, 131MB) | Download (ZIP, 163MB) |

图 1-10 下载 Flex SDK

截至本书写作完成时，Adobe Flex SDK 最新发布版为 4.5.1，内置的 AIR SDK 版本为 2.6，需要将 AIR SDK 手动升级到最新的 3.1。将下载的压缩包解压至 D:\dev\flex_sdk_4.5.1 文件夹中，然后将 D:\dev\AIR_SDK 中的所有文件复制到 Flex SDK 文件夹中，覆盖所有的同名文件，这样 Flex SDK 中的 AIR 软件包就更新到 3.1 版本了。最后，为了方便调用 SDK 中的工具软件，在系统环境变量 Path 后加上 ";D:\dev\flex_sdk_4.5.1\bin"。

事实上，我们可以用这种方式来配置自定义的 Flex SDK，结合 Flash Builder 来使用，有兴趣的读者可以自行试验。

**步骤 3** 选择一款脚本编辑软件。

支持编写 ActionScript 的编辑器不少，不过开源且好用的并不多，笔者推荐一款小巧且非常实用的开源软件——Flash Develop。Flash Develop（以下简称 FD）诞生于 ActionScript 2.0 时代，经过几年的发展，现在支持多种编程语言，包括 C++、PHP、HaXe 等，是 Flash

技术领域最好的开源工具之一。

　　Flash Develop 的官方网址为 http://www.flashdevelop.org/，最新版本为 4.0.0 RC2（虽然还不是正式的发布版，但功能已经很稳定）。由于软件本身使用了 .NET 技术，因此安装前请确认安装了微软的 .NET 2.0 运行时或更高版本。Windows 7 系统已经自带了 .NET 运行时，如果是 Windows XP 系统，安装了 sp2 升级包后即支持 .NET 2.0。如果系统不支持，也可以直接在微软下面的站点下载：http://msdn.microsoft.com/zh-cn/netframework/。

　　从官方站点下载 FD 的最新安装程序后即可开始安装，FD 安装时默认勾选了自动下载 Flex SDK 和 AIR SDK 包，软件安装结束时会联网下载软件包。由于我们前面已经下载配置好了，因此直接取消即可。

　　启动 FD，单击菜单中的 Tools → Program Setting 命令，调出设置窗口，在左侧导航栏选择 AS3Context，然后在右侧的配置项中找到 Language 类中的 Installed Flex SDKs，编辑该配置项，添加新的 SDK 项，并将路径指向前面创建的 Flex SDK 文件夹 D:\dev\flex_sdk_4.5.1，保存设置。至此，FD 的配置完成。

---

**提示**　和之前的版本相比，FD 4.0 在很多方面做了很大改进，其中一个重点是完善了对 AIR 移动开发的支持，内置了多套移动开发模板，可以同时支持 Android 和 iOS 两个平台的开发和调试，简化了开发流程和程序发布流程。

---

　　到这里，整个开发环境搭建完毕。

## 1.3　实战：一个简单的 AIR 项目

　　启动 FD，单击菜单中的 Project → New Project 命令，创建一个 AIR Mobile AS3 App 项目，如图 1-11 所示。

　　单击 OK 按钮即完成了创建。FD 内置的项目模板会为我们自动创建所有必需的文件。在右侧的 Project 面板中可以看到项目结构，如图 1-12 所示。

　　图 1-12 中所示的相关文件的说明如下：

❏ application.xml 是程序属性设置文件。
❏ PackageApp.bat 是发布程序的批处理脚本，用来打包生成最终的 APK 文件。
❏ Run.bat 是调试运行脚本，在调试和运行程序时将被自动执行。
❏ bat 目录中放置了几个主要的程序配置脚本，包括用来创建 p12 认证文件的 CreateCertificate.bat、设置项目参数的 SetupApplication.bat 等。
❏ icons 目录中存放图标文件。
❏ src 目录为程序源代码目录，其中的 Main.as 默认为主程序。
❏ AIR_Android_readme.txt 和 AIR_iOS_readme.txt 是帮助文件，分别对 Android 和 iOS 两类项目的开发调试进行详细说明。

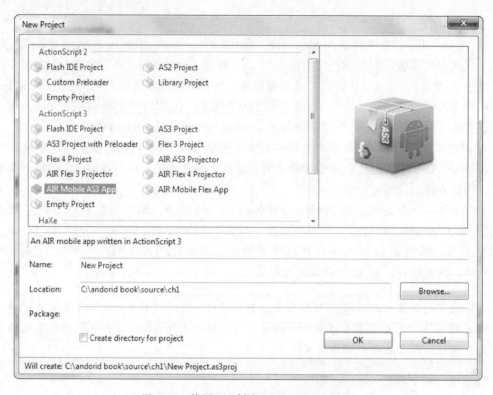

图 1-11　使用 FD 创建 AIR Android 项目

图 1-12　FD 项目结构示意图

　　项目创建完毕即可以准备发布程序，自动生成的 Main 类里面并没有添加任何内容，但不影响测试。

　　发布前必须先编译生成 SWF 文件，单击菜单中的 Project → Build Project 命令即可，也可以使用快捷键 F8。编译 SWF 文件后，右击 packageApp.bat 文件，在弹出的快捷菜单中选择 Execute 运行该脚本，生成 APK 文件。如果是第一次发布，还需要创建签名证书，在文件系统中运行 bat/CreateCertificate.bat，生成 p12 格式文件，证书默认的密码为 fd，存放在 cert 目录下。如果要修改密码，可编辑 bat/SetupApplication.bat 文件中的对应值，修改后重新创建签名证书。执行发布脚本时，FD 提供了多个选项，如图 1-13 所示。

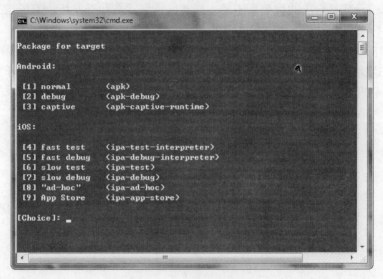

图 1-13　发布时的选项

　　其中前三项是针对 Android 平台的，其他的都是针对 iOS 平台的。各个选项说明如下。
- ❑ normal：生成 APK 文件，不包含调试功能。
- ❑ debug：生成带有调试功能的 APK 文件。
- ❑ captive：捆绑 AIR 运行时，使文件不依赖 AIR 运行时就可以直接运行。
- ❑ fast test：使用 interpreter 模式，快速编译测试用的运行版本，不包括调试功能。
- ❑ fast debug：使用 interpreter 模式，快速编译测试用的调试版本。
- ❑ slow test：使用正常模式编译测试用的运行版本。
- ❑ slow debug：使用正常模式编译测试用的测试版本。
- ❑ ad-hoc：创建用于临时部署的应用程序版本。
- ❑ App Store：创建用于部署到 Apple 应用商店的最终版本。

　　发布程序时，输入对应的数字即可创建对应的程序版本。从这一点来看，FD 的项目模板很简便，一键即可解决所有问题。

---

提示　interpreter 编译模式是 AIR 2.7 以后新增的功能，主要为了解决 iOS 平台上调试过程中程序发布耗时过长的问题，在发布正式版本时不建议使用。

---

输入数字 1，按回车键打包脚本。完成后会发现，目录中多了一个 dist 文件夹，里面就是最终要发布的 APK 文件。

## 1.4 本章小结

本章简要地介绍了 AIR 在移动平台上的发展状况，分析了 AIR Android 开发的可行性，以及 AIR 在 Android 平台上的优势和不足。接着，讲解了多种开发环境的搭建方式。希望这些内容能帮助读者从多方面认识 AIR Android 这一技术。

使用开源的开发环境，虽然配置起来略有难度，但自由度很高，不依赖 Flash CS5 或 Flash Builder 这类开发工具，便于升级 Flex SDK 或 AIR SDK。另外，整个开发流程非常透明，有助于我们理解 Flash 技术。

# 第 2 章　第一个 AIR Android 程序：翻转黑白棋

　　第 1 章介绍了开发环境的搭建，按照计算机应用开发类书籍的惯例，应该是 "HelloWorld" 出场的时间了。考虑到本书并不是讲述编程语言的基础教程，而是侧重于实践，所以，我们跳过简单的 "HelloWorld"，来看一个更复杂的实例。

　　本章将编写一个完整的移动小游戏，并把它部署在手机上。因此，我们将亲历一个移动程序完整的诞生过程，从程序设计、代码编写，到最后的安装。在这个过程中会涉及很多 Android 开发的技术细节，读者也可以近距离感受 AIR 带来的开发乐趣。

## 2.1　游戏的设计思路

　　在当前的 Flash 程序中，休闲类游戏占了很大的比重。这类游戏一般体积小，玩法简单，但有创意，容易吸引用户。从技术角度看，休闲游戏的特点非常适合移动平台，事实也证明了这一点。不管是在 Google 电子市场上，还是在苹果的 App Store 上，休闲类游戏都占据了很大的比例。可以预见，在未来一段时间内，众多网络上的 Flash 游戏将被移植到移动设备上。

　　翻转黑白棋是一个经典的智力游戏，笔者最早见到的版本是由国外的 Terry Paton 出品的，原名 FlipIt。该游戏推出后便风靡一时，在 Google 电子市场、苹果的 App Store 上都有相应版本发布。

　　游戏规则非常简单：在棋盘上整齐地排列着若干个棋子，分为黑白两色。玩家单击任意一个棋子，该棋子会翻转为相反的颜色；同时相邻的棋子也跟着翻转，如图 2-1 所示。当棋子全部变为白色时，则胜利过关。当然，所用的单击次数越少成绩越好。

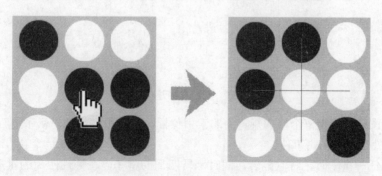

图 2-1　翻转黑白棋游戏

　　虽然初看很简单，但真正玩起来却很有难度，特别是在大尺寸的棋盘上，如果不掌握一些技巧，可能玩一天也过不了关。

从技术角度分析，该游戏唯一难点可能在于如何动态生成棋盘地图，并控制地图的难易度。在网络上已经有不少相关的讨论，比如有人使用线性方程组来求解。游戏算法的讨论不在本书范围内，笔者这里直接借鉴了原游戏中的一个关卡，使用的棋盘为 4×4 大小，模拟的效果如图 2-2 所示。

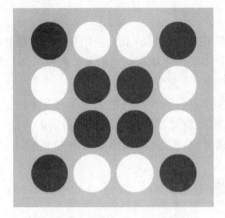

图 2-2 棋盘模拟效果图

地图问题解决了，接下来开始设计游戏的结构。在程序运行期间，只有一种用户交互动作，即单击事件。因此整个游戏的逻辑很清楚，运行流程可以分以下两步。

**步骤 1** 按照已有的地图数据绘制棋盘，进入待机状态。

地图数据可以用一个 4×4 的二维矩阵来表示，每个值分别代表了初始状态下对应位置的棋子的颜色，如图 2-3 所示。由于只有黑白两色，棋子的状态可以简单地用布尔值来表示，即 false 代表黑色，true 代表白色。每次单击棋子时对要翻转的棋子做逻辑非处理。

图 2-3 用矩阵描述棋盘

在绘制地图时，根据每个值在矩阵中的索引位置，可以很方便地对棋子进行布局。

**步骤 2** 处理用户单击事件。

每次单击任一棋子时，将它翻转，同时翻转四周的棋子。在处理四周的棋子时，要注意判断周围的哪些棋子是有效的，比如，如果单击的棋子已经在最左侧了，那么其左边是没有相邻棋子的。用户单击后棋盘上的棋子状态发生了变化，因此，需要判断所有棋子是否已是白色。如果是，则过关了，游戏结束。

　　到这里，相信读者对游戏的制作思路已经了然于胸了，剩下的工作就是编写代码，把整个过程呈现出来。

## 2.2　像往常一样编写 ActionScript 代码

　　打开 FlashDevelop（FD），创建项目 FlipIt，FD 会自动创建主程序 Main 类。不要急于编写主程序，为了让程序的结构更合理，可以先将其中某些功能分离出来，增强代码的灵活性。在这个游戏中，可以独立出来的一个对象就是棋子。

### 2.2.1　创建棋子类 Grid

　　棋子是构成棋盘的基础。从面向对象编程的角度分析，每个棋子的使用方法完全相同，都支持翻转变色，每个棋子有自己的状态，不同的状态决定了其颜色。换句话说，棋子这个对象包含了一个处理翻转行为的方法和一个存放自身状态的属性。

　　根据上面的分析创建 Grid 类来表示棋子，如代码清单 2-1 所示。

代码清单 2-1　棋子 Grid 类

```
package
{
        import flash.display.Graphics;
        import flash.display.Sprite;

        public class Grid extends Sprite
        {
                // 棋子的值
                private var _value:Boolean;
                // 圆的半径
                private var _radius:int;
                //id，即棋子在地图上的位置，用来寻找周围的棋子
                public var id:int;

                public function Grid( value:Boolean = false, radius:int = 30)
                {
                        _value = value;
                        _radius = radius;
                        // 获取初始值后，画圆
                        draw();
                }
                // 翻转棋子
                public function doFlip():void
                {
                        // 改变值，并重新绘制圆
                        _value = !_value;
                        draw();
                }
```

```
// 判断棋子是不是白色状态
public function isWhite():Boolean
{
    return _value == true;
}
// 每次状态变化时，都调用 draw 进行重绘
private function draw():void
{
        var g:Graphics = graphics;
        g.clear();
        // 如果当前值为 true，则用白色作为填充色
        if ( isWhite() )
        {
                g.beginFill(0xFFFFFF);
        }
        else
        {
                g.beginFill(0x333333);
        }
        // 画圆，并保证 Sprite 的注册点在原点
        g.drawCircle(_radius, _radius, _radius);
        g.endFill();
    }
}
```

Grid 类中没有使用图片素材，只是动态绘制了一个圆来代表棋子。初次创建或调用 doFlip 方法后，若棋子的值发生变化，都会调用 draw 方法重新绘制圆，并改变填充色。属性 id 很重要，记录了棋子本身在棋盘上的编号，后面我们将通过 id 值来寻找它四周的棋子。

### 2.2.2  编写主类 Main

接下来编写主类 Main 的代码。按照之前的设计，主程序主要有以下两个功能：

❑ 创建棋盘

❑ 处理用户的交互动作

下面先来实现第一个功能。

#### 1. 创建棋盘

上一节使用了二维矩阵来描述地图数据，其实编写代码没那么复杂，直接用一个二维数组就可以实现这个功能，代码如下：

```
var gameMap:Array = new Array();
// 每一行用一维数组来表示
gameMap[0] = [BLACK, WHITE, WHITE, BLACK];
gameMap[1] = [WHITE, BLACK, BLACK, WHITE];
gameMap[2] = [WHITE, BLACK, BLACK, WHITE];
gameMap[3] = [BLACK, WHITE, WHITE, BLACK];
```

BLACK 和 WHITE 是两个常量，这样看起来更直观。利用数组，正好将地图上的信息全面展示出来，从中可以看到每个棋子的初始状态及在棋盘上的位置，创建棋盘的工作就变得简单多了，如代码清单 2-2 所示。

代码清单 2-2　创建棋盘

```
column_number = 4;
 var rowCount:uint = gameMap.length;
 var rowArray:Array;
 var i:uint, len:uint;
 var grid:Grid;
 // 棋子的间距
 var space:int = 10;
 // 根据数组创建棋盘
 for ( var row:uint = 0; row < rowCount; row++)
 {
         // 获取每一行的数据
         rowArray = gameMap[row];
         len = rowArray.length;
         for ( i = 0; i < len; i++)
         {
                 // 创建 Grid，并赋予初始值。GRID_RADIUS 常量定义了棋子的尺寸
                 grid = new Grid(rowArray[i], GRID_RADIUS);
                 // 计算出棋子在棋盘上的编号
                 grid.id = row * column_number + i;
                 // 设置棋子的坐标
                 grid.x = i * (GRID_RADIUS*2 + space);
                 grid.y = row * (GRID_RADIUS*2 + space);
                 // 将棋子放在一个容器中，方便管理
                 grid_container.addChild(grid);
                 // 按照编号将棋子保存在数组中，待以后查找
                 grids[grid.id] = grid;
         }
 }
```

在创建棋盘时，使用数组 grids 保存了对所有棋子的引用，且棋子在数组中的索引和棋子在棋盘上的编号一一对应，这样在查找周边棋子时，只需要计算出周边棋子的 id 即可。

棋盘创建完毕后，接下来处理用户交互动作。

**2. 处理用户交互动作**

由于所有的棋子都被放在同一个容器中，因此可以只对容器添加监听器，而不用监听每个棋子的鼠标事件，如代码清单 2-3 所示。

代码清单 2-3　处理用户交互动作

```
grid_container.addEventListener(MouseEvent.CLICK, onClickHandler);

 private function onClickHandler(e:MouseEvent):void
```

```
{
        // 由于没有其他地方监听对象的鼠标事件，因此中止冒泡事件
        e.stopImmediatePropagation();
        var grid:Grid = e.target as Grid;
        // 只有单击对象是棋子才执行后面的代码
        if ( grid == null) return;
        // 翻转当前单击的棋子
        grid.doFlip();
        // 翻转周围的四个棋子，用一个临时数组存放周围棋子的id
        var ids:Array = new Array(grid.id - column_number, grid.id + column_number);
        // 如果棋子是在最左端，则左边是空的，反之左边存在棋子
        if ( grid.id % column_number != 0 )
        {
                ids.push(grid.id - 1);
        }
        // 如果棋子是在最右端，则右边是空的，反之右边存在棋子
        if ( grid.id % column_number != (column_number-1) )
        {
                ids.push(grid.id + 1);
        }
        // 记录下棋子的总数
        var totalGrid:int = grids.length;
        // 循环数组，翻转周围棋子
        for ( var i:uint = 0, len:uint = ids.length; i < len; i++)
        {
                var index:int = ids[i];
                // 上面或下面的棋子可能不存在，需要判断，如果超过数组界限，则不存在
                if (index <0 || index >= totalGrid) continue;
                grid = grids[index];
                if ( grid != null )
                {
                grid.doFlip();
                }
        }
        // 处理完棋子的翻转后，最后检查当前棋子是不是都变白了
        if ( isAllWhite() )
        {
                //game over
                gameOver();
        }
}
```

在翻转周边棋子时，由于要验证棋子的真实性，代码稍显烦琐。总的说来，就是先获取上下两个棋子的id，以及左右存在的棋子的id，然后对棋子进行翻转。

翻转完毕后，判断棋子是否全部变白的代码也很简单。代码如下：

```
var grid:Grid;
for ( var i:uint = 0, len:uint = grids.length; i < len; i++)
{
```

```
            grid = grids[i];
            // 只要发现有一个棋子不是白色，则表明游戏还没有结束
            if( grid.isWhite() == false )
            {
                    // 只要一个为 false，则表示游戏还没有结束
            }
        }
    }
```

我们的游戏只有一关，因此用户过关就意味着游戏结束。gameOver 函数中，使用了一个文本框来显示提示信息，由于和程序逻辑没有联系，这里略去不提。

至此，主程序的主要代码介绍完毕，完整的代码见代码清单 2-4。

代码清单 2-4　FlipIt 项目的 Main.as 文件

```
package
{
  import flash.display.Sprite;
  import flash.display.StageScaleMode;
  import flash.display.StageAlign;
  import flash.events.Event;
  import flash.events.MouseEvent;
  import flash.text.TextField;
  import flash.text.TextFormat;
  import flash.text.TextFormatAlign;

  [SWF(backgroundColor="#B6B5C1")]
  public class Main extends Sprite
  {
    // 使用常量增强程序的灵活性和可读性
    private const BLACK:Boolean = false;
    private const WHITE:Boolean = true;
    private const GRID_RADIUS:int = 30;
    private var grid_container:Sprite;
    private var game_tip:TextField;

    // 在数组元素的类型确定的情况下，尽量使用 Vector，而不用 Array，性能更佳
    private var grids:Vector.<Grid> = new Vector.<Grid>();
    private var column_number:uint;

    public function Main():void
    {
      init();
    }

    private function init():void
    {
      // 设置舞台属性，为了自动适应屏幕尺寸，必须设置
      stage.scaleMode = StageScaleMode.NO_SCALE;
```

```
    stage.align = StageAlign.TOP_LEFT;
    // 创建棋子容器
    grid_container = new Sprite();
    addChild(grid_container);
    // 创建文本框，用来显示游戏结果
    game_tip = new TextField();
    var tf:TextFormat = new TextFormat("Droid Serif", 24);
    tf.align = TextFormatAlign.CENTER;
    game_tip.defaultTextFormat = tf;
    game_tip.width = stage.stageWidth;
    game_tip.y = 500;
    game_tip.selectable = false;
    addChild(game_tip);
    // 创建棋盘
    createMap();
    // 将棋盘屏幕居中放置
    grid_container.x = (stage.stageWidth - grid_container.width) / 2;
    grid_container.y = 120;
    // 利用事件流的冒泡机制，只监听容器的鼠标单击事件
    grid_container.addEventListener(MouseEvent.CLICK, onClickHandler);
}

private function createMap():void
{
    var gameMap:Array = new Array();
    gameMap[0] = [BLACK, WHITE, WHITE, BLACK];
    gameMap[1] = [WHITE, BLACK, BLACK, WHITE];
    gameMap[2] = [WHITE, BLACK, BLACK, WHITE];
    gameMap[3] = [BLACK, WHITE, WHITE, BLACK];

    // 列数
    column_number = 4;
    // 总行数
    var rowCount:uint = gameMap.length;
    // 临时变量
    var rowArray:Array;
    var i:uint, len:uint;
    var grid:Grid;
    // 棋子的间距
    var space:int = 10;
    // 根据数组创建棋盘
    for ( var row:uint = 0; row < rowCount; row++)
    {
        // 获取每一行的数据
        rowArray = gameMap[row];
        len = rowArray.length;
        for ( i = 0; i < len; i++)
        {
            // 创建 Grid，并赋予初始值。GRID_RADIUS 常量定义了棋子的尺寸
            grid = new Grid(rowArray[i], GRID_RADIUS);
```

```
        // 计算出棋子在棋盘上的编号
        grid.id = row * column_number + i;
        // 设置棋子的坐标
        grid.x = i * (GRID_RADIUS*2 + space);
        grid.y = row * (GRID_RADIUS*2 + space);
        grid_container.addChild(grid);
        // 按照编号将棋子保存在数组中，待以后查找
        grids[grid.id] = grid;
    }
  }
}

private function onClickHandler(e:MouseEvent):void
{
  e.stopImmediatePropagation();
  var grid:Grid = e.target as Grid;
  // 只有单击的对象是棋子才执行后面的代码
  if ( grid == null) return;
  // 翻转当前单击的棋子
  grid.doFlip();
  // 同时翻转周围的 4 个棋子
  var ids:Array = new Array(grid.id - column_number, grid.id + column_number);
  // 如果棋子是在最左端，则左边是空的，反之左边存在棋子
  if ( grid.id % column_number != 0 )
  {
    ids.push(grid.id - 1);
  }
  // 如果棋子是在最右端，则右边是空的，反之右边存在棋子
  if ( grid.id % column_number != (column_number-1) )
  {
    ids.push(grid.id + 1);
  }

  var totalGrid:int = grids.length;

  for ( var i:uint = 0, len:uint = ids.length; i < len; i++)
  {
    var index:int = ids[i];

    if (index <0 || index >= totalGrid) continue;

    grid = grids[index];
    // 上面或下面的棋子可能不存在，需要判断
    if ( grid != null )
    {
      grid.doFlip();
    }
  }
  if ( isAllWhite() )
  {
```

```
        //game over
        gameOver();
      }
    }

    private function gameOver():void
    {
        grid_container.removeEventListener(MouseEvent.CLICK, onClickHandler);
      game_tip.text = "顺利过关! ";
    }

    private function isAllWhite():Boolean
    {
      var grid:Grid;
      for ( var i:uint = 0, len:uint = grids.length; i < len; i++)
      {
        grid = grids[i];
        if( grid.isWhite() == false )
        {
          return false;
        }
      }
      return true;
    }
  }
}
```

最后有一点要提醒读者，在主类 Main 的初始化过程中，设置了舞台的属性，即下面两行代码：

```
stage.scaleMode = StageScaleMode.NO_SCALE;
stage.align = StageAlign.TOP_LEFT;
```

将 scaleMode 设置为 StageScaleMode.NO_SCALE，则舞台尺寸总是适应屏幕的尺寸；StageAlign.TOP_LEFT 表示舞台内容顶部居左对齐。这两行代码保证程序的尺寸总是适应设备的屏幕尺寸，所有界面上元素的布局和定位都依据 stage 的 stageWidth 和 stageHeight 来定。比如要把棋盘在屏幕居中显示，代码如下：

```
grid_container.x = (stage.stageWidth - grid_container.width) / 2;
```

在移动设备上开发时，使用这种方式可以兼容不同尺寸的设备，在后面还有专门章节讨论这方面的内容。

代码编写完毕后，就可以直接在计算机上测试了。在 FlashDevelop 中单击顶部工具条的 ▶ Debug ▾ 三角按钮，以 Debug 或 Release 模式运行程序。

**小技巧** 利用事件流的冒泡特性来简化对可视对象的事件监听，可以减少资源开销，避免不必要的内存泄漏，是常用的优化手法之一。

## 2.3 设置程序属性

在 AIR 桌面开发中，每个程序都有一个 XML 格式的应用程序描述文件，其中保存了所有的属性信息，比如程序名、版本号等，设置程序属性也就是修改这个 XML 文件。移动开发也是如此，只不过针对移动平台的 XML 文档在格式上稍有不同。

一些开发工具，比如 Flash CS5 和 Flash Builder，虽然提供了图形化设置界面，但只包含了一些最基本的属性元素，有些特殊的设置还必须依靠手工编辑才能实现。本节详细介绍应用程序描述文件的格式，让读者能够全面了解它的用法。

### 2.3.1 了解应用程序描述文件

使用 FlashDevelop 创建 AIR AS3 Projector for Android 项目后，会在项目文件夹下自动生成一个应用程序描述文件，名为 application.xml。其中包含了一些常见的属性设置项，比如程序的 id、name、版本号等。FlipIt 项目中修改后的文件内容如下：

```
<?xml version="1.0" encoding="utf-8" ?>
<application xmlns="http://ns.adobe.com/air/application/3.1">
    <id>org.fluidea.FlipIt</id>
    <versionNumber>0.0.1</versionNumber>
    <versionLabel>1.0</versionLabel>
    <filename>FlipIt</filename>
    <name>FlipIt</name>
    <initialWindow>
        <content>FlipIt.swf</content>
        <visible>true</visible>
<fullScreen>false</fullScreen>
        <aspectRatio>portrait</aspectRatio>
        <renderMode>cpu</renderMode>
        <autoOrients>false</autoOrients>
    </initialWindow>
    <icon>
        <image36x36>icons/icon_36.png</image36x36>
        <image48x48>icons/icon_48.png</image48x48>
<image72x72>icons/icon_72.png</image72x72>
    </icon>
    <android>
<manifestAdditions>
        <![CDATA[<manifest>
        <uses-permission android:name="android.permission.INTERNET"/>
        </manifest>]]>
        </manifestAdditions>
    </android>
</application>
```

根节点 application 的 xmlns 属性定义了默认的命名空间，一般来说，每当 AIR 的版本号发生了较大变化时，命名空间的值也会随着变化。尾部的 "3.1" 表示运行程序所需 AIR 运行时的最小版本号。

id：程序的标识名，必须保证其唯一性。它由字母、数字、−和点号组成，按照约定，一般使用和域名类似的格式，使用点号间隔的方式来命名，比如 org.fluidea.FlipIt，以和其他程序区别开来。id 仅仅起标识作用，和域名并没有任何联系。AIR 程序在 id 前面会加上 air. 前缀。

versionNumber：也就是 Flash CS5 设置面板上的 ersion，这个参数非常重要，用来标识程序的开发版本，每次程序发布新版本时，必须将这个值向上升。在发布程序到 Google 电子市场，即上传 apk 包时，系统会审核其中的 versionNumber，只有确认该值为比该程序上一个版本的值大才被允许发布。Android 系统也是通过比较这个值，才能检测到程序被更新。

---

**注意**　versionNumber 采用 000.000.000 格式来表示整数，1.0.0 表示是 1.000.000，而不是 1。

---

versionLabel：这个设置项很容易和 versionNumber 混淆，它也是表示版本号，但只是显示在程序的信息面板上，不影响程序的使用，而且对格式没有要求，开发者可以根据自己的习惯来定，比如 V1.0、Ver1.2.0322 等。

filename：表示 apk 包的名称，在安装程序时作为 apk 包的名称，建议使用英文字母和数字。

name：程序标题，在 Android 系统显示时使用，不宜太长，最好控制在 20 个字符以内。

initialWindow：该节点包含了和程序外观相关的属性：root 指明主 SWF 文件路径；visible 节点必须为 true；fullScreen 表示程序是否全屏显示；aspectRatio 则表示程序的初始屏幕朝向，可选值为 portrait 和 landscape，分别是竖屏和横屏；renderMode 为渲染模式，可选值有 auto、cpu、gpu 和 direct。auto 等同于 CPU，不使用硬件加速，GPU 表示如果可用，就用硬件加速，direct 选项在 AIR 3.0 后可用，结合使用 CPU 和 GPU；autoOrients 设备的屏幕朝向发生变化时，是否派发 StageOrientationEvent 事件，这一选项并不影响屏幕的朝向。

和桌面开发不同的是，我们并不需要设置程序的尺寸。在 Android 中，AIR 程序只有两种显示方式：全屏和非全屏，非全屏时，程序尺寸为设备支持的最大长宽值。

icon：定义程序的显示图标，包括不同尺寸，比如 48×48、57×57、72×72、114×114 等，主要是为了兼容不同分辨率的设备。icon 节点是可选项，如果省略，AIR 打包程序会使用内置的默认图标。

android：放置和 Android 系统相关的设置项，比如程序是否允许其他程序调用、访问系统资源的权限声明等。详细说明请看下一节。如果要支持 iOS 平台，对应的会有一个 iPhone 节点来设置 iOS 平台相关选项。

## 2.3.3　设置访问权限

每个 Android 程序都有一个配置文件 AndroidManifest.xml，用来定义程序所有的配置信息，其中一个重要的部分是资源权限声明。Android 拥有完善的安全机制，所有敏感的系统资源在默认情况下都是无法访问的，只有在配置文件中加入了对相关权限的声明后，才能进行相应操作。比如，如果程序需要访问网络，则必须添加开启网络访问权限的声明。用户在安装该程序时，能够看到程序所用到的所有权限，这样就能够避免被安装恶意程序。

在打包 apk 的过程中，AIR SDK 会自动创建 AndroidManifest.xml 文件，并将应用程序描述文件中的 android 节点的内容映射到 AndroidManifest.xml 中，从而简化了开发流程。

在 FlipIt 项目中，android 节点里面加入了一项设置，内容如下：

```
<android>
    <manifestAdditions>
    <![CDATA[<manifest>
    <uses-permission android:name="android.permission.INTERNET"/>
    </manifest>]]>
    </manifestAdditions>
</android>
```

manifestAdditions 节点，顾名思义，是对 manifest 文件的补充，放入 manifest 中的内容必须符合 AndroidManifest.xml 的格式。其中的 uses-permission 节点即权限声明类型，对应的权限名称为 android.permission.INTERNET，表示访问网络的权限。如果没有添加网络访问权限的声明，所有对外部的 HTTP 请求都将失败。

AIR 支持以下几种权限设置：

❑ android.permission.INTERNET：访问网络。

❑ android.permission.WRITE_EXTERNAL_STORAGE：外部存储设备（即 SD 卡）的写权限。

❑ android.permission.READ_PHONE_STATE：在通话时调节音量。

❑ android.permission.ACCESS_FINE_LOCATION：通过 GPS 设备获取位置信息。

❑ android.permission.ACCESS_COARSE_LOCATION：通过网络信号获取位置信息。

❑ android.permission.CAMERA：使用摄像头。

❑ android.permission.RECORD_AUDIO：使用麦克风。

❑ android.permission.DISABLE_KEYGUARD：禁用键盘锁。

❑ android.permission.WAKE_LOCK：禁止自动休眠。

❑ android.permission.ACCESS_NETWORK_STATE：访问网络状态。

❑ android.permission.ACCESS_WIFI_STATE：访问 WI-FI 状态。

如果程序中用到多项权限，则一一列在 manifest 节点下。

## 2.4　打包 APK 文件

FlashDevelop 自动为 Android 项目生成了打包脚本 PackageApp.bat，运行脚本就可以自动生成 apk 安装包。

也许读者会问：apk 包到底是如何创建的？

执行项目根目录下的 PackageApp.bat 时，其实是在调用 bat 目录下的 Packager.bat 文件。我们使用文本编辑工具打开 bat\PackageApp.bat 文件，其中的命令不少，但仔细看下去会发现执行打包命令的其实只有如下一行脚本代码：

```
call adt -package -target TYPE% %TARGET% %OPTIONS% %SIGNING_OPTIONS% %OUTPUT%
%APP_XML% %FILE_OR_DIR%
```

call 用来调用程序，后面是要运行的目标程序以及参数，因此，这里的主角是 adt。adt 是 AIR SDK 提供的打包脚本，位于 D:\dev\flex_sdk_4.5.1\bin 目录下。由于先前已将这个目录加入到系统环境变量中，因此可以直接运行。

adt 最早用来创建用于桌面 AIR 安装包，后来也支持移动平台。打包 apk 时的具体格式如下：

```
adt -package -target apk -storetype pkcs12 -keystore
证书路径 apk 的保存路径 要嵌入的文件路径
```

嵌入的文件将被一同打包在 APK 中，主 SWF 文件和描述文件必须包含在内。除此之外，我们还可以将其他资源嵌在 apk 包中，比如程序中动态加载的 SWF 动画、图片等。为了方便，可以将文件放在一个目录中，将整个文件夹包含进去，FlashDevelop 中的打包命令正是这样做的，将 SWF 文件和 icon 资源都放在 bin 目录下，然后一起打包。

了解了 APK 的打包原理，相信读者对打包过程已经很清楚了，这里总结如下：

❑ 编译项目，生成 SWF 文件。编译时，确保 FlashDevelop 处于 Release 模式下，即顶部工具栏箭头旁选项是 Release。

❑ 确定是否有签名证书，如果没有，可以运行 bat 目录下的 CreateCertificate.bat 创建证书。

❑ 执行脚本 PackageApp.bat 脚本，选择打包方式，这里选择 APK（即选项 1）。

执行完毕后，项目中多了一个 dist 目录，里面就是我们想要的 APK 文件，接下来可以发布程序了。

## 2.5 安装和运行程序

生成 apk 包后，对开发者来说还有一个重要的环节，那就是把程序放在设备上运行起来。这一节我们将分别在模拟器和真机上运行 FlipIt 游戏，看看效果如何。

### 2.5.1 使用模拟器运行程序

使用 Android SDK 的工具可以很方便地创建不同版本的模拟器。在模拟器上安装、运行程序和真机没有任何差别，不过在程序发布上有点区别。使用模拟器运行程序的步骤如下。

**步骤 1**　使用 Android SDK 的工具创建模拟器。

进入 SDK 目录，双击运行 SDK Setup.exe；在打开的窗口左侧，选择 Virtual devices 项，在右侧是现有 AVD 的列表。单击列表右边的 New 按钮，程序将弹出新建 AVD（Android Virtual Device，Android 虚拟设备）的对话框，如图 2-4 所示。

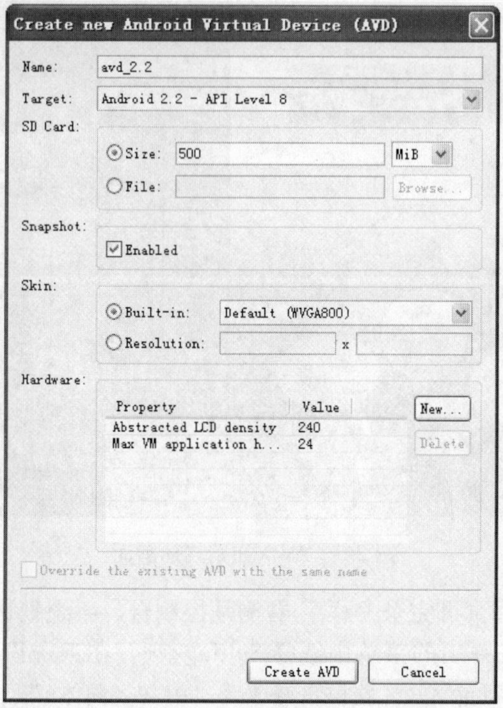

图 2-4　新建 AVD

图 2-4 所示的对话框中各项设置的说明如下。

❏ Name：输入虚拟设备的名称。

❏ Target：选择要模拟的系统版本。由于要运行 AIR 程序，所以必须选择 2.2 以上版本。注意，target 列表只会列出当前已下载的软件包，所以在此之前请先去下载 2.2 版本的软件包。

❏ SD Card：模拟 SD 卡，输入一个文件尺寸后程序会自动创建 SD 卡的映像文件。

❏ Snapshot：是否开启快照功能。开启后系统将缓存 AVD 的状态，加快下次的启动速度。

❏ Skin 和 Hardware：分别表示模拟器皮肤和硬件设备信息，保持默认值即可。

设置完毕后，单击 CreateAVD 按钮确认。创建成功后，AVD 列表中会多了一项名为 avd_2.2 的数据，单击选中，然后点右侧的 Start 按钮，即可启动 AVD。

在第一次启动 AVD 时，由于没有缓存，速度比较慢。用于开发的机器内存至少在 2GB 以上，才能获得比较理想的启动速度。AVD 启动后的效果如图 2-5 所示。

图 2-5　AVD 初始启动画面

左侧是系统画面，和真机完全一样；右侧是控制台。系统默认语言为英文，可以单击控制台上的 Menu 键，在弹出的菜单中选择 Settings 项，在系统设置界面选择 Language & keyboard，再单击 Select language，将语言修改为"中文（简体）"。

在控制台上有 4 个很重要的键，分别代表了手机上的 4 个实体键，如图 2-6 所示。

图 2-6　设备键

4 个键分别代表 Home 键、程序菜单键（Menu）、返回键（Back）和搜索键。根据 Android 系统要求，所有的 Android 手机都配置了前面 3 个键，有个别厂商省略了搜索键。这 4 个键中，Menu 键和 Back 键的用处很大，在后面的内容中将详细讲解它们的用法。

**步骤 2**　在 AVD 上安装 AIR 运行时。

打开一个 DOS 命令行窗口，运行如下命令检查是否有设备可用：

```
adb devices
```

adb 的 devices 参数的作用是列出当前系统所有可用的 Android 设备，运行结果如图 2-7 所示。

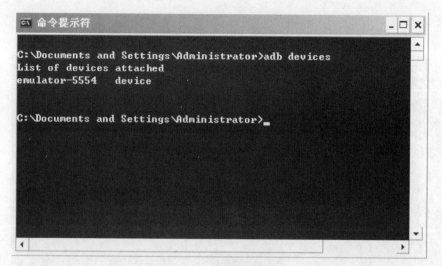

图 2-7 当前的设备列表

图中的 emulator-5554 即当前正在运行中的模拟器。

然后进入 Flex SDK 下的目录 D:\dev\flex_sdk_4.5.1\runtimes\air\android\emulator，依次执行如下 3 条命令：

```
D:
cd dev\flex_sdk_4.5.1\runtimes\air\android\emulator
adb install Runtime.apk
```

adb 的 install 参数表示向设备上安装 apk 包。如果当前系统可用的 Android 设备有多个，还必须加上参数 -s＜设备名＞，比如：

```
adb -s emulator-5554 install Runtime.apk
```

**步骤 3** 创建用于模拟器上的 apk 安装包，并安装到 AVD 上运行。

编辑 FlipIt 项目中的 PackageApp.bat 文件，找到下面的脚本：

```
echo  [1] normal        (apk-emulator)
echo  [2] debug         (apk-debug)
```

将其中 target 的参数值（apk）修改为（apk-emulator），保存文件，重新运行 Package-App.bat 脚本。选择选项 1 生成 APK 文件。执行完毕后，命令行窗口的状态如图 2-8 所示。

执行完毕后，dist 目录会生成新的 APK 文件。在 Windows 中打开一个 DOS 窗口，定位到 dist 目录，执行 adb install 命令：

```
adb insall FlipIt.apk
```

将 apk 安装到当前唯一可用的设备上，也就是前面启动的 AVD 中。

回到 AVD 程序，单击底部导航条上的程序列表按钮，会发现在程序列表页面多了一个

FlipIt 图标，如图 2-9 所示。

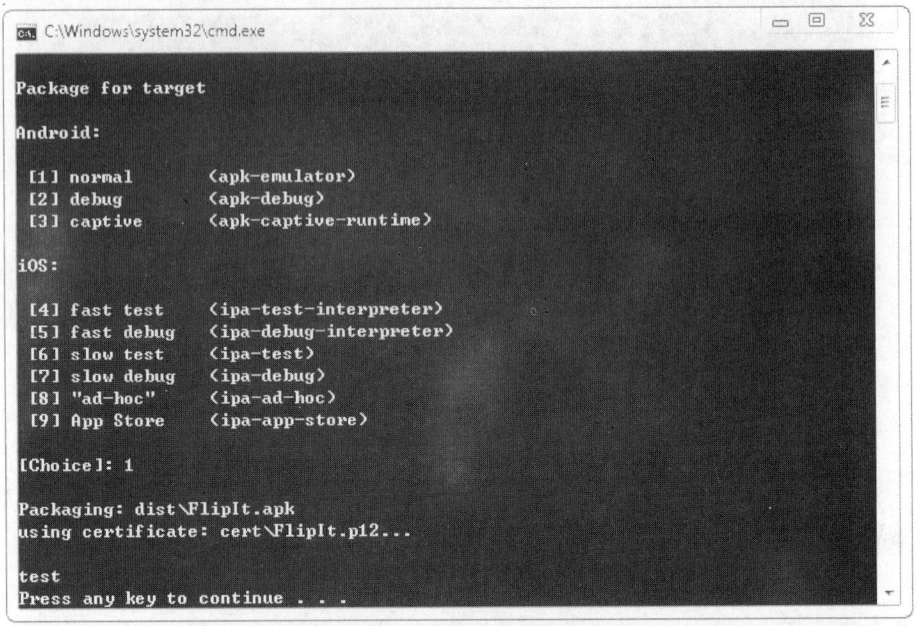

C:\Windows\system32\cmd.exe
Package for target
Android:
[1] normal (apk-emulator)
[2] debug (apk-debug)
[3] captive (apk-captive-runtime)
iOS:
[4] fast test (ipa-test-interpreter)
[5] fast debug (ipa-debug-interpreter)
[6] slow test (ipa-test)
[7] slow debug (ipa-debug)
[8] "ad-hoc" (ipa-ad-hoc)
[9] App Store (ipa-app-store)
[Choice]: 1
Packaging: dist\FlipIt.apk
using certificate: cert\FlipIt.p12...
test
Press any key to continue . . .

图 2-8　脚本执行窗口

下午 5:24
Alarm Clock
API Demos
Browser
Calculator
Camera
Car Home
Contacts
Custom Locale
Dev Tools
Email
FlipIt
Gallery
Gestures Builder
Messaging
Music
Phone
Settings
Spare Parts
Speech Recorder

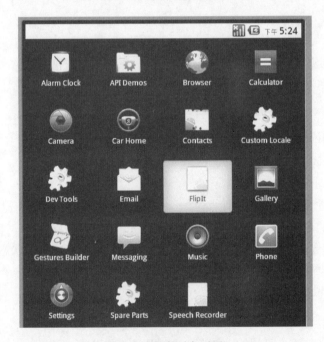

图 2-9　程序列表页面

单击 FlipIt 图标，在模拟器体验一下我们的第一个 AIR 程序。

## 2.5.2　在真机上运行程序

相比模拟器，在真机上运行程序要简单得多，只需要简单几步就可以实现。

**步骤 1**　创建针对真机的 apk 包。

在发布针对真机的 apk 包时，记得检查 PackageApp.bat 文件中的命令参数是否正确，如下所示：

```
echo  [1] normal      (apk)
echo  [2] debug       (apk-debug)
```

选项 1 对应的值必须是"apk"，执行脚本时选择 1 即可。

**步骤 2**　安装 apk 包。

将手机通过 USB 线连接到计算机上，待 apk 包创建好之后，同样地，在 Windows 上打开一个 DOS 窗口，定位到 dist 目录，执行安装以下命令即可将 apk 包直接安装到真机上：

```
adb insall FlipIt.apk
```

---

**注意**　如果有多台设备同时连接在桌面系统上，还需要为 adb 命令添加 -s 参数，后面接目标设备名。

---

也许读者会觉得整个安装过程略显复杂，对于非开发人员，完全没有必要这么麻烦，直接使用一些第三方的工具，比如流行的豌豆荚、91 手机助手等，不需要 Android SDK 就可以很方便地实现程序的安装和卸载。

图 2-10 所示是在 Google Nexus One 上运行 FlipIt 的效果。

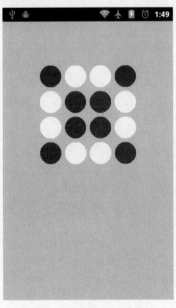

图 2-10　真机运行效果

和模拟器相比较,在真机上操作时,直接用手指单击的感觉是完全不同的,这也是为什么要在真机上测试的原因之一。

---

**提示** 手机第一次通过 USB 线连接到计算机上时,必须先安装驱动才可以使用 adb 命令操作这台设备。可以在 flex_sdk_4.5.1\install\android 下找到 Windows 平台的驱动程序。

---

如果设备上没有安装 AIR 运行时,运行程序时会看到如图 1-2 所示的提示安装 AIR 的对话框。这个时候,请单击"下载"按钮,系统将启动 Play 商店程序,并自动进入到 AIR 运行时的下载界面。按照界面提示下载并安装程序,完毕后,即可运行所有的 AIR 程序。

一些国内厂商对 Android 系统进行了自定义,删除了原生的 Play 商店,此时单击"下载"按钮会打开 Play 商店的网页来下载 AIR 运行时的安装文件,下载完毕后,需要手动安装。除了 Google 的 Play 商店外,市面上还有其他的第三方应用商店,比如 Amazon 的 Appstore、安卓市场、AppChina 应用汇等,我们也可以在这些应用商店中下载 AIR 运行时。

## 2.6 本章小结

本章通过一个小游戏,介绍了 AIR Android 的整个开发流程,包括 FlashDevelop 项目模板的使用,使用应用程序描述文件,发布 apk 安装包的注意事项等。最后,详细说明了在模拟器和真机上安装、运行程序的步骤。希望通过本章的学习,读者能对 AIR Android 开发有了更深入的认识。

第二篇

基 础 篇

第 3 章　处理用户交互
第 4 章　加速计
第 5 章　地理定位
第 6 章　整合系统程序
第 7 章　多媒体
第 8 章　文件和数据库
第 9 章　网络通信
第 10 章　调试和发布

# 第 3 章　处理用户交互

　　目前，触摸屏已经成为移动设备的标配，Android 设备也不例外。因此，对开发者来说，处理用户交互在很大程度上也就是处理手与触摸屏的交互。

　　由于手指很灵活，在一块触摸屏上可以产生多种多样的操作方式。比如，单个手指就有按下、移动、快速单击、长按等操作；两个手指可以做旋转、放缩手势等，这些手势引发的就是多点触摸事件。如何在 AIR 中处理多点触摸事件，正是本章要介绍的内容。

## 3.1　关于多点触摸

　　在 ActionScript 3.0 中按照交互行为产生的事件类型，将多点触摸动作分为两类：触摸和手势。

　　触摸动作指一个或多个手指触摸屏幕的动作，引发的事件对象为 TouchEvent 类型。手势往往由一系列的触摸动作组成，以代表某个特定意义，引发的事件对象为 GestureEvent 类型。

　　由于触摸和手势存在包含关系，在运行期间程序无法同时检测这两类事件，为此 ActionScript 3.0 引入了 Multitouch 类，用来管理程序的触摸交互模式。如果要检测触摸事件，必须通过下面的代码改变检测方式：

```
// 导入相应的类
import flash.ui.Multitouch;
import flash.ui.MultitouchInputMode;
...
// 检测系统是否支持触摸事件
if ( Multitouch.supportsTouchEvents )
{
  // 设置多点触摸的模式为触摸
  Multitouch.inputMode = MultitouchInputMode.TOUCH_POINT;
}
```

　　在处理触摸事件之前，建议开发者先检测 Multitouch 类的静态属性 supportsTouchEvents 是否为 true，即检测当前设置是否支持触摸事件，然后再进行后面的操作。如果设备不支持触摸事件，可以用其他方式来处理交互，这样就可以兼容多种设备。

　　intputMode 是 Multitouch 类的另一个静态属性，表示当前程序的触摸交互模式，有 3 个可选值，为 MultitouchInputMode 类的静态常量：

❏ MultitouchInputMode.NONE（不处理触摸和手势事件）

❏ MultitouchInputMode.TOUCH_POINT（处理触摸事件）

❏ MultitouchInputMode.GESTURE（默认值，处理手势事件）

在 AIR 中默认的交互模式为 MultitouchInputMode.GESTURE，即处理手势事件。因此，要使用触摸事件时，必须将 inputMode 修改为 MultitouchInputMode.TOUCH_POINT。

设置好交互模式后，就可以像处理其他事件一样，对舞台上的元件添加相应的事件监听器来响应用户的操作。

---

**提示**　不管是在哪一种触摸交互模式下，鼠标事件都可以正常使用。

---

## 3.2　处理触摸事件

和处理其他事件一样，可以对舞台上的元件监听触摸事件，然后编写事件处理函数。触摸事件有哪些类型？如何使用？它们和鼠标事件又有什么区别？学完本节大家便会得到答案。

### 3.2.1　使用 TouchEvent 类

所有的触摸动作都将产生 TouchEvent 类型的事件对象。TouchEvent 类位于 flash.events 包中，所有的 Touch 事件类型都被定义为它的静态常量，如表 3-1 所示。

表 3-1　TouchEvent 类型

| 事　件　名 | 说　　　明 |
| --- | --- |
| TOUCH_BEGIN | 触摸动作开始 |
| TOUCH_END | 触摸动作结束 |
| TOUCH_MOVE | 触摸移动 |
| TOUCH_OUT | 触摸移出可视对象 |
| TOUCH_OVER | 触摸并移到可视对象上 |
| TOUCH_ROLL_OUT | 触摸移出可视对象 |
| TOUCH_ROLL_OVER | 触摸并移到可视对象上 |

在 TouchEvent 类中，除了父类 Event 的属性和方法外，还定义了几个和触摸动作相关的实例属性，说明如下。

❏ stageX 和 stageY：表示对应的触摸点在屏幕上的全局坐标。

❏ pressure：取值为 0.0 ～ 1.0，表示触摸点处的屏幕压力。如果设备不支持这个功能，那么其值将总为 1.0。

❏ sizeX 和 sizeY：分别对应触摸点接触区域的宽和高。

❏ touchPointID：触摸点的唯一标识，是整型数据。

在处理触摸事件时，touchPointID 是经常使用的一个参数，用来标识触摸事件。触摸操作可能有多个触摸点，比如两个手指同时触摸屏幕，TOUCH_BEGIN 事件将发生两次，产生的 TouchEvent 分别对应不同位置的触摸点。为了区分触摸点，AIR 运行时会为每个触摸点分配一个唯一的标识，即 touchPointID。

当 TOUCH_BEGIN 事件第一次发生时，AIR 运行时会从 0 开始分配 touchPointID 给每个 TouchEvent，直到数目超出了系统所能支持的最大触摸点数，超出范围的触摸事件将被忽略。Android 设备一般只支持两个触摸点，也就是说 TouchEvent 对象的 touchPointID 的值只可能是 0 或 1。每个触摸动作结束时，对应的 touchPointID 被回收，供新的触摸点使用。

下面用一个 TouchEventEx 的例子演示 TOUCH_BEGIN 和 TOUCH_END 的用法。每当一个或两个手指触摸屏幕时，程序会在触摸点附近画一个圆，并开始拖拽这个圆，直到 TOUCH_END 事件发生，拖拽结束。程序的主类 Main.as 的代码如下：

```
package
{
  import flash.display.Graphics;
  import flash.display.Sprite;
  import flash.events.TouchEvent;
  import flash.ui.Multitouch;
  import flash.ui.MultitouchInputMode;
  //AppBase 是一个基础类，定义了程序的基本属性
  public class Main extends AppBase
  {
    override protected function init():void
    {
      // 判断是否支持 TouchEvent
      if ( Multitouch.supportsTouchEvents )
      {
        // 设置交互模式为处理触摸动作
        Multitouch.inputMode = MultitouchInputMode.TOUCH_POINT;
        // 监听舞台的 TOUCH_BEGIN 和 TOUCH_END 事件
        stage.addEventListener(TouchEvent.TOUCH_BEGIN, onTouchBegin);
        stage.addEventListener(TouchEvent.TOUCH_END, onTouchEnd);
      }
    }
    // 创建可视对象，并画圆
    private function createCircle():Sprite
    {
      var box:Sprite = new Sprite();
      var g:Graphics = box.graphics;
      g.beginFill(0x808888);
      g.drawCircle(0, 0, 30);
      g.endFill();
      return box;
    }
    //TOUCH_BEGIN 事件处理函数
    private function onTouchBegin(e:TouchEvent):void
    {
```

```
        // 在触摸点处添加一个圆
        var box:Sprite = createCircle();
        addChild(box);
        // 将元件移到触摸点对应的舞台坐标处
        box.x = e.stageX;
        box.y = e.stageY;
        // 调用可视对象的 startTouchDrag, 开始拖拽元件
        box.startTouchDrag(e.touchPointID);
    }
    //TOUCH_END 事件处理函数
    private function onTouchEnd(e:TouchEvent):void
    {
        // 调用 stopTouchDrag 结束拖拽
        e.target.stopTouchDrag(e.touchPointID);
    }
  }
}
```

由于有监听舞台 stage 的 Touch 事件，因此只要触摸屏幕上任何一点，Touch 事件都将触发，并在触摸点处画一个圆。请注意，拖拽的实现并没有使用 Flash 开发者熟悉的 startDrag 方法，而是 Sprite 类新增的 startTouchDrag 方法，该方法代码如下：

```
startTouchDrag(touchPointID:int, lockCenter:Boolean = false,
bounds:Rectangle = null):void
```

和 startDrag 相比，唯一的区别是多了一个参数 touchPointID，而 touchPointID 只在支持触摸行为的设备上工作，因此 startTouchDrag 也只能在触摸设备上使用。相对应的，结束拖拽时使用 stopTouchDrag 方法，代码如下：

```
stopTouchDrag(touchPointID:int):void
```

在结束拖拽时也必须输入 touchPointID，以保证是针对同一个触摸点的动作。

因为模拟器不支持触摸事件，所以使用触摸事件的程序必须在真机上运行才能看到效果，如图 3-1 所示。

运行 TouchEventEx 程序，有两个手指触摸屏幕上任意两处，保持触摸并移动手指，两个圆将跟随手指移动。在本例中，程序主类继承了 AppBase，并重写了 init 方法，实际上，这将是后面所有实例代码的模板。在 AppBase 类中定义了所有程序通用的属性以及结构，完整代码如下：

```
package
{
  import flash.display.Sprite;
  import flash.display.StageAlign;
  import flash.display.StageScaleMode;
  import flash.events.Event;

  /**
```

```
 * 程序基类, 定义了舞台属性
 */
public class AppBase extends Sprite
{

  public function AppBase():void
  {
    // 定义舞台的对齐方式和缩放模式
    stage.align = StageAlign.TOP_LEFT;
    stage.scaleMode = StageScaleMode.NO_SCALE;

    init();
  }

  /**
   * 程序入口, 所有程序都重写 init 方法, 在此添加自己的逻辑
   */
  protected function init():void
  {
    // 在这里添加代码
  }
}
}
```

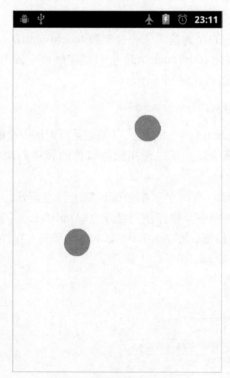

图 3-1　在真机上的运行效果

AppBase 类 位 于 公 用 代 码 库 library 中，定 义 了 舞 台 的 对 齐 方 式 和 缩 放 模 式。将 scaleMode 设置为 StageScaleMode.NO_SCALE，舞台尺寸即为屏幕的实际尺寸。StageAlign. TOP_LEFT 表示舞台内容顶部居左对齐，这两行代码的作用是为了让程序能够适应设备的屏幕尺寸，从而依据舞台对象的 stageWidth 和 stageHeight 对界面上的元素进行布局和定位。比如在上一章中，我们让棋盘在屏幕居中显示的代码为：

```
grid_container.x = (stage.stageWidth - grid_container.width) / 2;
```

类 AppBase 为后面所有的例子程序定义了统一的运行流程，将 init 方法作为程序初始化的入口，每个例子程序的主类会继承 AppBase 类，并且重写 init 方法。

使用这样方式后，一些常用的代码块被提取出来放在基类中，被所有的子类共用，同时也提高了程序的灵活性。在后续的开发中，如果有需要，可以在 AppBase 基类中加入更多的方法，这样所有的程序都可以共享。

## 3.2.2　触摸事件与鼠标事件的区别

通过上一节的例子，可以看出触摸事件与鼠标有很多相似之处，唯一的区别在于，触摸事件可以是多点的，而鼠标事件总是单点的。**如果程序并不需要使用多点触摸的功能，而仅仅是传统的单点交互，那么使用鼠标事件就可以满足需求。**

事实上，相比鼠标事件，AIR 运行时会花费更多的资源去监听触控事件 ( 包括下一节介绍的手势动作 )。在运行 TouchEventEx 程序时，如果手指在屏幕上的移动速度过快，圆点的移动会出现明显的延迟。

为了更清楚地说明两种事件的区别，可以使用 MouseEvent 重写 TouchEventEx 程序。修改之后的代码位于项目 MouseEventEx 中，主程序 Main.as 如下：

```
package
{
  import flash.display.Graphics;
  import flash.display.Sprite;
  import flash.events.MouseEvent;

  public class Main extends AppBase
  {

    override protected function init():void
    {
    // 改为监听 MOUSE_DOWN 和 MOUSE_UP 事件
      stage.addEventListener(MouseEvent.MOUSE_DOWN, onMouseDownHandler);
      stage.addEventListener(MouseEvent.MOUSE_UP, onMouseUpHandler);
    }

    /**
     * 创建一个 Sprite，画圆
     */
```

```
    private function createCircle():Sprite
    {
      var box:Sprite = new Sprite();
      var g:Graphics = box.graphics;
      g.beginFill(0x808888);
      g.drawCircle(0, 0, 30);
      g.endFill();
      return box;
    }

    private function onMouseDownHandler(e:MouseEvent):void
    {
      // 在触摸点处添加一个圆
      var box:Sprite = createCircle();
      addChild(box);
      // 将元件移到触摸点对应的舞台坐标处
      box.x = e.stageX;
      box.y = e.stageY;

      // 开始拖拽元件
      box.startDrag();
    }

    private function onMouseUpHandler(e:MouseEvent):void
    {
      // 结束拖拽
      e.target.stopDrag();
    }
  }
}
```

相信读者看了这部分代码后会感觉很熟悉，这里用到了鼠标事件 MOUSE_DOWN 和 MOUSE_UP，以及 startDrag 和 stopDrag，这些都是 Flash 开发中常用的写法。

在真机上运行 MouseEventEx，无论使用多少个手指同时触摸屏幕，程序总是只响应一次鼠标事件。另外，拖拽圆点时没有延迟感，明显比 TouchEventEx 程序的运行效果要流畅。

---

**提示** 使用 MouseEvent 还有一个好处，那就是代码能够兼容桌面系统。在开发跨平台的项目时，这点显得尤为重要，比如 MouseEventEx 程序即可以在桌面上调试运行，也可以在模拟器上运行。

---

## 3.3　处理手势动作

手势可以看做是一种特殊的触摸事件，它的处理方式和触摸事件相同。首先，将 Multitouch 类的 inputMode 属性设置为 MultitouchInputMode.GESTURE，然后就可以对可视元件添加手势事件监听器，编写响应函数。

按照事件类型，手势事件分为以下 3 类。

❑ GestureEvent：常规手势动作，只有一种事件类型 GESTURE_TWO_FINGER_TAP，
两个手指同时单击屏幕时触发。

❑ TransformGestureEvent：形变手势，一般用在编辑操作中。它有 4 种事件类型，
GESTURE_PAN、GESTURE_ROTATE、GESTURE_SWIPE 和 GESTURE_ZOOM，
分别表示平移、旋转、滑动和放缩动作。除了滑动外，其他三种都是两个手指的
操作。

❑ PressAndTapGestureEvent：点按结合的手势，只有一种事件类型 GESTURE_PRESS_
AND_TAP，表示一个手指按住屏幕，同时另一个手指单击屏幕的动作，在实际应用
中这个手势不常用。

手势事件尽管类型不同，但处理方式没有差别，关键是如何在应用中合理地使用它们。
本节将对最常用的 TransformGestureEvent 进行详细讲解。

## 3.3.1　放大与缩小手势

放大与缩小手势对应 TransformGestureEvent. GESTURE_ZOOM 事件类型，使用时要求
两个手指触摸屏幕，同时向外或向内做放缩动作，如图 3-2 所示。

图 3-2　放缩手势

放缩手势操作起来简单且直观，在触摸屏设备上的应用范围很广，比如浏览网页时控制
页面上的字体大小，查看地图时控制地图的缩放级别等。

下面的实例程序 GestureZoom 演示了如何使用 ZOOM 手势来控制图片的放缩。对
loader 对象添加手势监听器，事件响应函数根据手势动作，实现放大或缩小加载的图片。主
程序 Main.as 的代码如下：

```
package
{
import flash.display.Loader;
import flash.display.Sprite;
import flash.events.Event;
import flash.events.TransformGestureEvent;
import flash.geom.Point;
import flash.net.URLRequest;
```

```
public class Main extends AppBase
{
private var loader:Loader;

  override protected function init():void
  {
    // 使用 Loader 对象加载图片
    loader = new Loader();
    loader.contentLoaderInfo.addEventListener(Event.COMPLETE, onLoadComplete);
    addChild(loader);
    // 加载目录下的图片
    loader.load( new URLRequest("dog.jpg") );
  }
  // 处理加载事件
  private function onLoadComplete(e:Event):void
  {
    loader.contentLoaderInfo.removeEventListener(Event.COMPLETE, onLoadComplete);
  // 判断设备是否支持手势事件
  if ( Multitouch.supportsGestureEvents )
  {
  // 对 loader 对象添加手势事件监听器
  loader.addEventListener(TransformGestureEvent.GESTURE_ZOOM, onZoom);
  }
  }
  // 响应放缩手势
  private function onZoom(e:TransformGestureEvent):void
  {
    // 记录下手势作用点的位置，采用 loader 对象中的本地坐标
    var p:Point = new Point( e.localX, e.localY );
    // 将坐标转换为父级容器的本地坐标
    var parent_p:Point = this.globalToLocal(loader.localToGlobal(p));
    // 对 loader 对象做放缩处理
    loader.scaleX *= e.scaleX;
    loader.scaleY *= e.scaleY;
    //loader 对象缩放后，p 点在 loader 对象中的坐标没有变，但在父级容器中的坐标已发生变化，因此要
    // 重新计算
    var parent_p2:Point = this.globalToLocal(loader.localToGlobal(p));
    // 移动 loader，使得点 p 在父级容器的坐标保持不变
    loader.x += (parent_p.x - parent_p2.x);
    loader.y += (parent_p.y - parent_p2.y);
  }
}
```

在本例中，使用 Loader 对象加载程序目录下的图片。加载完成后，对 loader 对象添加手势事件监听器，代码如下：

```
if ( Multitouch.supportsGestureEvents )
{
  loader.addEventListener(TransformGestureEvent.GESTURE_ZOOM, onZoom);
```

```
}
```

由于 Multitouch 类的 inputMode 属性默认为处理手势事件，因此无需更改交互模式即可处理手势事件。使用手势事件之前，对 Multitouch 类的 supportsGestureEvents 属性做判断是一个好习惯。事实上，仅仅做这一个判断并不能确保设备就一定会支持所有的手势。要做到万无一失，还需要检查 Multitouch 的 supportedGestures 属性，检查的过程如下：

```
var index:int = -1;
if ( Multitouch.supportedGestures != null )
{
index = Multitouch.supportedGestures.indexOf(TransformGestureEvent.GESTURE_ZOOM);
}
if(Multitouch.supportsGestureEvents && index != -1 )
{
// 添加其他代码
}
```

supportedGestures 是一个 Vector 类型的数组，包含了设备支持的所有手势类型。每个元素代表一个事件类型，如果设备任何一个手势都不支持，supportedGestures 的值为 null。因此，要检测设备是否支持某个手势，可以使用 Vector 的 indexOf 方法进行查找，确保代码在设备上能够正确运行。

处理 GESTURE_ZOOM 事件时，使用 TransformGestureEvent 对象的 scaleX 与 scaleY，即可分别获取水平方向与垂直方向的缩放值。如果手指向外滑动，表示放大，对应的 scaleX 与 scaleY 值大于 1，反之小于 1。因此，用以下两行代码就可以实现放缩控制：

```
loader.scaleX *= e.scaleX;
loader.scaleY *= e.scaleY;
```

如果只是简单地对 loader 对象做放缩处理，会带来一个问题，那就是每次都是以 loader 的原点为中心点进行缩放。而符合逻辑的做法，应该是以手势动作的作用点为中心进行缩放。也就是说，要将手势动作的作用点设置为 loader 对象的注册点。虽然 ActionScript 并没有提供修改可视元件注册点的功能，但可以模拟这个行为。整个过程并不难，关键在于坐标转换，步骤如下：

**步骤 1**　记录手势作用点在 loader 对象中的本地坐标，记为点 p，它将是新的"注册点"。

**步骤 2**　以 loader 对象的父级容器为参照物，计算出点 p 在父级容器中的本地坐标，记为点 parent_p。

**步骤 3**　对 loader 对象进行缩放。

**步骤 4**　计算缩放后点 p 在父级容器中的本地坐标，记为点 parent_p2。

**步骤 5**　移动 loader 对象的坐标，让点 p 在父级容器中的坐标保持不变。

第 5 步操作的原理是：点 p 是 loader 对象的本地坐标，因此对 loader 对象进行缩放并不影响点 p 的值，但点 p 相对父级容器而言位置发生了变化，所以，根据缩放前后点 p 在父级

容器中的位移，更改 loader 对象的坐标，就能够让点 p 在父级容器的坐标保持不变，从而达
到了更改 loader 对象注册点的目的。起决定性作用的两行代码如下：

```
loader.x += (parent_p.x - parent_p2.x);
loader.y += (parent_p.y - parent_p2.y);
```

请注意，程序 GestureZoom 的屏幕朝向设置为横屏模式，在程序描述文件中对应的设置
项如下：

```
<aspectRatio>landscape</aspectRatio>
```

到这里，一个简单的图片放大镜就完工了。

---

**注意**　程序中使用的图片放在 bin 目录中，和其他文件一起被包含在 APK 文件中，与主
SWF 文件位于同一目录结构，因此使用相对路径就可以直接加载。

---

### 3.3.2　旋转手势

旋转手势对应 TransformGestureEvent. GESTURE_ROTATE 事件类型。和放缩手势一样，
该事件需要两个手指触摸屏幕，但两个手指的滑动方向相反，例如按顺时针或逆时针扭动开
关，如图 3-3 所示。

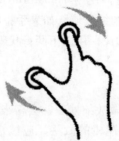

图 3-3　旋转手势

处理旋转手势与处理放缩手势的思路一样，可以对上一节的程序 GestureZoom 稍做修
改，将其中的事件类型 GESTURE_ZOOM 修改为 GESTURE_ROTATE。

```
loader.addEventListener(TransformGestureEvent.GESTURE_ROTATE, onRotate);
```

同时，编写新的事件响应函数 onRotate，代码如下：

```
private function onRotate(e:TransformGestureEvent):void
{
  var p:Point = new Point( e.localX, e.localY );

  var parent_p:Point = this.globalToLocal(loader.localToGlobal(p));
  // 加上新的旋转角度
  loader.rotation += e.rotation;
```

```
var parent_p2:Point = this.globalToLocal(loader.localToGlobal(p));
loader.x += (parent_p.x - parent_p2.x);
loader.y += (parent_p.y - parent_p2.y);
}
```

和上一节程序中的 onZoom 函数比较，读者会发现这里只有如下一点不同：

```
loader.rotation += e.rotation;
```

对 loader 对象进行旋转时，也需要动态更改注册点，保证始终以手势动作的作用点为中心进行操作，整个流程和缩放操作完全相同，相关代码请参阅源代码 ch3 中的 GestureRotate 项目。

## 3.3.3　Swipe 手势

Swipe 手势即单个手指触摸屏幕并快速地朝任意一个方向滑动，一般用来控制页面之间的切换。例如，使用 Android 自带的相册程序浏览图片时，朝左滑动手指会切换到下一张，朝右滑动则切换到上一张。

本节将创建一个图片浏览器 GestureSwipe，使用 Swipe 手势来切换图片。程序的运行流程如下：

**步骤 1**　创建 10 个 Sprite，用随机颜色进行填充，视为 10 张图片。

**步骤 2**　开始运行，显示第一张图片。

**步骤 3**　监听 Swipe 事件，如果是朝右滑动，显示上一张，反之显示下一张。

按照以上流程，首先看第 1 步，创建图片的代码如下：

```
private function createPages():void
{
  for ( var i:uint = 0; i < 10; i++)
  {
    pages.push(newPage());
  }
}

private function newPage():Sprite
{
  var page_width:int = stage.stageWidth-20*2;
  var page_height:int = stage.stageHeight-20*2;

  var page:Sprite = new Sprite();
  var g:Graphics = page.graphics;
// 用随机颜色填充矩形
  var color:uint = 0xFFFFFF*Math.random();
  g.beginFill(color);
  g.drawRect(20, 20, page_width, page_height);
  g.endFill();
  // 默认将图片放在屏幕外
```

```
        page.x = stage.stageWidth;
        addChild(page);

        return page;
}
```

创建图片用了两个函数：createPages 和 newPage，其中 newPage 负责创建单张图片。图片默认被放置于屏幕外，并存放在数组 pages 中。之所以使用数组，主要为了便于切换图片。**程序中使用参数 currentIndex 保存当前图片的索引**，每次切换图片时，只需改变 currentIndex 的值即可。

第 2 步，开始运行后默认要显示第一张图片，也就是要将 currentIndex 的值修改为 1。这相当于执行了"下一张"的操作，和向左滑动手势的效果是一样的。为此，将处理图片切换的相关功能独立成一个函数 movePage，代码如下：

```
// 参数 direction 表示方向，1 表示下一张，-1 表示上一张
private function movePage( direction:int = 1 ):void
{
        var newIndex:int;
        if ( direction == -1 )
        {
    // 上一张，当前索引减1，如果已经到达第一张，就不能再向前了
                newIndex = currentIndex - 1;
                if ( newIndex < 0 )
                {
                        newIndex = 0;
                }
        }
        else
        {
                // 下一张，索引加1，如果到了最后一张，就不能再向后了
                newIndex = currentIndex + 1;
                if ( newIndex >= (pages.length-1) )
                {
                        newIndex = pages.length-1;
                }

        }
        // 如果和当前页是相同的，表示已经是最前或最后了，保持图片显示不变
        if ( currentIndex == newIndex ) return;
        // 如果当前显示的图片存在，要将其移开
        if ( currentIndex >= 0 && currentIndex <= pages.length )
        {
                var oldPage:Sprite = pages[currentIndex];

                if ( direction == -1 )
                {
                        // 显示上一张，当前图片从左向右移，移到屏幕右侧
                        TweenLite.to(oldPage, 0.5, { x: stage.stageWidth} );
```

```
                }
                else
                {
                        // 显示下一张，当前图片从右向左移，移到屏幕左侧
                        TweenLite.to(oldPage, 0.5, { x: -stage.stageWidth} );
                }
        }
        // 更新 currentIndex，获取新的图片，将其移到屏幕显示区域
        currentIndex = newIndex;
        var newPage:Sprite = pages[currentIndex];
        if ( direction == -1 )
        {
                // 如果是显示上一张，要从左向右移，所以先将图片位置改到最左边
                newPage.x = -stage.stageWidth;
        }
        else
        {
                // 从右向左移，先将图片位置改到最右边
                newPage.x = stage.stageWidth;
        }
        // 不管是哪个方向，最后都将新的图片移到屏幕显示区域
        TweenLite.to(newPage, 0.5, { x:0} );
}
```

为了让图片的切换过程更加生动，程序中添加了缓动效果，使用了第三方开源库 TweenLite（http://www.greensock.com/tweenlite/）来实现动画。TweenLite 的用法很简单，本例中只用了其中的一个方法：

```
TweenLite.to(newPage, 0.5, { x:0} );
```

to 函数的第一个参数为作用对象，第 2 个参数表示持续时间，第 3 个参数是要修改的属性。上面这句代码的意思是对 newPage 对象运用缓动效果，动画持续时间为 0.5 秒，将 newPage 的 x 值从当前值修改为 0，实现的效果就是 newPage 水平移动到舞台原点处。读者可以尝试修改时间参数，体验不同的动画效果。有关 TweenLite 的用法可以在其站点上找到详细文档。

有了 movePage 函数，要显示第一张图片，只要加上以下一行代码就可以实现：

```
movePage(1);
```

currentIndex 的初始值为 -1，执行下一张图片的命令，即切换到第一张图片。

最后是第 3 步，监听 Swipe 手势事件。和前两节中处理手势事件的方法完全一样，这里就省略了检测设备信息的过程，先添加如下相关的事件：

```
stage.addEventListener(TransformGestureEvent.GESTURE_SWIPE, onSwipe);
```

以下是响应函数：

```
private function onSwipe(e:TransformGestureEvent):void
```

```
{
        if ( e.offsetX == 1 )
        {
                // 朝右，对应动作为上一张
                movePage(-1);
        }
        else
        {
                // 否则为下一张
                movePage(1);
        }
}
```

在 GESTURE_SWIPE 事件中，TransformGestureEvent 对象的 offsetX 和 offsetY 分别代表水平和垂直方向的手势朝向。在本例中，只判断水平方向，如果 offsetX 是 1，表示是朝右滑动，反之表示朝左滑动。有了前面的代码铺垫，这里直接调用 movePage 即可。

移动开发中，Swipe 手势配合缓动效果的运用很常见，这种方式充分发挥了触摸屏的技术特点，为程序增色不少。

本例完整的代码位于 ch3/ GestureSwipe。

---

**小知识** 使用鼠标事件也能够模拟 Swipe 手势，通过检测鼠标的移动速度就可以实现，在一些 Flash 游戏中都能看到这类用法。

---

## 3.4 本章小结

本章主要介绍了多点触摸相关功能的用法，包括触摸和手势。处理用户交互是 AIR Android 开发的基础部分，只有设计合理、用户操作符合逻辑的交互，才能增强程序的用户体验。因此，熟练掌握常见的交互手法至关重要。

# 第4章 加 速 计

加速计（Accelerometer）也称重力感应器，是一种检测设备自身运动的传感器装置，Android 设备基本上都配置了该类硬件。加速计在移动设备上的运用非常广泛，很多非常炫的交互特效都是借助它来实现的，比如，翻转手机时屏幕自动调整显示方向；播放音乐时，摇晃一下手机就自动播放下一首；在赛车游戏中，轻轻摆动手机就可以控制方向。

AIR 提供了加速计相关的 API，本章将通过两个实例来介绍它们的用法。

## 4.1 Accelerometer API 用法

针对移动设备，AIR 提供了两个类来供我们使用加速计功能：Accelerometer 和 AccelerometerEvent。Accelerometer 类负责检测设备的硬件状况，允许用户监听相关事件来获取设备的加速度数据。如果给 Accelerometer 对象添加了特定的事件监听，它将定时抛出事件更新传感器的数据，事件类型便是 AccelerometerEvent。具体用法如下：

```
import flash.sensors.Accelerometer;
...
// 检测设备是否支持加速计功能
if ( Accelerometer.isSupported )
{
 var myAcc:Accelerometer = new Accelerometer();
 // 添加事件监听
 myAcc.addEventListener(AccelerometerEvent.UPDATE, onUpdate);
}
```

Accelerometer 位于 flash.sensors 包内，和传感器相关的类都在这个包中。

创建 Accelerometer 实例前，最好先检测设备加速计功能的可用性，即 Accelerometer 类的静态属性 isSupported 是否为 true。如果设备支持加速计，就可以正常使用了。要获取设备上传感器的数据，唯一要做的就是给 Accelerometer 对象添加 update 事件监听器，然后在事件响应函数中编写代码，例如：

```
private function onUpdate(e:AccelerometerEvent):void
{
 // 处理数据
}
```

AccelerometerEvent 对象中有 3 个属性，存放的是加速度数据。

❑ accelerationX：$X$ 轴（水平横向面）的加速度。

❑ accelerationY：$Y$ 轴（水平纵向面）的加速度。

❑ accelerationZ：Z 轴（垂直设备表面）的加速度。

之所以有 3 个属性，是因为目前移动设备上使用的加速计是三轴加速计[⊖]，可检测三维坐标系中 3 个方向的运动状态，如图 4-1 所示。

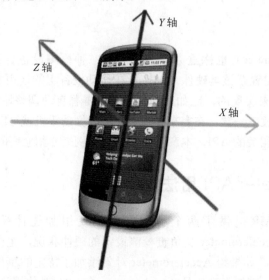

图 4-1　三轴加速计

加速度值以重力加速度 g 为单位，介于 1 和 –1 之间。在图 4-1 中，三个箭头所示方向为各个轴的正方向，比如 X 轴，如果手机以 Y 轴为中心旋转，手机右侧越高则 accelerationX 值越大，越接近 1。

另外，AIR 提供了一个 setRequestedUpdateInterval 方法供我们控制 update 事件的更新间隔。如果程序并不需要频繁地更新加速计的值，就可以增大更新间隔，比如：

```
myAcc.setRequestedUpdateInterval(1000);
```

这句代码将把更新事件的时间间隔设置为 1000 毫秒，也就是 1 秒。从性能上考虑，时间间隔应该尽可能的大，同一时间内代码的执行次数可以减少，耗费的系统资源也会减少，从而减少了电量的消耗。

Accelerometer 对象还有一个比较重要的属性 muted，和 Accelerometer 类的静态属性 isSupported 一样，也是只读的，不同的是它表示用户是否禁止程序使用加速计的功能。一般 Android 设备并没有提供控制加速计的接口，因此只要配置了加速计，muted 的值总是 false。如果设备允许用户控制加速计，则必须判断 muted 的值以及 muted 的变化情况，即监听 Accelerometer 对象的状态事件。代码如下：

```
myAcc.addEventListener(StatusEvent.STATUS, onStatusChanged);
```

---

⊖　目前已经有 Android 手机配置了陀螺仪（Gyroscope），和三轴加速计相比，陀螺仪可以跟踪手机的位置变化，从而得到更准确的移动速度。Apple 的 iPhone 4 是第一款内置了陀螺仪的手机。

```
private function onStatusChanged(e:StatusEvent):void
{
   // 根据 myAcc 的 muted 属性值做下一步计划
}
```

总的来说，Acelerometer API 用法比较简单，看上去似乎并没有什么特别之处，不过读者看了后面的两个小例子，就会对加速计有新的看法。

## 4.2  重力小球实例

加速计也称为重力感应器，因为它的一个典型应用就是模拟重力场。物体受到重力作用的具体表现为自由落体运动，如果我们能够让屏幕上的物体作自由落体运动，看上去就好像是受到重力作用一样，也就达到了模拟重力的效果。

本例将尝试制作一个受到重力作用的小球，它总是向手机屏幕的低处运动，即使我们翻转手机改变屏幕朝向，小球仍然非常听话地滚向手机屏幕的最低处。

### 4.2.1  如何模拟重力场

从上节我们已经知道了从加速计获取三轴加速度的方法，模拟重力场实际上已经完成了一大半。如果将屏幕看做一个世界，当手机屏幕垂直向下时，屏幕上物体的重力则为 $Y$ 轴方向的作用力，那么重力加速度即为 $Y$ 轴的加速度。让小球以这个加速度运动，看上去就好像是在重力作用下运动一样。

假如小球的初速度记为 $v_y$，那么监听 Accelerometer 对象的 update 事件，从中可以获取到 $Y$ 轴方向的加速度 accelerationY，即为小球的重力加速度。根据加速度公式：

$$速度 = 初速度 + 加速度 \times 时间$$

将加速度记为 $a_y$，则在 1 个单位时间后小球的瞬时速度为：

$$v_y = v_y + a_y$$

当然，前提是手机在 $X$ 轴总是保持平衡，即 $X$ 轴的作用力为 0，但实际操作时不能忽略 $X$ 轴。如果手机屏幕朝向发生了变化，小球所受到的重力也将发生变化，如果只考虑 $X$ 轴和 $Y$ 轴所在的平面，那么重力将由 $Y$ 轴方向上的作用力变为两个方向的合力，如图 4-2 所示。

图 4-2  $X$ 和 $Y$ 轴的作用力示意图

虽然多了一个 X 轴，但处理方式和 Y 轴是完全一样的，而且两个方面的加速度可以分别处理。根据力的合成原理，各个方向上的速度合成后的速度即为物体的速度。如果 X 轴方向的初速度为 $v_x$，从 update 事件获取到的 accelerationX 为瞬时加速度，计为 $a_x$，那么一个单位时间后小球在 X 轴方向的即时速度为：

$$v_x = v_x + a_x$$

现在有了 X 轴和 Y 轴方向的速度，就可以根据速度来更新小球位置。即便手机屏幕朝向发生变化，也能马上更新加速度，通过加速度来改变小球的移动方向，让小球总是朝屏幕最低处运动。

**注意** 加速计获取的加速度数据还不能直接拿来使用，还需要根据情况对数据稍做调整。比如本例为了保证加速度数据和重力的作用方向相同，必须对 X 轴数据做反向处理。

当手机屏幕朝向如图 4-2 所示时，X 轴方向的加速度应该是向右下方，放在 Flash 坐标轴上，accelerationX 为正数，而加速计返回的 accelerationX 为负。由于加速计采用的坐标系和 Flash 中使用的坐标系有区别，所以必须要对数据进行调整。

X 轴方向：加速计返回的 accelerationX 为正，即手机右侧比左侧高，而 X 轴的重力作用力应该向左，因此要对 X 轴的加速度进行反向处理，即：

$$a_x = -1 * accelerationX$$

Y 轴方向：不用处理，加速计的 Y 轴方向和 Flash 坐标系的 Y 轴正好相反，所以可以直接使用。

至此，"理论"方面的准备工作告一段落，下面进入编写代码的环节。

## 4.2.2 绘制小球

程序中要显示的部分只有一个小球，创建一个 Ball 类来完成这项工作。具体代码如下：

```
package
{
  import flash.display.GradientType;
  import flash.display.Sprite;
  import flash.geom.Matrix;

  public class Ball extends Sprite
  {
    private var radius:Number;

    // 根据外部传入的半径来画圆
    public function Ball(radius:Number = 40)
    {
      this.radius = radius;
      init();
      // 缓存为位图，以提高运行效率
      cacheAsBitmap = true;
```

```
    }

    public function init():void
    {
      var matrix:Matrix = new Matrix();
      // 创建渐变填充，形成光泽效果，增加立体感
      matrix.createGradientBox(radius*2, radius*2, 0, -radius, -radius * 1.5);

      var colors:Array=[0x000000,0xEDEDED];
      var alphas:Array=[.2,1];
      var ratios:Array=[0x00,0xFF];
      graphics.lineStyle(1, 0xcdcdcd);
      // 渐变填充
graphics.beginGradientFill(GradientType.RADIAL,colors,alphas,ratios,matrix);
      // 画圆
      graphics.drawCircle(0, 0, radius);
      graphics.endFill();
    }
  }
}
```

绘制圆时，通过 Matrix 对象创建了光泽效果，主要是为了增强小球的立体感。

上面的代码还用到了 cacheAsBitmap 属性，在处理动态绘制的图形时，经常会看到它的身影。对形状较少变化的矢量图形使用位图缓存，可以避免渲染时的反复绘制，能提高程序的运行效率。有关位图缓存的用法，后面有章节进行详细介绍。

## 4.2.3  让小球总是掉到屏幕下方

下面开始编写主程序 GravityBall。按照功能，主程序可分为以下三个步骤。

**步骤 1**  创建小球。

直接调用上一节编写的 Ball 类即可，代码如下：

```
//BALL_RADIUS 是一个常数
ball = new Ball(BALL_RADIUS);
// 将小球放置在屏幕中央
ball.x = stage.stageWidth / 2;
ball.y = stage.stageHeight / 2;
addChild(ball);
```

ball 被声明为成员属性，以后所有用到小球的地方都直接引用这个变量。

**步骤 2**  使用 Accelerometer 对象更新加速度。

这一步所需的代码不多，却是控制小球移动的关键所在，因为小球的移动速度和移动方向都是通过加速度来控制的。代码如下：

```
if(Accelerometer.isSupported)
{
  //myAcc 是 Accelerometer 对象，属于成员变量
```

```
        myAcc.addEventListener(AccelerometerEvent.UPDATE, onUpdate);
    }
    ......
    // 事件响应函数
    private function onUpdate(e:AccelerometerEvent):void
    {
        // 放大加速度的值，让小球运动得更快些，看上去也更真实
        var k:Number = 6;
        //X轴的加速度要反向处理，千万不能弄反了
        ax = -1*e.accelerationX * k;
        ay = e.accelerationY * k;
    }
```

由于accelerationX 和 accelerationY 的值比较小，为了让小球的运动幅度更大，所以放大了这两个值。ax 和 ay 是全局变量，保存了 X轴和 Y轴的加速度。

再次提醒读者，由于 X轴的正方向和重力方向相反，一定要对 accelerationX 进行反向处理。

**步骤 3** 根据加速度计算出小球的速度，刷新小球的位置，让小球动起来。

我们需要一个反复执行的代码块来更新小球的位置，让它流畅地动起来。这里使用的方法是监听 enterFrame 事件，代码如下：

```
    addEventListener(Event.ENTER_FRAME, onEnterFrameHandler);
    ...
    // 事件响应函数
    private function onEnterFrameHandler(event:Event):void
    {
        // 分别改变小球在 X 轴和 Y 轴的速度
        vx += ax;
        vy += ay;
        // 改变小球坐标
        ball.x += vx;
        ball.y += vy;
    }
```

vx 和 vy 分别代表了 X 轴和 Y 轴的速度，每次都根据加速度值算出瞬时速度，保证小球能迅速根据屏幕的朝向做加速或减速运动。

## 4.2.4 为小球设置围墙

现在小球已经能够动起来了，确实是掉向了屏幕低处，但新的问题又出来了，那就是小球很快跑到屏幕外部看不见了，即使我们反转手机，也很难让小球回到屏幕中。为此，我们给小球设了一道围墙，让它只能在屏幕范围内运动，每当它运动到屏幕边缘时，就将小球反弹回去。

这个功能听起来很复杂，其实不难，关键在于如何检测小球与墙的碰撞。下面对事件响应函数 onEnterFrameHandler 做些改进，增加了碰撞检测的代码，如下所示：

```
private function onEnterFrameHandler(event:Event):void
    {
    vx += ax;
    vy += ay;

    ball.x += vx;
    ball.y += vy;
    // 小球位置变化后，判断是否与墙发生了碰撞或者超出了界限
    // 屏幕上下左右即为墙
    var left:Number = 0;
    var right:Number = stage.stageWidth;
    var top:Number = 0;
    var bottom:Number = stage.stageHeight;
    // 碰撞反弹参数，为负数，表示速度反向
    var para:Number = -0.2;
    // 以下为碰撞检测，首先检测 X 轴方向，即右边的墙
    if(ball.x + BALL_RADIUS > right)
    {
      // 球已经超出了屏幕范围，则修改球的坐标为临界点，同时将 X 轴的速度反转，并减速
      ball.x = right - BALL_RADIUS;
      vx *= para;
    }
    else if(ball.x - BALL_RADIUS < left)
    {
      // 如果超出了左侧也是一样的处理方法
      ball.x = left + BALL_RADIUS;
      vx *= para;
    }
    // 上下墙的碰撞对应为 Y 坐标和 Y 轴速度
    if(ball.y + BALL_RADIUS > bottom)
    {
      ball.y = bottom - BALL_RADIUS;
      vy *= para;
    }
    else if(ball.y - BALL_RADIUS < top)
    {
      ball.y = top + BALL_RADIUS;
      vy *= para;
    }
    }
```

检测小球与墙的碰撞，其实就是将小球的坐标与边界坐标进行比较。小球本身是以原点为中心的圆，因此检测时要排除圆半径。每次检测到碰撞，首先重置小球的坐标，然后对该方向的速度反转并减速，就形成了弹性碰撞的效果。

读者可以调节碰撞反弹参数 para 的大小，体验不同的碰撞效果。

---

**注意** 本例中处理碰撞的手法比较粗糙，如果小球速度很快，可能在检测到碰撞时已经有大部分球体出了边界，却被我们硬生生地拉回来了。碰撞检测是 Flash 开发者特别是游戏开发

者一直绕不开的话题，如何才能实现更完美的碰撞检测呢？读者可以根据自己的经验来改进这个小程序。

## 4.2.5 优化代码后运行程序

到这里，主程序 Gravity 的功能已经全部完成了。回顾整个程序，我们会发现对 Accelerometer 对象的 update 事件和 ENTER_FRAME 事件的处理是同时进行的，其实可以将两个事件处理集中放在一起。

```
private function startRun():void
{
  if ( Accelerometer.isSupported )
  {
      myAcc.addEventListener(AccelerometerEvent.UPDATE, onUpdate);
  addEventListener(Event.ENTER_FRAME, onEnterFrameHandler);
  }
}
```

将所有的事件用一个函数 startRun 来管理，这样做的好处是能够灵活控制程序的状态。另外，在下一节这个函数还会派上其他用场。

在真机上运行程序时，试着反复翻转手机，观察小球的运动方向。小球和屏幕的碰撞效果如图 4-3 所示。

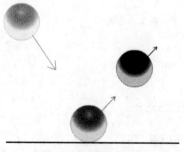

图 4-3　碰撞效果图

主程序 Gravity 的完整代码请见 ch4/GravityBall 中的 GravityBall.as 文件。

## 4.2.6 管理程序的状态

经过前面的努力，我们已经完成了重力小球的所有功能。但是仔细想想，发现程序还有一个小小的瑕疵：小球总在不断地动，不能自己停下来。在程序运行期间，按设备上的 Back 或 Home 键，系统将切换到程序列表界面或主待机界面，但小球的程序仍然在后台不断地运行，小球也还在继续运动。

在 Android 系统中，程序往往不提供"关闭程序"的按钮，系统会根据需要自动关闭某些后台程序以释放资源。不过本着节省系统资源的设计原则，所有进入后台运行的程序应该确保处于"待机"状态，以免不必要的资源浪费。比如重力小球程序，当进入后台运行后，改变小球的位置已没有意义了，因为用户无法看到程序的界面。

有没有办法让程序进入后台运行时停下来呢？换句话说，有没有办法监听到程序的状态变化呢？答案自然是"有"，我们可以监听 activate 和 deactivate 事件，代码如下：

```
// 对 nativeApplication 添加两个事件监听
NativeApplication.nativeApplication. addEventListener(Event.ACTIVATE,
    appStatusHandler);
NativeApplication.nativeApplication. addEventListener(Event.DEACTIVATE,
    appStatusHandler);


// 处理程序状态变化
private function appStatusHandler(e:Event):void
{
    // 如果程序被激活，则尝试重新运行程序
    if( e.type == Event.ACTIVATE )
    {
    // 如果想看清楚状态监听是否起作用，可以先注释下面一句代码
    startRun();
    }
    else
    {
    // 程序中止运行
    stopRun();
    }
}
// isRunning 是一个全局变量，保存程序的运行状态
private function startRun():void
    {
    if ( isRunning == false )
    {
    isRunning = true;

    if ( Accelerometer.isSupported )
    {
  // 恢复事件监听后，小球又开始动起来
        myAcc.addEventListener(AccelerometerEvent.UPDATE, onUpdate);
        addEventListener(Event.ENTER_FRAME, onEnterFrameHandler);
    }
    }
    }

// 结束运行，移除所有的事件监听，小球将停止不动
private function stopRun():void
{
    isRunning = false;
```

```
    // 停止监听事件
    myAcc.removeEventListener(AccelerometerEvent.UPDATE, onUpdate);
    removeEventListener(Event.ENTER_FRAME, onEnterFrameHandler);
    }
```

上一节我们定义了 startRun 函数，这一节又添加了 stopRun 函数，都和程序的状态有关。

activate 和 deactivate 事件是最基本的事件类型，所有 EventDispatcher 的子类都可以监听该事件，包括 DisplayObject 类型。这两个事件在 Web 开发中很少使用，但在移动开发中却能发挥巨大作用，在后面的内容中我们还会经常看到类似用法。

添加了上面的代码后，再次运行重力小球的程序，读者可以试着在程序运行期间切换到系统界面，再进入程序，会发现小球又从上次的那个地方开始运动。要验证 appStatusHandler 是不是起作用了，可以删除 appStatusHandler 函数里面调用 startRun 的代码，重新运行看看效果。

修改后的主程序的完整代码请见 ch4/GravityBall 中的 GravityBall2.as 文件。

## 4.3  加速计实战：检测手机晃动

晃动手机是移动程序经常使用的交互方式之一，不过 AIR 并没有提供一个晃动事件供开发者使用，事实上，Android SDK 也没有提供类似的 API，需要开发者自己去实现。

笔者喜欢用手机听豆瓣电台（这里指针对 Android 平台的手机版），每次遇到不喜欢的歌，就摇晃一下手机，电台便自动转到下一首了。如果你之前不了解加速计，可能会觉得这个功能很神奇，不过现在，我们完全可以利用加速计来模拟这个功能。

检测手机晃动主要是对比加速计两个方向上加速度的变化，发现变化幅度超过某个值，即可认为用户摇晃了手机。具体的做法是：监听 Accelerometer 对象的 update 事件，先获取到各个方向的加速度值，当做初始值记录下来；以后再发生 update 事件，将新的加速度值和旧的加速度对比，根据差值来判断是否达到了晃动的标准。

具体代码请见程序 DetectShaking。

```
package
{
  import flash.events.AccelerometerEvent;
  import flash.sensors.Accelerometer;
  import flash.display.Sprite;
  import flash.display.StageScaleMode;
  import flash.display.StageAlign;
  import flash.events.Event;
  import flash.events.MouseEvent;
  import flash.text.TextField;
  import flash.text.TextFormat;
  import flash.text.TextFormatAlign;
  import flash.text.TextFieldAutoSize;
```

```
public class Main extends Sprite
{
    // 将晃动的最小幅度定义为常数
    private const MIN_OFFSET:Number = 0.8;
    //Accelerometer 实例
    private var myAcc:Accelerometer;
    // 记录加速度值
    private var ax:Number;
    private var ay:Number;
    private var az:Number;
    // 加速度值是否已经初始化
    private var inited:Boolean = false;
    // 保存晃动次数
    private var shake_count:int = 0;
    // 文本框, 显示晃动次数
    private var out_txt:TextField;

    public function Main():void
    {
        // 设置舞台属性
        stage.scaleMode = StageScaleMode.NO_SCALE;
        stage.align = StageAlign.TOP_LEFT;
        // 创建文本框, 用来显示检测信息
        out_txt = new TextField();
        out_txt.autoSize = TextFieldAutoSize.LEFT;
        var tf:TextFormat = new TextFormat("Droid Serif", 24);
        tf.align = TextFormatAlign.CENTER;
        out_txt.defaultTextFormat = tf;
        out_txt.y = 100;
        out_txt.x = 60;
        addChild(out_txt);
        // 创建 Accelerometer 实例, 并添加事件监听器
        if ( Accelerometer.isSupported )
        {
            myAcc = new Accelerometer();
            myAcc.addEventListener(AccelerometerEvent.UPDATE, onUpdate);
        }
    }
    // 响应 update 事件
    private function onUpdate(e:AccelerometerEvent):void
    {
        // 如果加速度值已经保存过了, 则计算前后变化
        if ( inited == true )
        {
            // 计算前后各轴的加速度差
            var dx:Number = Math.abs( e.accelerationX - ax);
```

```
            var dy:Number = Math.abs( e.accelerationY - ay);
            var dz:Number = Math.abs( e.accelerationZ - az);

            // 当其中两个方向的加速度变化幅度都达到了指定值，即认为用户晃动了手机
            if ( (dx > MIN_OFFSET && dy > MIN_OFFSET) ||
              (dx > MIN_OFFSET && dz > MIN_OFFSET) ||
              (dy > MIN_OFFSET && dz > MIN_OFFSET) )
            {
              shake_count++;
              out_txt.text = " 摇晃次数: "+shake_count;
            }
          }
          else
          {
            // 初始化只进行一次
            inited = true;
          }
          // 更新 ax 和 ay
          ax = e.accelerationX;
          ay = e.accelerationY;
          az = e.accelerationZ;
        }
      }
    }
```

在上面的代码中，检测晃动的要点在于对任何两个轴的加速度值进行对比，一旦发现这两个值的变化幅度都超过了 MIN_OFFSET，就视为一次摇晃动作。MIN_OFFSET 的值设定为 0.8，意味着较大的晃动幅度，读者可以试着修改这个值，看看不同的晃动幅度下的检测效果。

在本例中同时检测了 3 个轴的加速度变化，实际上很少检测 Z 轴，一般只检测 X 轴和 Y 轴两个方向。因为我们平时拿手机时习惯将正面朝上，在上下左右范围内晃动，加速度的变化主要在 X 轴和 Y 轴上。总的说来，我们要根据具体需求来选择最合适的交互方式。

---

**提示** 由于摇晃动作很难界定，为避免用户的误操作，在实际开发中往往将检测条件定得比较苛刻，比如提高变化幅度值，晃动次数必须达到 2 次或 3 次以上才被识别为一个有意义的晃动行为。

---

## 4.4  本章小结

使用加速计已经成为移动应用的一个重要部分，本章介绍了 AIR 中加速计 API 的用法。加速计的功能简单，关键在于和具体应用结合起来。通过两个示例程序，读者可以看到，只要使用得当，小小的加速计可以带来很多使用乐趣。

# 第5章　地　理　定　位

地理定位（Geolocation）用于获取设备的地理位置信息，包括经纬度、高度和移动速度等数据。和加速计相比，地理定位具有更强的实用性，很容易将移动设备和我们的生活紧密联系起来。比如，Android系统自带的Google地图正是地理定位的典型应用，使用Google地图不仅可以定位并可以进行线路导航，还可以搜索周边的商场、餐馆、景点等信息，非常方便实用。

本章主要介绍如何开启手机的地理定位功能及AIR Geolocation API的用法，并利用一个示例程序，介绍运用地理定位搜索详细地址并查询当地天气。

由于地理定位涉及用户的个人隐私，因此Android系统提供了更加严格的权限控制，如果要使用定位功能，用户首先必须开启设备的地理定位功能，程序才可以获取访问权限。除此之外，地理定位和加速计在用法上大同小异。

## 5.1　开启手机的地理定位功能

通过监听更新时间，每当设备的位置发生变化时，我们就可以得到其经度、纬度、高度、移动速度等数据。这些数据主要依靠以下两种位置源获取：

❑ GPS1 <sup>⊖</sup> 卫星，使用设备上的GPS传感器接收卫星信号并进行定位。

❑ 无线网络，通过WI-FI或移动网络来进行定位。

使用GPS卫星，可以提供定位到街道级别的数据，精确度在100米以内，有些设备的精确度更高，可以达到10米左右。与GPS卫星相比，无线网络只能提供近视定位，精确度较低。不管是使用哪种方式，都必须确保系统至少开启了一种位置源。在Android系统的"设置"→"位置和安全设置"栏可以找到相关设置，如图5-1所示。

当设备同时开启了基于无线网络和GPS卫星的位置源时，程序首先会从GPS传感器获取数据，如果失败，再尝试使用基于无线网络的定位方式。

两种位置源在使用上略有区别：无线网络定位，要求设备必须处于联网状态，否则无法定位。GPS卫星定位，不要求联网，但必须保证设备与卫星的通信顺畅，如果设备处于一个封闭的环境中，比如电梯、地下室，很可能无法进行无线通信，接收不到卫星信号，自然也就无法定位。虽然GPS精确度高，但会消耗更多的资源。

这两种方式各有优缺点，我们要根据具体需求来定。笔者认为，在日常生活中，无线网

---

⊖　GPS（Global Positioning System，全球卫星定位系统）是一个中距离圆形轨道卫星导航系统。它可以为地球表面绝大部分地区（98%）提供准确的定位、测速和高精度的时间标准。该系统由美国国防部研制和维护，可满足位于全球任何地方或近地空间的军事用户连续精确地确定三维位置、三维运动和时间的需要。

络定位已经够用了。

图 5-1 开启定位功能界面

## 5.2 Geolocation API 用法

和加速计一样，AIR 提供了两个类来使用地理定位功能。

❑ flash.sensors.Geolocation：提供了访问位置传感器的接口和事件。

❑ flash.events.GeolocationEvent：位置更新的事件类型，从中可以获取所有的数据信息。

在使用地理定位功能时，先要判断设备的支持情况。代码如下：

```
// 创建 Geolocation 实例
geoloc = new Geolocation();
// 设备是否支持该功能
if ( Geolocation.isSupported )
    {
      if ( geoloc.muted == false )
      {
      // 更新间隔为 10 秒
      geoloc.setRequestedUpdateInterval(10000);
      geoloc.addEventListener(GeolocationEvent.UPDATE, onGeoUpdate);
      }
    }
```

以上代码共包括两次判断：

第一次是根据 Geolocation.isSupported 属性判断设备是否支持地理定位功能。在模拟器以及桌面上运行时，该属性始终为 false。

第二次是检查 Geolocation 实例的 muted 属性，判断系统是否关闭了地理定位功能。

只有通过了两次检测，我们才能确认地理定位功能可以正常工作。

Geolocation 实例的 setRequestedUpdateInterval 用来设置更新事件的触发频率。这里设

置为 10 000 毫秒（10 秒）。原则上应该尽量延长时间间隔，以减少代码的执行次数，从而节省电量。如果没有使用 setRequestedUpdateInterval 设置时间间隔，则使用系统的默认值。

添加事件监听器后，接下来就可以从 GeolocationEvent 中获取地理数据。示例代码如下：

```
private function onGeoUpdate(e:GeolocationEvent):void
    {
      var info:String = "";
      info += "高度：" + e.altitude + "米 \n";
      info += "经度：" + e.longitude + "\n";
      info += "纬度：" + e.latitude + "\n";
      info += "水平精度：" + e.horizontalAccuracy + "米 \n";
      info += "垂直精度：" + e.verticalAccuracy + "米 \n";
      info += "移动速度：" + e.speed + "米 / 秒 \n";

      out_txt.text = info;
    }
```

上述代码将 GeolocationEvent 对象的属性打印到一个文本框中。以下是所有属性的详细说明：

❏ altitude：高度（米），如果设备不支持这个功能，则为 NaN。

❏ longitude：经度，取值范围：–180 <= longitude < 180，其中东方为正方向。

❏ latitude：纬度，取值范围：–90 <= longitude <= 90，北方为正方面。

❏ horizontalAccuracy：水平方向的精度（米）。

❏ verticalAccuracy：垂直方向的精度（米）。

❏ speed：速度（米 / 秒）。

❏ heading：距离正北的偏移角度，如设备不支持，为 NaN。

❏ timestamp：每次更新事件发生时的时间戳。

在以上属性中，经度和纬度是我们最关心的数据，只要有了这两组数据，就可以和其他的应用结合起来，后面会详细介绍。heading 是从设备上的磁感应传感器（也称为电子罗盘）得到的数据，代表当前位置和正北方的偏移角度，可以用来制作指南针。在上面的代码中并没有使用这个属性，因为目前 AIR 在 Android 设备上还不支持该功能，在 iOS 平台上则没有问题。

完整代码如代码清单 5-1 所示。

**代码清单 5-1　程序 GeoTest**

```
package
{
  import flash.events.GeolocationEvent;
  import flash.sensors.Geolocation;
  import flash.text.TextField;
  import flash.text.TextFormat;
  import flash.text.TextFieldAutoSize;

  public class Main extends AppBase
```

```
{
  // 显示结果的文本框
  private var out_txt:TextField;
  //GeoLocation 实例对象
  private var geoloc:Geolocation = new Geolocation();
  // 重写 init，初始化程序
  override protected function init():void
  {
    // 创建文本框，用来显示检测信息
    out_txt = new TextField();
    out_txt.autoSize = TextFieldAutoSize.LEFT;
    var tf:TextFormat = new TextFormat("Droid Serif", 24);
    out_txt.defaultTextFormat = tf;
    out_txt.y = 100;
    out_txt.x = 60;
    addChild(out_txt);
    // 判断地理定位功能是否可用
    if ( Geolocation.isSupported )
    {
      if ( geoloc.muted == false )
      {
        // 更新间隔为 10 秒
        geoloc.setRequestedUpdateInterval(10000);
        geoloc.addEventListener(GeolocationEvent.UPDATE, onGeoUpdate);

        out_txt.text = " 正在定位 ...";
      }
    }
  }

  private function onGeoUpdate(e:GeolocationEvent):void
  {
    var info:String = "";
    info += " 高度：" + e.altitude + " 米 \n";
    info += " 经度：" + e.longitude + "\n";
    info += " 纬度：" + e.latitude + "\n";
    info += " 水平精度：" + e.horizontalAccuracy + " 米 \n";
    info += " 垂直精度：" + e.verticalAccuracy + " 米 \n";
    info += " 移动速度：" + e.speed + " 米 / 秒 \n";

    out_txt.text = info;
  }
}
```

另外还要注意，使用地理定位功能时，必须在应用程序描述文件中加入相关的权限声明，代码如下：

```
...
<android>
  <manifestAdditions>
    <![CDATA[<manifest>
      // 访问网络
      <uses-permission android:name="android.permission.INTERNET"/>
      // 允许使用无线网络定位
      <uses-permission android:name="android.permission.ACCESS_COARSE_LOCATION"/>
      // 允许使用 GPS 定位
      <uses-permission android:name="android.permission.ACCESS_FINE_LOCATION"/>
    </manifest>]]>
  </manifestAdditions>
</android>
...
```

使用无线网络定位需要网络支持，因此，必须加上访问网络的许可。如果没有添加权限声明就使用地理定位功能，那么 Geolocation 对象的 muted 属性总为 true。

在真机上运行程序的效果如图 5-2 所示。

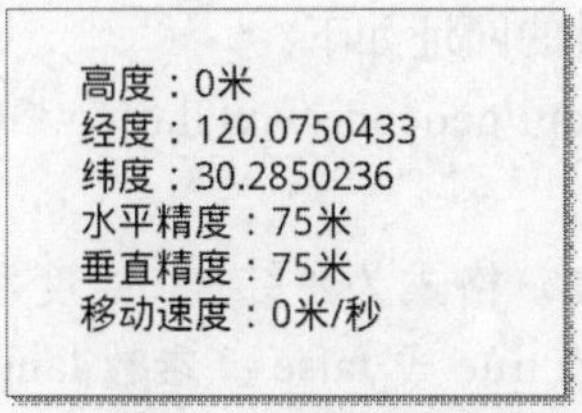

```
高度：0米
经度：120.0750433
纬度：30.2850236
水平精度：75米
垂直精度：75米
移动速度：0米/秒
```

图 5-2　获取位置信息的运行效果

至此，已经获取位置信息，但这仅仅是开发的第一步，最重要的还是如何发挥想象力，将数据运用起来。

本实例的完整代码见 ch5/GeoTest。

**提示**　为了使程序更加严谨，也可以监听 Geolocation 对象的 status 事件，检测设备上地理定位功能的状态变化，而不仅仅像本例这样，通过两次判断来检测地理定位的可用性。

## 5.3　地理定位实战：自动查询地址和天气

本节将介绍一个地理定位的具体应用实例，其中要实现的功能包括以下两部分：

❑ 根据经纬度查询本地地址

❑ 查询本地天气

移动平台上这类应用不少，其实实现起来并不难，阅读完本章后，相信读者会受到一些启发，萌生出更多更新颖的创意。

## 5.3.1 查询地址 Geocoding

现在我们已经可以获得当前位置的经纬度数据，比如 120.0750827 和 30.285042。不过，单纯的数字所代表的含义有限，如果能把经纬度对应的详细地址找出来就更好了，比如"中国浙江省杭州市西湖区崇仁路"，这个地址给人的感觉就更加具体。

有没有办法根据经纬度找到对应的地址？答案自然是肯定的。目前民用 GIS ⊖ 服务已经很普及，包括 Google、微软、Yahoo 等在内的大公司都有自己的在线地图服务，而且还提供了二次开发 SDK 和免费的 WebService API。这里，笔者选择了 Google 地图提供的 WebService 服务。当然，读者完全可以选择其他的服务商提供的服务 。

在 Google Maps 的开发站点上，有关于 WebService 的详细中文文档网址如下：

http://code.google.com/intl/zh-CN/apis/maps/documentation/webservices/

Google Maps 提供的 WebService 包括地址解析、线路计算等模块。其中，Google Geocoding 是专门负责地址和地理坐标转换的 API，它可以根据地址找到对应的经纬度；反之，根据经纬度也能找到对应的地址。

按照文档的说明，查询地址时的网址如下：

http://maps.google.com/maps/api/geocode/xml?latlng=30.285042,120.0750827&sensor=true&language=zh-cn

其中，参数 latlng 表示经纬度，格式为"纬度,经度"；参数 sensor 不可省略，表示是否是传感器获取的数据，可选值为 true 或 false；参数 language 用来设置查询结果的语言类型；zh-cn 代表中文简体。

WebService 的返回数据格式有两种：XML 和 JSON。为了方便解析，这里选择了 XML。如果想了解具体的数据格式，读者可以直接在计算机上的浏览器中输入上述地址，即可浏览结果。完整代码如下：

```xml
<?xml version="1.0" encoding="UTF-8"?>
<GeocodeResponse>
 <status>OK</status>
 <result>
  <type>route</type>
  <formatted_address>中国浙江省杭州市西湖区崇仁路</formatted_address>
  <address_component>
   <long_name>崇仁路</long_name>
   <short_name>崇仁路</short_name>
   <type>route</type>
  </address_component>
  <address_component>
   <long_name>西湖区</long_name>
   <short_name>西湖区</short_name>
   <type>sublocality</type>
   <type>political</type>
```

---

⊖ GIS（Geographic Information System，地理信息系统）是一种具有信息系统空间专业形式的数据管理系统。

```
    </address_component>
    <address_component>
     <long_name> 杭州 </long_name>
     <short_name> 杭州 </short_name>
     <type>locality</type>
     <type>political</type>
    </address_component>
  ......
  ......
</GeocodeResponse>
```

返回的数据非常详细，根据国家、省、市等行政级别分为多个节点。从上述 XML 代码中可以看到，我们其实只需提取第一个 result 节点的 formatted_address，即可得到完整的地址信息。解析 XML 的示例代码如下：

```
// 假设 resultXML 为返回的 XML 数据
// 得到数据：中国浙江省杭州市西湖区崇仁路
var address:String = resultXML.result[0].formatted_address.toString();
```

至此，第一个问题已经解决了。

## 5.3.2　查询本地天气 Weather

网络上有许多提供天气查询的 WebService，但大部分都需要提供指定的地名或城市编号。在只有经纬度数据的情况下，供选择的中文 WebService 并不多。这里依然使用 Google 提供的服务——Weather API。

Weather API 并不是 Google 官方发布的 API，原本只是在 Google.com 站内使用，后来有开发者发现了这个功能。使用时只需发送如下格式的 HTTP 请求即可：

```
http://www.google.com/ig/api?hl= 语言 &weather= 参数值
```

"参数值"可以是城市的中文拼写，比如 Beijing，也可以是经纬度坐标。

使用经纬度坐标时，格式如下：

```
http://www.google.com/ig/api?hl=zh-cn&weather=,,,30285042,120075082
```

---

**注意**　和上一节查询地址时相比，这里的经纬度的格式略有区别。这里必须对 AIR 中的经纬度值进行转换，将小数点向后移 6 位并取整。另外，经纬度前面的 3 个逗号不可省略。

---

在浏览器中打开上述地址，即可得到完整的返回数据格式，代码如下所示：

```
<xml_api_reply version="1">
<weather module_id="0" tab_id="0" mobile_row="0" mobile_zipped="1" row="0"
section="0">
<forecast_information>
<city data=""/>
<postal_code data=""/>
```

```
<latitude_e6 data="30285042"/>
<longitude_e6 data="120075082"/>
<forecast_date data="2011-05-08"/>
<current_date_time data="2011-05-09 06:00:00 +0000"/>
<unit_system data="SI"/>
</forecast_information>
<current_conditions>
<condition data=" 多云 "/>
<temp_f data="82"/>
<temp_c data="28"/>
<humidity data=" 湿度: 54% "/>
<icon data="/ig/images/weather/cn_cloudy.gif"/>
<wind_condition data=" 风向: 南、风速: 3 米 / 秒 "/>
</current_conditions>
<forecast_conditions>
<day_of_week data=" 周日 "/>
<low data="24"/>
<high data="34"/>
<icon data="/ig/images/weather/thunderstorm.gif"/>
<condition data=" 雷阵雨 "/>
</forecast_conditions>
...
</weather>
</xml_api_reply>
```

从 XML 结构可以看到，返回的信息中包括了当天的天气，以及未来 4 天的预报数据。其中，current_conditions 节点包含了当天的天气信息，比如 condition 为天气概况，temp_c 为温度（摄氏度），icon 包含了一个图片的 URL。forecast_conditions 节点是预报信息，包含了时间、最低温度、最高温度、icon 和天气概况等信息。

总的来说，服务器返回的信息很丰富，我们可以根据需求有选择地使用。

### 5.3.3 代码解析

前面两节已经详细分析了程序功能的实现思路，下面开始编写代码。按照运行流程，程序的执行顺序如图 5-3 所示。

图 5-3 程序执行顺序

下面按照执行顺序依次对代码进行详细说明，主要分 4 个步骤。

**步骤 1** 程序初始化，创建必需的对象。

程序中要用到的对象包括 Geolocation 对象、发送 HTTP 请求的 URLLoader 对象、显示结果的文本框、存放经纬度数据的变量等。具体初始化的代码如下：

```
private var out_txt:TextField;
```

```
    private var geoloc:Geolocation = new Geolocation();
    // 定义两个全局变量存放经纬度数据
    private var latitude:Number;
    private var longitude:Number;
    //
    private var sender:URLLoader = new URLLoader();
    // 主程序的构造函数
    public function Main():void
    {
      // 设置舞台属性
      stage.scaleMode = StageScaleMode.NO_SCALE;
      stage.align = StageAlign.TOP_LEFT;
      // 创建文本框
      createTextField();
      // 创建 Geolocation 对象
      if ( Geolocation.isSupported )
      {
        if ( geoloc.muted == false )
        {
          geoloc.addEventListener(GeolocationEvent.UPDATE, onGeoUpdate);
          out_txt.text = " 正在定位 ...";
        }
      }
      sender.addEventListener(IOErrorEvent.IO_ERROR, onIOError);
    }
// 创建文本框
private function createTextField():void
    {
      // 创建文本框，用来显示检测信息
      out_txt = new TextField();
      out_txt.autoSize = TextFieldAutoSize.NONE;
      var tf:TextFormat = new TextFormat("Droid Serif", 24);
      tf.align = TextFormatAlign.LEFT;
      out_txt.defaultTextFormat = tf;
      out_txt.y = 60;
      out_txt.x = 60;
      // 设置宽度和高度
      out_txt.width = stage.stageWidth - 60 * 2;
      out_txt.height = stage.stageHeight - 60 * 2;
      addChild(out_txt);
    }
```

　　查询地址和天气的请求都通过 sender 对象依次发起，初始化时只监听了 HTTP 请求的 I/O 错误事件，后面在发起请求时才监听成功事件。

　　**步骤 2**　获取地理信息，并发送查询地址的请求。

　　这一步也就是处理 Geolocation 对象的 update 事件，从 GeolocationEvent 事件对象中获取经纬度，这是整个程序最关键的一步，代码如下：

```
private function onGeoUpdate(e:GeolocationEvent):void
```

```
            {
                // 定位成功，移除事件监听
                geoloc.removeEventListener(GeolocationEvent.UPDATE, onGeoUpdate);
                // 保存经纬度数据
                latitude = e.latitude;
                longitude = e.longitude;

                // 查询地址
                var latlng:String = latitude + "," + longitude;
                // 组装 URL
                var url:String = "http://maps.google.com/maps/api/geocode/xml?latlng
                            ="+ latlng +"&sensor=true&language=zh-CN";
                sender.addEventListener(Event.COMPLETE, onGeodecodingResult);
                // 发送 HTTP 请求
                sender.load( new URLRequest(url) );
            }
```

获取经纬度数据后表示定位成功，即可移除对 Geolocation 对象的事件监听。定位完成后，接下来就可以进行查询工作。首先查询地址，利用经纬度数据格式化 URL 地址，使用 sender 对象发送 GET 请求，并监听 sender 的 Event.COMPLETE 事件，处理返回的结果。

**步骤 3** 解析地址信息，并发送查询天气的请求。

```
private function onGeodecodingResult(e:Event):void
    {
        // 移除上一个事件监听
        sender.removeEventListener(Event.COMPLETE, onGeodecodingResult);
        // 将数据转换为 XML 对象
        var resultXML:XML = new XML(sender.data);
        // 解析 XML，获取完整地址
        var address:String = resultXML.result[0].formatted_address.toString();
        // 打印到文本框中
        out_txt.text = address + "\n";
        // 查询天气
        var url:String = "http://www.google.com/ig/api?hl=zh-cn&weather=,,,"
                    + convertToString(latitude) +","
                    + convertToString(longitude);
        sender.addEventListener(Event.COMPLETE, onWeatherResult);
        sender.load( new URLRequest(url) );
    }

    // 对经纬度数据进行格式转换，小数点向后移 6 位后取整
    private function convertToString( val:Number ):String
    {
        return Math.floor(val * Math.pow(10, 6)).toString();
    }
```

解析地址的过程比较简单，因为本例只提取了完整的地址信息。查询天气时，需要对现有的经纬度数据做格式转换，上面的代码中定义一个函数 convertToString 来实现这个功能。

重新发起 HTTP 请求前，先要移除 sender 对象上一个 Event.COMPLETE 事件监听器，

再加上新的事件监听器，并使用 onWeatherResult 函数响应天气的请求结果。

**步骤 4** 解析天气数据，并显示最后的结果。

由于天气信息比较多，需要显示当天的天气和未来 4 天的预报信息，因此解析起来有点烦琐。

```
private function onWeatherResult(e:Event):void
    {
        // 移除事件监听
        sender.removeEventListener(Event.COMPLETE, onWeatherResult);
        // 将数据转换为 XML 对象
        var resultXML:XML = new XML(sender.data);

        var info:String = "";
        // 首先解析当前天气
        var currentNode:XML = resultXML.weather.current_conditions[0];
        // 天气概况
        info += currentNode.condition.@data + "\n";
        // 温度、湿度和风向
        info += currentNode.temp_c.@data + "℃ \n";
        info += currentNode.humidity.@data + "\n";
        info += currentNode.wind_condition.@data + "\n";
        // 分隔线
        info += "----------------------\n";
        // 循环解析预报节点
        for each( var node:XML in resultXML..forecast_conditions )
        {
            // 最低温度和最高温度
            info += node.day_of_week.@data + "\n";
            info += node.low.@data + "℃ ~ " + node.high.@data + "℃ \n";
            // 天气概况
            info += node.condition.@data + "\n";
            info += "----------------------\n";
        }
        out_txt.appendText( info );
    }
```

当天的天气情况是唯一的，存放在 current_conditions 节点中，逐个属性打印出来即可。预报信息有多条，都存放在 forecast_conditions 节点中，每条预报信息的数据结构完全相同，因此可以用一个循环来处理。

## 5.3.4 测试运行

程序 WeatherService 的完整代码如代码清单 5-2 所示。

代码清单 5-2 程序 WeatherService

```
package
{
```

```
import flash.events.Event;
import flash.events.GeolocationEvent;
import flash.events.IOErrorEvent;
import flash.net.URLLoader;
import flash.net.URLRequest;
import flash.sensors.Geolocation;
import flash.text.TextField;
import flash.text.TextFormat;
import flash.text.TextFieldAutoSize;
import flash.text.TextFormatAlign;
// 继承 AppBase 类
public class Main extends AppBase
{
  // 显示结果的文本框
  private var out_txt:TextField;
  //Geolocation 对象
  private var geoloc:Geolocation = new Geolocation();
  // 存放经纬度数据的变量
  private var latitude:Number;
  private var longitude:Number;
  // 用来发送请求的 URLLoader 对象
  private var sender:URLLoader = new URLLoader();

  override protected function init():void
  {
    createTextField();
    if ( Geolocation.isSupported )
    {
      if ( geoloc.muted == false )
      {
        geoloc.addEventListener(GeolocationEvent.UPDATE, onGeoUpdate);

        out_txt.text = " 正在定位 ...";
      }
    }
    sender.addEventListener(IOErrorEvent.IO_ERROR, onIOError);
  }

  private function createTextField():void
  {
    // 创建文本框，用来显示检测信息
    out_txt = new TextField();
    out_txt.autoSize = TextFieldAutoSize.NONE;
    var tf:TextFormat = new TextFormat("Droid Serif", 24);
    tf.align = TextFormatAlign.LEFT;
    out_txt.defaultTextFormat = tf;
    out_txt.y = 60;
    out_txt.x = 60;
    out_txt.width = stage.stageWidth - 60 * 2;
    out_txt.height = stage.stageHeight - 60 * 2;
```

```
  addChild(out_txt);
}


private function onGeoUpdate(e:GeolocationEvent):void
{
  // 定位成功，移除事件监听
  geoloc.removeEventListener(GeolocationEvent.UPDATE, onGeoUpdate);
  // 保存经纬度数据
  latitude = e.latitude;
  longitude = e.longitude;
  // 构造查询地址的参数
  var latlng:String = latitude + "," + longitude;
  var url:String = "http://maps.google.com/maps/api/geocode/xml?latlng="+
      、 latlng +"&sensor=true&language=zh-CN";
  sender.addEventListener(Event.COMPLETE, onGeodecodingResult);
  // 发送请求
  sender.load( new URLRequest(url) );
}


private function onGeodecodingResult(e:Event):void
{
  // 移除上一个事件监听
  sender.removeEventListener(Event.COMPLETE, onGeodecodingResult);
  var resultXML:XML = new XML(sender.data);
  var address:String = resultXML.result[0].formatted_address.toString();
  out_txt.text = address + "\n";
  // 查询天气
  var url:String = "http://www.google.com/ig/api?hl=zh-cn&weather=,,," +
        convertToString(latitude) +"," + convertToString(longitude);
  sender.addEventListener(Event.COMPLETE, onWeatherResult);
  sender.load( new URLRequest(url) );
}
// 转换经纬度数据的格式
private function convertToString( val:Number ):String
{
  return Math.floor(val * Math.pow(10, 6)).toString();
}


private function onIOError(e:IOErrorEvent):void
{
  out_txt.text = " 出错了: "+e.text;
}
// 天气查询结果处理
private function onWeatherResult(e:Event):void
{
  sender.removeEventListener(Event.COMPLETE, onWeatherResult);

  var resultXML:XML = new XML(sender.data);

  var info:String = "";
```

```
// 当前天气
var currentNode:XML = resultXML.weather.current_conditions[0];
info += currentNode.condition.@data + "\n";
info += currentNode.temp_c.@data + "℃ \n";
info += currentNode.humidity.@data + "\n";
info += currentNode.wind_condition.@data + "\n";

info += "----------------------\n";
// 循环读取预报信息
for each( var node:XML in resultXML..forecast_conditions )
{
  info += node.day_of_week.@data + "\n";
  info += node.low.@data + "℃ ~ " + node.high.@data + "℃ \n";
  info += node.condition.@data + "\n";

  info += "----------------------\n";
}
out_txt.appendText( info );
  }
 }
}
```

在设备上运行的结果如图 5-4 所示。

图 5-4　运行效果

至此，一个简单的自动天气预报程序就完成了。

由于本实例只是演示功能的用法，显示结果的方式略显单调，仅仅是用文本框将所有信息打印出来。在实际开发中，我们应该将数据的呈现做得更加美观，比如，完全可以利用数

据中的 icon 信息，使结果图文并茂效果会更好。读者如果有兴趣，可以对本例进行进一步的
完善。

程序代码见 ch5/ WeatherService。

## 5.4　本章小结

和加速计一样，地理定位也是开发中频繁使用的功能，可以说，这在很大程度上扩
展了移动应用的范畴。本章提供的实例程序远不足以展现它丰富的扩展性，比如，看到
GeolocationEvent 对象的 speed 属性，让人一下就联想到计速器。如果读者是一位跑步爱好
者，可以自己动手制作一个小工具，测试跑步的速度和距离，也可算是学以致用了。

# 第 6 章 整合系统程序

在移动开发中，开发者往往希望能够在程序中使用移动服务，比如电话、短信、邮件等，不过，AIR 并没有提供直接访问系统程序的 API [⊖]。为此，Adobe 新增了一种新的交互方式：使用自定义 URI 来调用系统程序，主要包括电话、短信、邮件等服务。本章就介绍在 AIR 程序中整合 Android 系统程序的方法。

除此之外，AIR 还新增了 flash.media.StageWebView 类，用来显示网页内容。由于 StageWebView 和系统程序有很紧密的联系，因此也在本章中进行介绍。

## 6.1  使用自定义 URI 调用系统程序

统一资源标识符（Universal Resource Identifier，URI）是通过一个地址对文档、图像、视频等资源进行定位的标识符。AIR 提供的自定义 URI 遵循了常规的命名机制，但目的不在于定位资源。使用这些 URI 发送请求时，AIR 运行时会将这些特殊的请求映射为调用系统程序的命令。

AIR 共支持以下三种自定义的 URI。

❑ tel：调用电话拨号程序。

❑ sms：调用发送短信接口程序。

❑ mailto：调用邮件发送接口程序。

所有的请求都通过 flash.net.navigateToURL 方法来发送，下面将一一讲解这些 URI 的用法。

### 6.1.1  电话拨号 tel

拨号程序对应的 URI 协议为 tel，发送请求的示例代码如下：

```
// 导入方法
import flash.net.navigateToURL;
// 发送请求，tel: 后面是要呼叫的电话号码
navigateToURL( new URLRequest("tel:18888888888"));
```

可以看到，实际上只需要一行代码就可以实现对系统拨号程序的调用。自定义 URI 的命令格式和常见到 HTTP 请求完全相同，只不过这里使用的是 tel，而不是 http。

试想，如果将 URLRequest 对象地址中的号码动态化，不就可以制作个性化的拨号程序了吗？接下来的程序 CustomURI 正是这样一个例子。

---

⊖  flash.desktop.NativeProcess 类可以实现与外部程序的交互，但 NativeProcess 类不支持移动平台。——笔者注

程序的界面很简单，只设置了号码输入框和一个按钮，单击按钮，即可根据输入框的号码来调用拨号程序。程序代码如代码清单 6-1 所示。

**代码清单 6-1 个性化拨号实例程序 CustomURI**

```
package
{
  import flash.events.MouseEvent;
  import flash.net.navigateToURL;
  import flash.net.URLRequest;
  import flash.text.TextField;
  import flash.text.TextFieldType;
  import flash.text.TextFormat;
  import ui.Button;
  [SWF(backgroundColor="0xEDEDED")]
  public class Main extends AppBase
  {
    // 输入文本框
    private var input_txt:TextField;
    // 重写 init 方法
    override protected function init():void
    {
      // 创建输入文本框来输入电话号码
      input_txt = new TextField();
      input_txt.type = TextFieldType.INPUT;
      input_txt.defaultTextFormat = new TextFormat("", 48);
      input_txt.width = stage.stageWidth - 50 * 2;
      input_txt.height = 600;
      input_txt.wordWrap = true;
      input_txt.border = true;
      input_txt.x = input_txt.y = 50;
      // 限制输入的字符，比如必须是数字或 -
      input_txt.restrict = "0-9\\-";
      addChild(input_txt);
      // 创建呼叫按钮，Button 是一个自定义的类
      var btn:Button = new Button("呼叫");
      addChild(btn);

      btn.x = (stage.stageWidth-btn.width)/2;
      btn.y = 660;
      // 给按钮添加事件监听器
      btn.addEventListener(MouseEvent.CLICK, onBtnClick);        }

    private function onBtnClick(e:MouseEvent):void
    {
      // 中止事件冒泡
      e.stopPropagation();
      // 从输入框获取呼叫号码，然后发送请求
      var phone_num:String = input_txt.text;
      navigateToURL( new URLRequest("tel:" +        }
```

```
    }
  }
```

Button 类扩展自 Sprite，是一个简易的按钮组件，用来处理鼠标交互。和其他使用较多的类一样，Button 类位于 library 库文件夹下，其实现代码如下：

```
package ui
{
  import flash.display.Graphics;
  import flash.display.Sprite;
  import flash.text.TextField;
  import flash.text.TextFormat;
  import flash.text.TextFieldAutoSize;

  public class Button extends Sprite
  {
    // 用来绘制背景
    private var skin:Sprite;
    // 文本框
    private var textField:TextField;
    // 构造函数
    public function Button(label:String)
    {
      createChildren();
      // 屏蔽掉容器内部元件的鼠标事件
      this.mouseChildren = false;
      this.label = label;
    }
    // 创建内部元件
    private function createChildren():void
    {
      skin = new Sprite();
      addChild(skin);

      textField = new TextField();
      textField.autoSize = TextFieldAutoSize.LEFT;
      var tf:TextFormat = new TextFormat("Droid Serif", 24, 0xFFFFFF);
      textField.defaultTextFormat = tf;
      addChild(textField);
    }
    // 更新显示内容，主要是文本和动态背景
    private function draw():void
    {
      textField.text = label;

      var w:Number = textField.width + padding * 2;
      var h:Number = textField.height + padding * 2;
      textField.x = textField.y = padding;
      // 根据文本的尺寸重新绘制背景
      var g:Graphics = skin.graphics;
```

```
      g.clear();
      g.beginFill(0x808888);
      g.drawRoundRect(0, 0, w, h, 8, 8);
      g.endFill();
    }
    // 动态设置按钮标签的接口
    private var _label:String;
    public function set label( value:String ):void
    {
      _label = value;
      draw();
    }

    public function get label():String
    {
      return _label;
    }
    // 设置文本周边的填充大小
    private var _padding:int = 20;
    public function set padding( value:int ):void
    {
      _padding = value;
      draw();
    }

    public function get padding():int
    {
      return _padding;
    }
  }
}
```

如以上代码所示，在 Button 类中将 museChildren 的属性值置为 false，主要是为了屏蔽容器内部元件的鼠标行为。我们知道，ActionScript 3.0 中事件派发过程有三个阶段：捕捉、目标和冒泡。如果目标对象位于舞台显示列表树中级别很深的容器中，则系统检测到目标对象所花的时间较多，因此，我们应该尽量避免不必要的事件流，以提高代码的执行效率。在前面的主程序中，使用 stopPropagation 方法中止鼠标事件的冒泡行为也是基于这一目的。

注意　使用 navigateToURL 时，如果所发送的请求最后由外部程序来处理，AIR 程序本身并没有访问网络，那么并不需要在应用程序描述文件中加入访问网络的许可声明。

在手机上运行以上程序的效果如图 6-1 所示。

图 6-1 左边是 AIR 程序界面，输入号码、单击按钮后，系统启动自带的拨号界面，效果如图 6-1 右边所示。单击底部工具栏的电话图标，即开始呼叫目标号码。

本例的完整代码见 ch6/ CustomURI。

**注意** 启动电话拨号程序后，AIR 程序并没有关闭，只是转入到后台运行，监听舞台的 Event. DEACTIVATE 事件可捕获到这一过程。

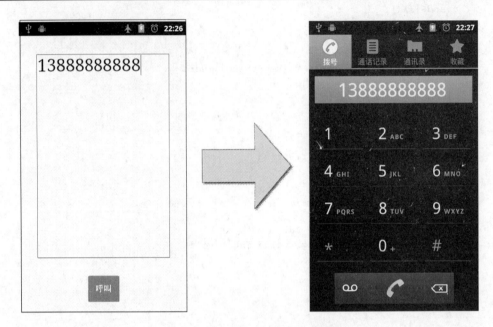

图 6-1　程序运行界面和拨号界面

## 6.1.2　发送短信 sms

调用短信发送程序时采用的是 sms 协议，格式如下：

```
sms:手机号码
```

手机号码也可以为空，即 "sms:"，同样能够启动短信发送程序，只不过没有预设发送号码。

在 AIR 程序中，使用 sms 协议不能直接发送短信，而只是启动发送界面。另外，sms 协议不支持携带短信内容，只能让用户在发送界面手动输入短信内容。

由于短信和电话的使用方式很相似，笔者没有创建新的实例程序，而是对代码清单 6-1 中的 CustomURI 程序做了修改，添加了短信功能，具体的改动如代码清单 6-2 所示。

代码清单 6-2　改进的拨号实例程序 CustomURI

```
// 添加第一个按钮
var btn:Button = new Button(" 呼叫 ");
    btn.name = "phone_btn";
    addChild(btn);
    // 设置按钮坐标
    btn.x = 100;
    btn.y = 660;
```

```
btn.addEventListener(MouseEvent.CLICK, onBtnClick);
// 添加第二个按钮，用来发送短信
btn = new Button(" 发短信 ");
btn.name = "sms_btn";
addChild(btn);
btn.x = 240;
btn.y = 660;
btn.addEventListener(MouseEvent.CLICK, onBtnClick);
```

目前，界面上共有两个按钮，都添加了鼠标事件监听器，为了区分两个按钮，给它们设置了不同的 name 属性。在事件响应函数中，根据不同单击对象选择不同的处理方式，代码如下：

```
private function onBtnClick(e:MouseEvent):void
  {
  // 中止事件冒泡
  e.stopPropagation();
  // 创建 URLRequest 对象
  var ur:URLRequest = new URLRequest();
  // 根据不同的单击对象选择不同的调用方式
  switch( e.target.name )
  {
    case "phone_btn":
      ur.url = "tel:" + input_txt.text;
      break;
    case "sms_btn":
      ur.url = "sms:" + input_txt.text;
      break;
  }
  navigateToURL( ur );
  }
```

修改完毕再运行程序，效果如图 6-2 所示。

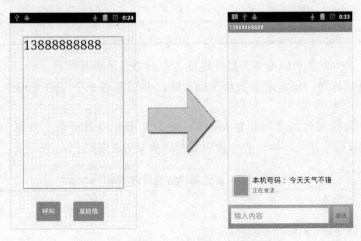

图 6-2　程序运行界面和发送短信界面

本例在模拟器上也可以运行，虽然能看到拨号界面和短信发送界面，不过模拟器不支持移动服务，因此发送的请求无法成功执行。

另外，除了使用 navigateToURL 来发送请求外，还可以在 HTML 文本中加入链接来实现相同的功能，例如：

```
input_txt.htmlText ="<a href='sms:13888888888'>给我发短信</a>";
```

同理，tel 协议也有相似的用法，这里不再一一列出，读者可以花点时间修改 CustomURI 程序，研究不同方法的适用环境。

## 6.1.3 发送邮件 mailto

调用邮件发送程序时使用 mailto 协议。和 tel、sms 等协议相比，mailto 协议并不是一个新增功能，ActionScript 3.0 在诞生之初就已经支持该功能。在 Android 平台上使用时，AIR 运行时会将请求映射为调用系统邮件服务的命令。

和电话、短信相比，发送邮件时使用的信息较多，包括收件人地址、抄送地址、标题、内容等等，这些信息都可以携带在 mailto 请求中。一个完整的 mailto 请求格式如下：

mailto:walktree@gmail.com?cc=walktree@gmail.com&bcc=walktree@gmail.com&subject=一个问题 &body=你好，我发现了书中的一个问题…

"mailto:"后面紧跟收信人地址，其余参数的含义如表 6-1 所示。

表 6-1　mailto 的参数及含义

| 参　数　名 | 描　　述 |
| --- | --- |
| cc | 抄送地址 |
| bcc | 秘密抄送地址，其他收件人看不到 bcc 列表中的地址 |
| subject | 邮件标题 |
| body | 邮件内容 |

收件人、cc 和 bcc 都可以是多个邮件地址，中间用逗号隔开即可。

发送 mailto 请求时，所有的参数都可以省略，甚至发送一个空的"mailto："同样能够启动邮件程序。

下面是一个发送邮件的实例程序 MailSender，其中并没有提供交互界面供用户输入信息，而是将信息直接写在代码中。程序代码如代码清单 6-3 所示。

代码清单 6-3　发送邮件实例程序 MailSender

```
package
{
  import flash.events.MouseEvent;
  import flash.net.navigateToURL;
```

```
import flash.net.URLRequest;
import ui.Button;

[SWF(backgroundColor="0xEDEDED")]
public class Main extends AppBase
{
  override protected function init():void    {
    // 创建发送按钮
    var btn:Button = new Button(" 发送邮件 ");
    btn.x = btn.y = 100;
    addChild(btn);
    btn.addEventListener(MouseEvent.CLICK, onClick);
  }
  // 响应鼠标事件
  private function onClick(e:MouseEvent):void
  {
    e.stopPropagation();
    // 定义邮件各项参数
    // 如果有多个收件人，中间用逗号隔开
    var receiver:String = "walktree@gmail.com";
    var cc:String = "walktree@gmail.com";
    var bcc:String = "walktree@gmail.com";
    var title:String = " 关于《AIR Android 应用开发实战》";
    var content:String = " 你好，我发现了一个问题...";
    // 组合 URL 地址
    var url:String = "mailto:" + receiver;
    // 依次加上标题、cc、bcc、内容
    url += "?subject=" + title;
    url += "&cc=" + cc;
    url += "&bcc=" + bcc;
    url+= "&body=" + content;
    // 发送请求
    navigateToURL(new URLRequest(url) );

  }
 }
}
```

为了简化例子，邮件的所有信息直接写在代码中。发送请求时，只需按照固定的参数名将所有的信息组合起来，然后调用 navigateToURL 方法即可。

------

**注意**　组合 URL 时，第一个参数前一定要使用"？"，后面的参数使用"&"，这和带多个参数的 HTTP 地址所用的格式相同。

------

运行程序 MailSender，效果如图 6-3 所示。

图 6-3　编写邮件效果图

从图 6-3 可以看到，调用邮件发送命令后，系统并没有直接发送邮件，而是进入到邮件编写界面。同时，邮件发件人自动被设置为 Android 系统当前默认的 Gmail 账户。

程序的完整代码见 ch6/MailSender。

## 6.2　使用 Android 系统自带的地图服务

Google 地图是 Android 系统自带的服务之一，不仅有路线导航和定位功能，还能进行位置搜索，查找周边地点信息。AIR 并没有提供自定义 URI 或其他方式来调用地图程序，不过 Android 系统会自动将所有指向 Google 地图网站（maps.google.com 或 ditu.google.cn）的 HTTP 请求解释为系统命令，允许用户选择浏览器或地图程序来处理地图请求。

比如，下面的 URL 将显示以经纬度坐标（30.251913,120.134972）为中心的地图，且地图的缩放级别为 18：

http://ditu.google.cn/?ll=30.251913,120.134972&z=18

在 AIR 中使用以下代码发送该 HTTP 请求：

```
var url = "http://ditu.google.cn/?ll=30.251913,120.134972&z=18";
navigateToURL( new URLRequest(url) );
```

执行的效果如图 6-4 左边所示。

执行以上代码后系统弹出了一个选择菜单，菜单中将会列出设备上所有的浏览器和地图程序。可以选择一款浏览器，也可以选择地图程序。如果勾选了"默认使用此方式发送"，下次就不会弹出选择框，而是直接调用上次选择的程序。这有点类似 Windows 系统上文件的默认打开方式，将某个程序和一种文件格式绑定在一起，只不过这里不是文件，而是一种行为。

图 6-4　发送 HTTP 请求界面

**小知识**　在 Android 上，要取消程序与某个行为的关联，可进入"设置"→"应用程序"→"管理应用程序"界面，找到该程序，比如地图程序，进入程序的详细页面。单击"清除默认设置"，即可清除默认设置。

图 6-4 右边为选择地图程序的效果，地图中心正是经纬度坐标（30.251913,120.134972）对应的位置，即位于西湖边的岳王庙。

发送 HTTP 请求时可用的参数如表 6-2 所示。

表 6-2　发送 HTTP 请求时可用的参数

| 参 数 名 | 描　　述 |
| --- | --- |
| q | 查询参数，可以是经纬度坐标或地名 |
| ll | 设置经纬度坐标为地图中心 |
| sll | 查询坐标附近的商业信息 |
| saddr | 路线导航的起点 |
| daddr | 路线导航的终点 |
| z | 地图的缩放级别 |
| t | 地图的类型，目前只支持两种，为 h 表示卫星地图，为空则为普通地图 |

下面用一个实例程序 MapExample 来说明这些参数的用法，程序代码如代码清单 6-4 所示。

代码清单 6-4　地图服务实例程序 MapExample

```
package
{
  import flash.events.MouseEvent;
  import flash.net.navigateToURL;
  import flash.net.URLRequest;
  import ui.Button;

  public class Main extends AppBase
  {
    // 重写 init 方法
    override protected function init():void

    {
      // 按钮的标签
      var labels:Array = new Array(" 查询地名 ", " 查看地图 ", " 搜索附近的餐馆 ", " 搜索行车
          路线 ");
      // 使用循环创建了 4 个按钮
      var btn:Button;
      for ( var i:int = 0; i < 4; i++)
      {
        btn = new Button(labels[i]);
        // 每个按钮的 name 属性都不同
        btn.name = "btn"+ i;
        btn.x = 100;
        btn.y = 100 * (i + 1);
        addChild(btn);
      }
      // 给主程序添加鼠标事件监听
      this.addEventListener(MouseEvent.CLICK, onClick);
    }
    // 处理按钮单击事件
    private function onClick(e:MouseEvent):void
    {
      // 获取单击按钮的 name 属性
      var btnname:String = e.target.name;
      // 不同的按钮所对应的 url 不同
      var url:String;
      if ( btnname == "btn0")
      {
        // 使用 q 参数查询地名
        url = "http://ditu.google.cn/?q=30.220075,120.109441";
      }
      else if ( btnname == "btn1")
      {
        // 使用 ll 参数确定地图中心点坐标
        url = "http://ditu.google.cn/?ll=30.251913,120.134972&z=18";
      }else if ( btnname == "btn2" )
      {
```

```
        // 周边搜索，使用 sll 和 q 参数来查询，t 和 z 两个参数用来设置地图属性
        url = "http://ditu.google.cn/maps?q= 餐馆 &sll=30.251908,120.134988&t=h&z=18";

    }else if ( btnname == "btn3" )
    {
        // 行车路线查询
        url = "http://ditu.google.cn/?saddr= 杭州市 &daddr= 武汉市 ";
    }
    navigateToURL( new URLRequest(url) );
    }
}
}
```

在上面的例子中共使用了 4 种不同的查询参数，它们都起到了不同的作用。程序运行的结果如图 6-5 所示。

图 6-5　查找行车路线的效果

图 6-5 左边是 AIR 程序界面，右边是单击"搜索行车路线"后，在地图程序中搜索的行车线路图。除了线路图，搜索结果还包括详细的路线说明，限于篇幅这里不再一一列出。

提示　读者也可以将代码中的网址复制下来，直接粘贴到桌面浏览器的地址栏中查看效果。

本例代码详见 ch6/MapExample。

## 6.3　使用 StageWebView 加载网页

在桌面开发中，我们可以使用 flash.html.HTMLLoader 类来加载网页内容。由于 HTMLLoader 类不支持移动平台，于是，AIR 新增了 flash.media.StageWebView 类来弥补这

个不足。

StageWebView 和 HTMLLoader 相比，在功能、用法等方面有很多差异，主要表现在以下三个方面：

❑ StageWebView 使用系统的 Web 控件来呈现内容。这导致在不同的设备上，页面的显示效果可能不同；而 HTMLLoader 总是使用 AIR 内置的 Webkit 引擎。

❑ StageWebView 类不是可视对象类型，无法被添加到显示列表上。使用 StageWebView 时，只能把它附加到舞台上。StageWebView 对象被置于舞台的上层，任何显示列表上的对象都在它下面；在 AIR 中不能控制 StageWebView 对象的层级，只能设置尺寸和坐标。

❑ StageWebView 不支持脚本交互。我们无法在网页内容中使用 JavaScript 和 ActionScript 交互，而 HTMLLoader 可以实现这个功能。

二者之间存在以上差异，主要是因为 StageWebView 使用了系统的 Web 控件。我们可以将网页内容看作一个独立的程序，该程序仅仅是在显示上和 AIR 程序处于同一容器中，但不能相互对话。由于 StageWebView 的特殊性，建议不要向舞台添加两个或两个以上的实例对象，以免影响程序的性能。

StageWebView 提供了以下两个方法用来加载网页。

❑ loadURL：加载指定的 URL 地址，可以是远程地址或本地文件地址。加载本地文件时，必须是以 "file:" 开头的标准 URL 地址。

❑ loadString：加载 HTML 格式的字符串。

利用 StageWebView 对象的 loadURL 和前进、后退等方法，我们可以制作简易的浏览器，如代码清单 6-5 所示。

代码清单 6-5 简易的浏览器实例程序 WebViewEx

```
package
{
  import flash.display.Graphics;
  import flash.events.Event;
  import flash.events.LocationChangeEvent;
  import flash.events.MouseEvent;
  import flash.geom.Rectangle;
  import flash.media.StageWebView;
  import flash.text.TextField;
  import flash.text.TextFieldAutoSize;
  import flash.text.TextFormat;
  import ui.Button;

  public class Main extends AppBase
  {
    //StageWebView 对象
    private var webview:StageWebView;
    // 显示网页加载状态的文本框
```

```
private var tip_txt:TextField;

override protected function init():void
{
  createUI();
  // 加载新浪微博页面
  webview.loadURL("http://www.weibo.com");
}
// 创建 UI 界面
private function createUI():void
{
  var navHeight:int = 64;
  // 为顶部导航条绘制背景
  var g:Graphics = this.graphics;
  g.beginFill(0xDEDEDE);
  g.drawRect(0, 0, stage.stageWidth, navHeight);
  g.endFill();
  // 创建后退按钮
  var btn:Button = new Button(" ← ");
  btn.name = "back";
  btn.padding = 82;
  btn.x = 10;
  btn.y = 5;
  addChild(btn);
  btn.addEventListener(MouseEvent.CLICK, onNavButtonClick);
  // 创建前进按钮
  btn = new Button(" → ");
  btn.name = "forward";
  btn.padding = 8;
  btn.x = 80;
  btn.y = 5;
  addChild(btn);
  btn.addEventListener(MouseEvent.CLICK, onNavButtonClick);
  // 文本框，显示提示信息
  tip_txt = new TextField();
  tip_txt.autoSize = TextFieldAutoSize.LEFT;
  var tf:TextFormat = new TextFormat("Droid Serif", 20);
  tip_txt.defaultTextFormat = tf;
  tip_txt.y = 12;
  tip_txt.x = 360;
  addChild(tip_txt);
  // 创建 StageWebView 对象
  webview = new StageWebView();
  // 附加到舞台上
  webview.stage = this.stage;
  // 设置尺寸和位置
  webview.viewPort = new Rectangle(0, navHeight, stage.stageWidth, stage.
      stageHeight - navHeight);
  // 监听页面内容加载完毕的事件
  webview.addEventListener(Event.COMPLETE, onPageLoaded);
```

```
    // 监听地址改变的事件
    webview.addEventListener(LocationChangeEvent.LOCATION_CHANGE, onURLChanged);
    }
    // 页面加载完毕
    private function onPageLoaded(e:Event):void
    {
      tip_txt.text = "";
    }
    // 地址发生改变，意味着正在加载新的页面
    private function onURLChanged(e:LocationChangeEvent):void
    {
      tip_txt.text = "加载页面...";
    }
    // 前进和后退按钮的处理
    private function onNavButtonClick(e:MouseEvent):void
    {
      if (e.target.name == "back")
      {
        // 是否可以后退，如果可以则调用 historyBack
        if( webview.isHistoryBackEnabled )
          webview.historyBack();
      }
      else
      {
    // 同上，处理前进事件
        if ( webview.isHistoryForwardEnabled )
        {
          webview.historyForward();
        }
      }
    }
  }
}
```

本例主要利用了 StageWebView 对象的 historyForward 和 historyBack 两个方法，来实现浏览器的前进、后退功能。在使用这两个方法前，建议先判断当前是否可以前进或后退，即检测 StageWebView 对象的 isHistoryForwardEnabled 或 isHistoryBackEnabled 属性。

另外，上面还用到了 StageWebView 对象的以下两个重要事件。

❑ Event.COMPLETE：当页面内容加载完毕时触发。

❑ LocationChangeEvent.LOCATION_CHANGE：当 Web 控件的目标 URL 发生改变时触发，也就是 StageWebView 的 location 属性值被修改了。用户单击页面上的链接或通过代码调用 loadURL 加载新的页面都会触发这一事件。

通过设置 StageWebView 对象的 viewPort 属性，可以修改窗口的尺寸和在舞台上的位置。如果要隐藏 StageWebView 对象，只需将 stage 属性设为 null 即可。调用 StageWebView 对象的 dispose 方法，可以彻底销毁对象，释放资源。

在真机上调试程序时，所看到的页面和在桌面调试时的页面并不相同，因为新浪微博的网站会根据客户端的类型自动跳转到合适的版本。在真机上运行的效果如图 6-6 所示。

图 6-6　在真机上浏览网页的效果

---

**提示**　发布程序时，一定要记得加上访问网络的许可声明；否则，在设备上运行程序时，将无法打开网页。

---

程序完整代码见 ch6/ WebViewEx。

这个例子仅仅只是展示了 StageWebView 的功能，在实际开发中用它来制作浏览器并不合适，毕竟功能受到了诸多限制。其实，StageWebView 的用处很多，比如开发社交网站的客户端等。

很多社交站点（比如新浪微博、腾讯微博、Facebook、Twitter 等）都提供了针对 Flash平台的开发包，使得我们可以用 AIR 来开发 Android 版客户端。由于这些站点为第三方开发者提供的用户认证方式一般都是基于 OAuth <sup>⊖</sup> 协议，这意味着我们必须在程序中嵌入网页内容，也就是使用 StageWebView。如果读者对 AIR 开发社交网站客户端感兴趣，可以去各大社交网站的开发者社区获取更多详细的资料。

---

⊖　OAuth（开放授权）是一个开放标准，允许用户让第三方应用访问该用户在某一网站上存储的私密的资源（如照片、视频、联系人列表等），而无需将用户名和密码提供给第三方应用。

## 6.4 本章小结

本章虽然使用的 API 不多，但涉及的知识点都很重要。与系统程序整合是 AIR 对自身的补充，虽然存在局限性，但在一定程度上却大大丰富了程序的应用范围。

从代码角度看，调用移动服务功能没有什么实用价值，实际不然。比如，调用邮件发送程序就是一个非常便捷的功能；调用 Google 地图服务也很有意义。书中对地图服务的挖掘还不够深，希望读者可以发现更多功能。

StageWebView 是一个很特殊的类，它可以将 Web 技术和 AIR 结合起来，使得 AIR 开发社交应用成为可能。虽然本书中没有提供相关的实例程序，但希望能给读者带来一些启发。

# 第7章 多媒体

使用、创建多媒体内容是移动设备必备的功能之一。尽管智能手机和平板电脑的配备功能越来越强大，但在日常生活中，用户使用最多的仍然是拍照片、听音乐、看视频等和多媒体相关的应用。因此，访问摄像头、麦克风以及设备上的多媒体资源是开发环境不可或缺的功能。

本章将详细介绍使用多媒体的相关知识，主要包括以下几个部分：

❑ 使用摄像头拍照、录制视频。

❑ 使用设备上的多媒体资源。

❑ 使用麦克风录音。

❑ 播放视频文件。

和桌面系统相比，Android 设备在多媒体的使用上有自己的特点，比如，需要相应的权限声明才能访问摄像头和麦克风；所有的多媒体资源都存放在 SD 卡上，由系统统一管理。这些细节本章分别进行说明。

## 7.1 使用摄像头

在移动开发中有以下两种方式使用摄像头：

❑ 使用 flash.media.Camera 类直接访问摄像头。

❑ 使用新增的 flash.media.CameraUI 类调用设备上的拍照程序，拍摄照片或视频。

第一种方式相对复杂，因为需要自己编写代码来调用摄像头，才能实现拍照功能；第二种方式则简单得多，所有的功能都由外部程序完成，AIR 程序只获取生成资源的信息。两种方式的实现原理差别很大，各有优缺点，可以满足不同的技术需求。

### 7.1.1 摄像头的传统用法

所谓传统用法，指使用 Camera 类访问摄像头。这种用法从 ActionScript 2.0 开始沿用至今，也是经验丰富的程序员最熟悉的用法。网络上与摄像头相关的 Flash 应用很多，这类应用完全可以移植到移动设备上。

访问摄像头的过程可分为以下两步。

**步骤 1** 获取 Camera 对象。

```
import flash.media.Camera;
// 获取设备上默认的摄像头
var cam:Camera = Camera.getCamera();
```

Camera 的静态方法 getCamera 支持摄像头名称作为参数，不过一般情况下都不传参数，而是直接调用获取系统默认的摄像头。在程序中同一时刻只能访问一个摄像头，但可以同时访问同一个摄像头的数据。

---

**提示** 虽然有些移动设备配置了前、后摄像头，但目前 AIR 在 Android 上只支持访问后置摄像头。

---

**步骤2** 将 Camera 对象绑定到 Video 对象上。

Camera 对象并不是可视对象，因此无法添加到显示列表上，还需要和 Video 对象绑定，才能让摄像头开始工作，获取捕获的视频数据。示例代码如下：

```
// 创建 Video 对象，并添加到显示列表上
var v:Video = new Video(800,480);
addChild(v);
// 把 Camera 对象绑定到 Video 上
v.attachCamera(cam);
```

Video 对象是一个特殊的显示对象，可以播放来自摄像头或网络的视频流数据。

到这里，摄像头的用法介绍完毕。从代码上看，移动开发中 Camera 类的用法与桌面开发没有任何差别，不过在开发中有两点需要注意：

1）使用摄像头时必须获取访问权限。

Android 系统严格控制了摄像头的使用，我们必须为程序添加访问摄像头的许可声明。在应用程序描述文件 application.xml 中加入如下代码：

```
<android>
  <manifestAdditions>
  <![CDATA[<manifest>
    <uses-permission android:name="android.permission.CAMERA"/>
  </manifest>]]>
  </manifestAdditions>
</android>
```

2）Camera 对象始终在横屏模式下工作。

尽管移动设备可以切换屏幕朝向，但 Camera 对象始终显示横屏（landscape）模式下捕获的视频。当程序的朝向设置为竖屏（portrait）模式时，摄像头的画面看上去是扭曲的状态，好像被旋转了 90 度后再拉伸变形。为达到真实的画面效果，不影响程序性能，建议只在横屏模式下使用摄像头。如果一定要在竖屏模式下使用摄像头，那么必须对 Video 对象进行旋转和拉伸，以还原真实的图像。

要将程序的显示模式设置为横屏模式，只需修改 application.xml 中的 aspectRatio 属性：

```
<aspectRatio>landscape</aspectRatio>
```

在实际开发中，如果希望程序能够自动适应屏幕朝向，在使用摄像头时会遇到问题。实际上，我们可以在运行期间检测到设备的真实朝向，灵活处理界面上元素的布局，本书后面

有专门的章节来介绍这方面的内容。

到这里，摄像头的基本用法复习完毕，接下来看看另一种访问摄像头的方式。

## 7.1.2 使用 CameraUI 类调用摄像程序

CameraUI 类是为移动开发新增的工具类，不能用于桌面开发。相比传统用法，CameraUI 类简化了摄像头的使用程序。通过该类可以直接调用设备上的摄像程序，实现拍照、录制视频的功能，然后外部程序将新生成的多媒体文件信息传回来，交给 AIR 程序处理。

下面这段代码展示了 CameraUI 类的基本用法：

```
// 导入相关类
import flash.media.CameraUI;
import flash.media.MediaType;

// 首先判断设备是否支持该功能
if ( CameraUI.isSupported )
{
  // 创建实例并监听事件
  var cameraUI:CameraUI = new CameraUI();
  // 开始调用外部程序
  cameraUI.launch(MediaType.IMAGE);
}
```

使用 CameraUI 类的第一步依然是判断设备的支持情况。在前面的内容中已经多次见过类似的处理方式。在使用某个功能之前，首先进行可行性判断，这可以说是移动开发的一个特色。移动平台本身存在差异，不同的设备在软硬件上也有差别，因此，对应用程序的适应性提出了更高的要求。严谨的代码可以让程序更加健壮，希望读者能够养成这个好习惯。

调用外部摄像程序的代码其实只有一行，即执行 CameraUI 对象的 launch 方法。该方法可选的参数值有两个：MediaType.IMAGE 和 MediaType.VIDEO，分别表示拍照和录制视频。

在 Android 中，程序之间能够相互调用，且交互方式类似 ActionScript 3.0 中的事件机制。程序可以注册若干种事件的监听器，当要调用其他程序时，就发出特定类型的请求事件；系统接收到该事件后，会找出所有监听了该事件的程序列表。如果没有程序监听该事件，则调用失败。如果列表的长度为 1，即只有一个程序监听了该事件，系统直接启动该程序来响应事件；如果大于 1，则显示列表对话框，让用户选择一个程序来执行请求。例如，6.2 节中调用地图服务时出现的程序对话框正是这一机制作用的结果。

在调用摄像程序时，如果系统安装了多款摄像程序，执行的效果如图 7-1 所示。

图中"相机"是 Android 系统的内置程序，其他则是个人安装的程序。

和调用电话、短信等外部程序一样，当外部程序启动后，AIR 程序会转入到后台运行。等到调用结束，AIR 程序才被重新激活。通过监听相关事件，可以获取摄像程序生成的文件信息。

图 7-1 调用系统摄像程序时的菜单

在运行过程中，CameraUI 对象派发的事件主要有如下几个。

❑ MediaEvent.COMPLETE：调用成功后的事件，携带了生成文件的详细信息。

❑ Event.CANCEL：用户中止调用行为后派发的事件。

❑ ErrorEvent.ERROR：调用出错时的事件。

以上事件类都位于 flash.events 包中，其中 MediaEvent 类是一个新面孔，用来获取生成文件的信息。

程序 CameraUIEx 演示了以上事件的使用方法，如代码清单 7-1 所示。

代码清单 7-1　CameraUIEx 主程序

```
package
{
  import flash.display.Loader;
  import flash.display.Sprite;
  import flash.errors.IOError;
  import flash.events.Event;
  import flash.events.IOErrorEvent;
  import flash.events.MouseEvent;
  import flash.events.MediaEvent;
  import flash.events.ErrorEvent;
  import flash.media.CameraUI;
  import flash.media.MediaPromise;
  import flash.media.MediaType;
  import ui.Button;

  public class Main extends AppBase
  {
    // 按钮
    private var btn:Button;
```

```
// 用来加载照片的 Loader 对象
private var image_loader:Loader;
//CameraUI 对象
private var cameraUI:CameraUI;

// 重写 init 方法
override protected function init():void
{
  // 创建按钮，监听单击事件
  btn = new Button(" 拍照 ");
  btn.x = btn.y = 50;
  addChild(btn);
  btn.addEventListener(MouseEvent.CLICK, onClick);
  // 创建 Loader 实例，并添加事件监听
  image_loader = new Loader();
  image_loader.x = 50;
  image_loader.y = 150;
  image_loader.contentLoaderInfo.addEventListener(Event.COMPLETE, onLoadComplete);
  image_loader.contentLoaderInfo.addEventListener(IOErrorEvent.IO_ERROR, onLoadError);
  addChild(image_loader);
}
// 按钮单击事件
private function onClick(e:MouseEvent):void
{
  // 检查设备是否支持 CameraUI
  if ( CameraUI.isSupported )
  {
    // 检查 cameraUI 对象是否为空，只有在第一次单击时才进行实例化
    if ( cameraUI == null )
    {
      cameraUI = new CameraUI();
      // 添加事件监听
      cameraUI.addEventListener(MediaEvent.COMPLETE, onMediaComplete);
      cameraUI.addEventListener(Event.CANCEL, onMediaCancel);
      cameraUI.addEventListener(ErrorEvent.ERROR, onMediaError);
    }
    cameraUI.launch(MediaType.IMAGE);
  }
}
// 成功调用后的事件处理
private function onMediaComplete(e:MediaEvent):void
{
  // 获取 MediaPromise 对象
  var mediaData:MediaPromise = e.data;
  // 加载新生成的照片
  image_loader.loadFilePromise(mediaData);
}

private function onMediaCancel(e:Event):void
{
```

```
    trace("取消调用摄像程序");
  }

  private function onMediaError(e:ErrorEvent):void
  {
    trace("打开摄像程序失败");
  }
  // 照片加载成功的事件
  private function onLoadComplete(e:Event):void
  {
    trace("图片加载成功");
    var old_width:Number = image_loader.width;
    var old_height:Number = image_loader.height;
    // 对 Loader 对象进行等比例缩放，宽度定为 360
    image_loader.width = 360;
    image_loader.height = old_height * 360 / old_width;
  }
  // 照片加载失败的事件处理
  private function onLoadError(e:IOError):void
  {
    trace("文件加载失败");
  }
 }
}
```

处理 MediaEvent.COMPLETE 事件时，事件对象的 data 属性比较特殊，对应数据类型为 flash.media.MediaPromise。MediaPromise 类意如其名，表示承诺提供多媒体资源，它有以下两个重要的属性。

❑ file：对应文件的 File 实例。

❑ isAsync：数据是否是异步传输。如果是异步，则必须等数据全部传输完毕才可以访问；如果是同步，则数据可以马上使用。由于文件操作比较耗费资源，为避免影响性能，拍照时保存照片文件的过程一般为异步过程。

有了 file 属性，就可以获取多媒体文件的物理地址，然后用 Loader 对象或者 URLStream 对象去加载文件。当然，也可以直接用 Loader 对象的 loadFilePromise 方法加载 MediaPromise 对象，AIR 运行时会自动找到对应的文件。

如图 7-2 所示，调用摄像程序时，选择系统自带的相机程序拍摄照片，拍摄完成后，单击"确定"按钮，就会回到 AIR 程序，同时派发 MediaEvent. COMPLETE 事件。

在接收到调用成功的事件后，AIR 程序尝试加载生成的多媒体文件，效果如图 7-3 所示。反复测试程序，从不同角度拍摄照片，我们会发现，虽然相机程序运行时的屏幕朝向始终为横屏模式，但保存照片时会自动根据屏幕朝向调整图片方向。在 AIR 程序中，随着拍摄角度的变化，加载的图片有时是横向，有时是竖向，但不管怎样，图片方向总是和拍摄时的视角一致。

另外，据笔者的测试，在一些机型上使用 CameraUI 类时会遇到问题。比如，在 HTC

Desire 上，调用相机程序拍照时总是会生成两张完全相同的照片；在 Motor Droid 上，生成的照片方向和拍摄时的视角不一致。由于很多设备厂商对 Android 系统进行了不同程度的定制，因此在实际开发中，建议读者针对不同的机型进行真机测试，掌握第一手数据，避免出现问题。

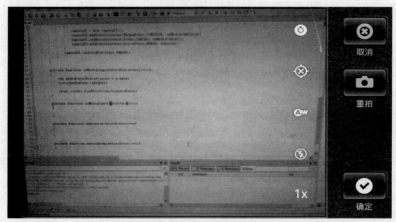

图 7-2　调用系统的相机程序拍摄照片

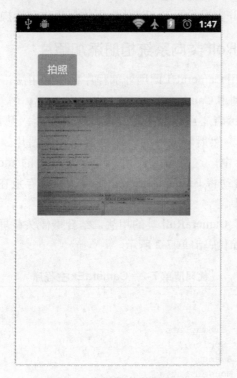

图 7-3　加载照片的效果图

和通过 Camera 类访问摄像头相比，CameraUI 类的一个好处是简化了开发工作，系统自带或第三方的摄像程序处理拍照时更专业，功能也更强大，拍摄时还可以调节参数，比如光线、闪光灯、自动对焦等，还有的程序提供了各种特效供选择，充分利用了硬件资源。另外，AIR 程序本身没有访问摄像头，因此也无需摄像头的权限。不过，使用 Camera 类访问摄像头时，我们能获取到原始的视频流数据，如果需要实现个性化的拍照需求，这个功能就格外有用了。

总的来说，两种使用摄像头的方式各有长短，应根据实际需求进行选择。

## 7.2 使用设备上的多媒体资源

和桌面系统不同的是，Android 上所有的照片、视频等多媒体内容都由系统使用数据库统一管理，这些数据被所有的程序分享。AIR 没有提供直接访问系统数据的接口，而是新增类 flash.media.CameraRoll 来间接访问多媒体资源。

CameraRoll 类有以下两个功能：

❏ 向系统相册添加照片。

❏ 调用系统的相册程序，浏览、选取照片。

简单地说，CameraRoll 类提供了对多媒体数据的写操作和读操作。

### 7.2.1 使用 CameraRoll 类向系统相册添加照片

上一节已经介绍了使用 CameraUI 调用外部程序拍照的用法，整个拍照过程全部由第三方程序来完成。实际上，利用 Camera 类也可以实现拍照功能。

提到拍照程序，相信读者心中已经有了大致的实现方案，无非就是使用 BitmapData 对象对摄像头画面进行截屏，然后将截取的位图数据保存为图片。在 Android 上还需要将照片数据保存到系统数据库中，这点可以使用 CameraRoll 类的 addBitmapData 方法来完成。addBitmapData 方法可以自动将 BitmapData 数据保存为照片存放在 SD 卡上，并将照片的相关信息添加到系统数据库中。

程序 CameraEx 演示了 CameraRoll 类的用法，结合摄像头截屏，用 addBitmapData 方法将位图数据保存为相片，如代码清单 7-2 所示。

**代码清单 7-2　CameraEx 主程序**

```
package
{
  import flash.display.BitmapData;
  import flash.display.Sprite;
  import flash.events.Event;
  import flash.events.MouseEvent;
  import flash.media.CameraRoll;
  import flash.media.Video;
```

```
import flash.media.Camera;
import ui.Button;

public class Main extends AppBase
{
  // 定义 Video 对象
  private var v:Video;
  // 按钮，单击后执行拍照动作
  private var btn:Button;
  //CameraRoll 对象
  private var cameraRoll:CameraRoll;

  override protected function init():void
  {
    var w:int = stage.stageWidth;
    var h:int = stage.stageHeight;
    // 创建 Video 对象，并添加到显示列表
    v = new Video(w,h);
    addChild(v);
    // 获取摄像头
    startRunCamera();
    // 创建按钮，并添加单击事件监听
    btn = new Button(" 拍照 ");
    addChild(btn);
    btn.x = w - btn.width - 15;
    btn.y = (h - btn.height) / 2;
    btn.addEventListener(MouseEvent.CLICK, onClick);
    // 创建 CameraRoll 对象
    cameraRoll = new CameraRoll();
    // 监听 Complete 事件，在相片保存完毕后触发
    cameraRoll.addEventListener(Event.COMPLETE, onSaveComplete);
  }

  private function startRunCamera():void
  {
    // 获取 Camera 对象
    var cam:Camera = Camera.getCamera();
    // 先判断 cam 对象是否为空，因为系统当前可能没有可用的摄像头
    if ( cam != null )
    {
      // 设置 Camera 参数
      // 设置捕获模式
      cam.setMode(v.width, v.height, 20);
      // 带宽使用率和画质都设为自动调节
      cam.setQuality(0, 0);
      // 绑定 Camera
      v.attachCamera(cam);
    }
  }
  // 处理按钮单击事件
```

```
    private function onClick(e:MouseEvent):void
    {
      // 创建 BitmapData 对象
      var bd:BitmapData = new BitmapData(v.width, v.height, false, 0xFFFFFFFF);
      // 对 Video 实现截屏
      bd.draw(v);
      // 停止捕获视频流，画面将处于静止状态，形成定格效果
      v.attachCamera(null);
      // 开始拍照后，屏蔽按钮的单击动作
      btn.mouseEnabled = false;
      // 判断设备的支持情况
      if ( CameraRoll.supportsAddBitmapData )
      {
        // 将 BitmapData 数据保存为相片
        cameraRoll.addBitmapData(bd);
      }
    }
    // 相片保存成功，恢复拍照状态
    private function onSaveComplete(e:Event):void
    {
      // 恢复按钮的单击状态
      btn.mouseEnabled = true;
      // 重新获取视频流
      startRunCamera();
    }
  }
}
```

拍照前，首先使用 Camera 类访问摄像头，拍照时利用 BitmapData 对象的 draw 方法截取视频数据，再调用 CameraRoll 的 addBitmapData 方法保存照片。

在使用 CameraRoll 对象的 addBitmapData 方法前，首先判断设备的支持情况，即 CameraRoll 类的静态属性 supportsAddBitmapData 是否为 true。调用 addBitmapData 方法后，通过监听 Event.COMPLETE 事件，获取动作执行成功的事件。实际开发时，还应该监听 ErrorEvent.ERROR 事件，处理动作执行失败的情况。

设置好程序的显示模式，并确保已经添加了摄像头的许可声明，然后编译程序，最后安装到真机上运行程序，效果如图 7-4 所示。

---

**注意** CameraRoll 类只能用于移动平台，由于模拟器上无法使用摄像头，因此本例只能在真机上进行测试。

---

单击"拍照"按钮后，再打开系统的图库程序（HTC、索尼爱立信等厂商生产的设备上删除了默认的图库程序，请打开对应的替代程序），就可以看到刚才拍摄的相片。由于 Android 系统默认将所有的多媒体资源都保存在 SD 卡上，因此在拍照时，SD 卡必须处于可用状态。

图 7-4　拍照时的效果图

---

**小知识**　如果以 USB 模式将 Android 设备连接到计算机上，SD 卡会被 Android 系统卸载，被计算机识别为 U 盘，此时 Android 系统无法访问到 SD 卡。在 USB 模式下，Android 系统中依赖 SD 卡的程序无法正确运行，比如相机程序。

---

## 7.2.2　使用 CameraRoll 类选取照片

上一节简单介绍了 CameraRoll 类的 addBitmapData 方法的用法，将位图数据作为照片保存在系统相册中，这属于"写"操作。对应地，CameraRoll 类也提供了"读"操作，允许从系统相册中选择图片。本节将讲解如何使用 CameraRoll 类的另一个方法 browseForImage 来读取多媒体资源。

browseForImage 方法用来调用 Android 上的相册程序，允许我们预览并选取一张，将选中的文件路径传回 AIR 程序。browseForImage 方法的用法如下：

```
if ( CameraRoll.supportsBrowseForImage == true )
{
  var cameraRoll:CameraRoll = new CameraRoll();
  cameraRoll.browseForImage();
}
```

如果 CameraRoll 的静态属性 supportsBrowseForImage 为 true，即表示在设备上 browse-ForImage 方法可用。执行 browseForImage 后，程序发出调用外部相册程序的命令与调用外部摄像程序的方式相同。如果设备上有多款程序监听了该事件，系统会自动弹出选择列表对话框，如图 7-5 所示。

和 CameraUI 类的用法相似，打开外部的相册程序后，AIR 程序只负责监听相应事件来处理返回结果，事件类型如下。

❑ MediaEvent.SELECT：选取图片后出发的事件，事件对象携带了选中文件的详细信息。

❑ Event.CANCEL：用户中止了选取动作后派发的事件。

❑ ErrorEvent.ERROR：调用出错，无法启动相册程序或者无法选择图片。

使用 browseForImage 方法的最终目的就是获取图片的文件路径，有了文件路径，就可以对文件进行各种操作。实例 CameraRollEx 演示了 browseForImage 方法的用法，获取文件路径后，用一个 Loader 对象来加载选中的相片并显示出来，如代码清单 7-3 所示。

图 7-5　调用 browseForImage 后系统弹出的对话框

**代码清单 7-3　CameraRollEx 主程序**

```
package
{
  import flash.display.Loader;
  import flash.display.Sprite;
  import flash.errors.IOError;
  import flash.events.Event;
  import flash.events.IOErrorEvent;
  import flash.events.MouseEvent;
  import flash.events.MediaEvent;
  import flash.events.ErrorEvent;
  import flash.media.CameraRoll;
  import flash.media.MediaPromise;
  import ui.Button;

  public class Main extends AppBase
  {
    // 按钮，单击后派发调用程序的命令
    private var btn:Button;
    //Loader 对象，用来加载选中的相片
    private var image_loader:Loader;
    //CameraRoll 对象
    private var cameraRoll:CameraRoll;

    override protected function init():void
```

```
{
  // 创建按钮
  btn = new Button(" 选择图片 ");
  btn.x = btn.y = 50;
  addChild(btn);
  // 监听单击事件
  btn.addEventListener(MouseEvent.CLICK, onClick);

  // 创建 Loader 对象
  image_loader = new Loader();
  image_loader.x = 50;
  image_loader.y = 150;
  // 监听加载事件
  image_loader.contentLoaderInfo.addEventListener(Event.COMPLETE,
      onLoadComplete);
  image_loader.contentLoaderInfo.addEventListener(IOErrorEvent.IO_ERROR,
      onLoadError);
  addChild(image_loader);
}
// 响应按钮的单击事件
private function onClick(e:MouseEvent):void
{
  if ( CameraRoll.supportsBrowseForImage == true )
  {
    // 创建 CameraRoll 对象并监听事件
    if ( cameraRoll == null )
    {
      cameraRoll = new CameraRoll();
      cameraRoll.addEventListener(MediaEvent.SELECT, onMediaSelected);
      cameraRoll.addEventListener(Event.CANCEL, onMediaCancel);
      cameraRoll.addEventListener(ErrorEvent.ERROR, onMediaError);
    }
    cameraRoll.browseForImage();
  }
}
// 选中图片后的事件，获取 MediaPromise 对象
private function onMediaSelected(e:MediaEvent):void
{
  // 加载选中的图片
  var mediaData:MediaPromise = e.data;
  image_loader.loadFilePromise(mediaData);
}

private function onMediaCancel(e:Event):void
{
  trace(" 取消选择相片 ");
}


private function onMediaError(e:ErrorEvent):void
{
```

```
        trace("调用相册程序失败");
    }

    private function onLoadComplete(e:Event):void
    {
        trace("图片加载成功");
        // 图片加载成功，并对 Loader 进行等比例缩放
        var old_width:Number = image_loader.width;
        var old_height:Number = image_loader.height;
        image_loader.width = 360;
        image_loader.height = old_height * 360 / old_width;
    }
    // 加载图片失败
    private function onLoadError(e:IOError):void
    {
        trace("文件加载失败");
    }
  }
}
```

MediaEvent.SELECT 事件传递回来的数据同样是 MediaPromise 类型，使用 Loader 对象的 loadFilePromise 可以直接加载对应的文件。

运行程序，通过系统默认的图库程序选取图片，效果如图 7-6 所示。

图 7-6　选择图片的效果图

读者可能会问，为什么不使用 File 类来选取文件？在 AIR 桌面开发中，使用 File 对象打开文件选择对话框是常见的做法，但这种做法并不适合移动开发。和其他的移动平台一样，Android 系统也弱化了文件结构的概念，文件管理全部由应用来完成，不需要用户手动

进行，如果依然使用文件选择对话框，会降低用户体验。

我们可以尝试用下面这段代码来打开文件选取对话框：

```
var file_browser:File = new File();
file_browser.browseForOpen(" 选择相片 ");
```

运行效果如图 7-7 所示。

图 7-7　使用 File 类打开的文件选择界面

浏览图像文件时，只显示文件名，无法进行图片预览。很明显，这种选择方式的实用性不强，很难满足用户的需求，这也是引入 CameraRoll 类的原因之一。

## 7.3　使用麦克风录音

用麦克风录音是从 AIR 2.0（Flash Player 10.1）开始有的功能，对 Flash 平台上的开发者而言，这个功能来得太晚。虽然在 ActionScript 2.0 时就已经可以使用麦克风，但仅限于将捕获的音频数据发送给流媒体服务器，我们无法在客户端获取任何音频数据。随着 Flash Player 10.1 和 AIR 2.0 的发布，ActionScript 3.0 操作音频数据的能力才达到一个新的高度。

实现录音的关键在于获取麦克风采集的音频数据，利用 flash.media.Microphone 类可以解决这个问题。在 AIR 2.0 后，Microphone 对象新增了一个名为 SampleDataEvent 的事件。每当采集到外部音频数据时，Microphone 对象即派发该事件，同时将采集的音频样本数据存放在事件对象中。利用这个特性，可以将麦克风采集的音频数据保存下来。

下面是一段关于 SampleDataEvent 事件用法的代码：

```
// 字节数组 savedSoundData 用来保存采样数据
var savedSoundData:ByteArray = new ByteArray();
```

```
var mic: Microphone = Microphone.getMicrophone();
if ( mic != null )
{    mic.addEventListener(SampleDataEvent.SAMPLE_DATA, onMicSampleDataHandler
}
// 处理 SAMPLE_DATA 事件
private function onMicSampleDataHandler(e:SampleDataEvent):void
{
while (e.data.bytesAvailable)
  {
    // 保存每条数据
    savedSoundData.writeFloat(e.data.readFloat());
  }
}
```

flash.events.SampleDataEvent 类的属性 data 即存放音频数据的 ByteArray 对象。每个音频样本都是 –1 ～ 1 的浮点型数字，将这些数据保存下来，录音工作也就完成了一大半。

完成录音后，还必须能够播放录制的声音。和播放 MP3 文件不同，我们要播放的仅仅是采样数据，这个过程和录音正好相反。flash.media.Sound 对象也有一个 SampleDataEvent 的事件行为。当没有设置其他声音源时，执行播放动作后 Sound 对象会定期派发该事件，请求音频数据。响应 SampleDataEvent 事件时，如果向 SampleDataEvent 对象的 data 属性写入字节数据，数据将被添加到 Sound 对象的缓冲区，然后播放出来。有了这个功能，就可以生成动态的声音了。

下面是一段示例代码：

```
var sound:Sound = new Sound();
sound.addEventListener(SampleDataEvent.SAMPLE_DATA, onSoundDataHandler);
// 执行播放动作，Sound 对象将通过派发 SAMPLE_DATA 事件来请求数据
sound.play();
// 处理 Sound 对象的 SAMPLE_DATA 事件
private function onSoundDataHandler(e:SampleDataEvent):void
{
  for (var i:int = 0; i < 8192; i++)
  {
    // 从 savedSoundData 读取此前保存的数据
    var sample:Number = savedSoundData.readFloat();
    // 将录制的数据写入缓冲区
    // 由于有左右声道，这里写了两次，且数据相同
    e.data.writeFloat(sample);
    e.data.writeFloat(sample);
  }
}
```

在处理 SampleDataEvent 事件时，一次写入样本数据的长度最小为 2 048，最大为 8 192。程序在播放声音时，总是按每秒 44 100 个样本的速率进行采样。

---

提示　采样率定义每秒从模拟音频信号采集的用来组成数字信号的样本数，采样率越高声音

质量越高。标准光盘音频的采样率为 44.1 KHz，即 44 100 个样本。

因此，每次写入的数据越多，声音就越流畅，出现的停顿和杂音就越低，效果也越好。声音在播放时，需要左右两个声道的数据，对应样本数据中连续的两条数据，因此在写入数据时，要提供两个声道的数据。而在录制声音时，获取的是单声道数据，所以在上面代码的 for 循环中，连续写了两条相同的数据，意味着左右声道的效果总是相同的。当停止向缓冲区写入数据时，播放结束。

至此，录音和回收的问题都已经有了解决方案，将这两块功能整合起来，即可完成一个简单的录音程序。程序 MicrophoneEx 正是这样一个例子，如代码清单 7-4 所示。

**代码清单 7-4　MicrophoneEx 主程序**

```
package
{
  import flash.display.Sprite;
  import flash.events.ActivityEvent;
  import flash.events.Event;
  import flash.events.MouseEvent;
  import flash.events.SampleDataEvent;
  import flash.events.TimerEvent;
  import flash.media.Microphone;
  import flash.media.Sound;
  import flash.media.SoundChannel;
  import flash.text.TextField;
  import flash.text.TextFormat;
  import flash.text.TextFormatAlign;
  import flash.text.TextFieldAutoSize;
  import flash.utils.ByteArray;
  import flash.utils.Timer;
  import flash.utils.getTimer;
  import ui.Button;

  public class Main extends AppBase
  {
    // 界面上的按钮和文本
    private var record_btn:Button;
    private var play_btn:Button;
    private var info_txt:TextField;
    // 用来保存样本数据的 ByteArray 对象
    private var soundBytes:ByteArray = new ByteArray();
    //Microphone 对象
    private var mic:Microphone;
    // 用一个变量标记录音动作
    private var isRecording:Boolean = false;
    // 记录录音时间的计时器
    private var timer:Timer = new Timer(100, 0);
    private var startTimer:int;
    // 用来回收声音的 Sound 对象
```

```
private var sound:Sound = new Sound();
private var soundChannel:SoundChannel;
// 标记播放动作的变量
private var isPlaying:Boolean = false;
// 覆盖 init 方法，添加初始化行为
override protected function init():void
{
    // 创建界面上的按钮
    record_btn = new Button(" 录音 ");
    record_btn.x = 50;
    record_btn.y = 50;
    play_btn = new Button(" 播放 ");
    play_btn.x = 160;
    play_btn.y = 50;
    // 创建文本
    info_txt = new TextField();
    info_txt.autoSize = TextFieldAutoSize.LEFT;
    var tf:TextFormat = new TextFormat("Droid Serif", 24);
    tf.align = TextFormatAlign.CENTER;
    info_txt.defaultTextFormat = tf;
    info_txt.y = 160;
    info_txt.x = 50;
    // 添加到显示列表
    addChild(record_btn);
    addChild(play_btn);
    addChild(info_txt);
    // 添加单击事件监听
    record_btn.addEventListener(MouseEvent.CLICK, onButtonClicked);
    play_btn.addEventListener(MouseEvent.CLICK, onButtonClicked);
}
// 处理按钮的单击事件
private function onButtonClicked(e:MouseEvent):void
{
    // 如果是控制录音的按钮
    if ( e.target == record_btn )
    {
        // 根据 isRecording 标记控制录音动作
        if ( isRecording == false )
        {
            // 开始录音
            record_btn.label = " 停止 ";
            startRecord();
        }
        else
        {
            // 停止录音
            record_btn.label = " 录音 ";
            if ( mic != null ) mic.removeEventListener(SampleDataEvent.SAMPLE_DATA,
                onMicSampleDataHandler);
            // 结束计时器
```

```
        timer.stop();
        timer.removeEventListener(TimerEvent.TIMER, onRecordTimer);
    }
    isRecording = !isRecording;
}
else
{
    // 控制播放动作
    changePlayStatus();
}
}
// 开始录音
private function startRecord():void
{
    // 先清空以前的样本数据
    soundBytes.clear();
    // 获取 Microphone
    mic = Microphone.getMicrophone();
    if ( mic != null )
    {
        // 设置录音时的采样率
        mic.rate = 44;
        // 设置增强级别为最大
        mic.gain = 100;
        // 设置最低音量水平, 以及静音的判断时间
        mic.setSilenceLevel(0, 3000);
        mic.addEventListener(SampleDataEvent.SAMPLE_DATA, onMicSampleDataHandler);
        // 记录开始录音的时间点
        startTimer = getTimer();
        timer.addEventListener(TimerEvent.TIMER, onRecordTimer);
        timer.start();
    }
    else
    {
        info_txt.text = "没有找到麦克风, 请检查设备";
    }
}
// 控制播放行为
private function changePlayStatus():void
{
    if ( isPlaying == false )
    {
        play_btn.label = "停止";
        info_txt.text = "播放...";
        // 开始播放时将字节数组复位
        soundBytes.position = 0;
        // 添加事件监听器
        sound.addEventListener(SampleDataEvent.SAMPLE_DATA, onSoundDataHandler);
        // 开始播放
        soundChannel = sound.play();
```

```
        }
        else
        {
          // 结束播放
          play_btn.label = "播放";
          soundChannel.stop();
          sound.removeEventListener(SampleDataEvent.SAMPLE_DATA, onSoundDataHandler);
        }
        isPlaying = !isPlaying;
    }
    // 计时器的事件响应，计算录音时长
    private function onRecordTimer(e:TimerEvent):void
    {
      var elapsedTime:int = getTimer() - startTimer;
      info_txt.text = "已录制" + int(elapsedTime/1000) + "秒";
    }
    // 处理 Microphone 的 SampleDataEvent 事件
    private function onMicSampleDataHandler(e:SampleDataEvent):void
    {
      // 保存所有采集到的样本数据
      while (e.data.bytesAvailable)
      {
        var sample:Number = e.data.readFloat();
        soundBytes.writeFloat(sample);
      }
    }

    private function onSoundDataHandler(e:SampleDataEvent):void
    {
      // 向 data 属性写入数据
      for (var i:int = 0; i < 8192 && soundBytes.bytesAvailable > 0; i++)
      {
        var sample:Number = soundBytes.readFloat();
        e.data.writeFloat(sample);
        e.data.writeFloat(sample);
      }
      // 如果数据已写完，则播放结束
      if ( soundBytes.bytesAvailable == 0 )
      {
        changePlayStatus();
      }
    }
  }
}
```

在使用 Microphone 对象录音时，采样率 rate 是一个很重要的参数，可选的值有 5、8、11、22 和 44。如果设备上的麦克风支持 8 kHz，则默认值为 8 kHz，否则默认值是设备支持的高于 8 kHz 的下一个可用值，通常为 11 kHz。表 7-1 列出了 rate 值与实际采样率的对照关系。

表 7-1  rate 值与实际采样率的对照关系

| rate 值 | 实际采样率 /Hz |
| --- | --- |
| 44 | 44 100 |
| 22 | 22 050 |
| 11 | 11 025 |
| 8 | 8000 |
| 5 | 5512 |

采样率的值越大，声音质量越好，但数据量也越大。实际开发中，要根据需求来选择。比如，在网络应用中，考虑到带宽和传输速度，一般选择 11 025Hz 即可。由于本例只是录音，因此选择了 44 100Hz 的值，和播放时的采样率保持一致。

Microphone 的 setSilenceLevel 方法也很重要。

```
setSilenceLevel(silenceLevel:Number, timeout:int = -1):void
```

第一个参数 silenceLevel 表示可认定为声音的最低音量级别，可接受值的范围为 0 ~ 100。如果选 100，则任何声音都不会被麦克风捕获。

第二个参数 timeout 表示视为静音的最短时长，单位为毫秒。麦克风检测到静音状态，会派发相关事件。

设置好参数后，即可在桌面上调试程序了。不过在发布到真机前，还必须在应用程序描述文件中添加如下许可声明：

```
...
<android>
  <manifestAdditions>
  <![CDATA[<manifest>
    <uses-permission android:name="android.permission.RECORD_AUDIO"/>
  </manifest>]]>
  </manifestAdditions>
</android>
...
```

加上 RECORD_AUDIO 许可声明后，程序才具备访问麦克风的权限。

设置好参数后，编译程序发布到真机上，运行效果如图 7-8 所示。

当然，这个例子离真正的录音程序还有距离，读者可以在此基础上进行扩展，比如，利用文件读取 API，将样本数据保存为常见的音频格式 WAV 文件；还可以对声音进行处理，制作特效。总的说来，支持生成动态声音这个特性为程序开发增添了很多乐趣。

图 7-8　录音界面

## 7.4　播放视频

一直以来，Flash 技术在 Web 视频应用中占据主导地位，因此，对视频内容的支持也是移动开发的一个重要部分。

### 7.4.1　AIR 支持的视频格式

在 Android 上，AIR 支持的视频格式和在桌面环境中相同，包括 Adobe FLV 视频格式和以 H.264、HE-AAC 编码的标准 MPEG-4 音视频格式。虽然 AIR 支持这些格式，但只有部分格式的视频能够在移动设备上流畅地播放。因为移动设备的硬件配置比计算机要低很多，而播放视频是一个复杂的任务，需要大量的计算，会消耗很多资源，因此，移动平台对视频格式有更高的要求。

---

**提示**　H.264 是一种高性能的视频编解码技术，最大的优势是具有很高的数据压缩比率。在同等图像质量的条件下，H.264 的压缩比率是 MPEG-2 的 2 倍以上，是 MPEG-4 的 1.5 ～ 2 倍。HE-AAC 是高性能的高级音频编码，是一种由 MPEG-4 标准定义的有损音频压缩格式。

---

在移动平台上，我们往往使用 H.264 编码格式的视频。与 Adobe FLV 格式相比，H.264 编码的数据压缩率更高，从而可以用更少的数据量提供更高质量的视频。另外，很多移动设备为 H.264 这类标准技术提供了硬件加速功能，这无疑会给程序性能带来极大提升。

需要注意的是，在发布针对移动设备的 H.264 编码格式的视频时，建议采用大多数设备均支持的分辨率，以确保可在大多数设备上实现硬件加速，获取更佳的用户体验。手机适用的分辨率如表 7-2 所示。

表 7-2　手机适用的分辨率

| 高宽比 | 推荐分辨率 / 像素 | | |
| --- | --- | --- | --- |
| 4:3 | 640×480 | 512×384 | 480×360 |
| 16:9 | 640×360 | 512×288 | 480×272 |

表 7-3 是针对平板电脑的推荐分辨率。

表 7-3　平板电脑使用的分辨率

| 高宽比 | 推荐分辨率 / 像素 | | | |
| --- | --- | --- | --- | --- |
| 4:3 | 768×576 | 640×480 | 512×384 | 480×360 |
| 16:9 | 1024×576 | 640×360 | 512×288 | 480×272 |

发布视频内容时，要考虑的因素除了分辨率，还包括视频的帧率、比特率（每秒传输的数据量）等参数，读者可以在 Adobe 的开发者站点（http://www.adobe.com/devnet/devices/fpmobile.html），找到更多关于这方面的文档。

可以说，在移动设备上播放视频，视频内容的优化是关键的一个步骤，是提升观看体验的前提。尽管这些内容和开发没有关系，但对开发人员而言同样重要。

## 7.4.2　播放视频实战：VideoPlayer

在 Flash 技术平台中，播放视频主要有两种方式：一种是使用 FMS、Red 5 等流媒体服务器分发内容，客户端负责接收并呈现内容；另一种是基于 HTTP 协议传输视频流，视频源也可以在本地。本节将介绍第二种实现方式。

播放视频的过程可简单描述为以下两步：

步骤 1　使用 NetConnection 连接目标服务器。

步骤 2　连接成功后，创建 NetStream 对象，开始播放某个地址的视频，并绑定到 Video对象，呈现出来。

由于播放视频的实现方式和桌面开发中的完全相同，因此本节不再详细介绍步骤。这里用一个实例程序演示视频播放的流程，如代码清单 7-5 所示。

代码清单 7-5　VideoPlayer 的主程序

```
package
{
  import flash.display.Sprite;
  import flash.events.Event;
```

```
import flash.events.NetStatusEvent;
import flash.media.Video;
import flash.net.NetConnection;
import flash.net.NetStream;
import ui.Button;

[SWF(width="800", height="480")]
public class Main extends AppBase
{
  // 呈现视频的 Video 对象
  private var v:Video;
  //NetStream 流对象
  private var ns:NetStream;
  // 连接服务的 NetConnection 对象
  private var nc:NetConnection;
  // 用一个变量定义视频文件地址
  private var videoURL:String = " test.f4v";
  // 覆盖 init 方法，初始化变量
  override protected function init():void
  {
    // 创建 Video 对象并添加到显示列表
    v = new Video();
    setVideoPosition();
    addChild(v);
    // 创建 NetConnection 对象，添加事件监听
    nc = new NetConnection();
    // 添加状态事件监听
        nc.addEventListener(NetStatusEvent.NET_STATUS, netStatusHandler);
    // 参数为 null，表示播放本地或网络上的文件
    nc.connect(null);
  }

  private function netStatusHandler(e:NetStatusEvent):void
  {
     switch (e.info.code) {
             case "NetConnection.Connect.Success":
  //NetConnection 对象派发的连接成功事件
  // 开始初始化 NetStream 流，准备播放视频
                initNetStream();
                break;
             case "NetStream.Play.StreamNotFound":
                trace("Unable to locate video: " + videoURL);
                break;
         }
  }
  // 播放视频
  private function initNetStream():void
  {
    // 创建 NetStream 对象
    ns = new NetStream(nc);
```

```
        // 将 NetStream 对象的回调对象设为主程序
        ns.client = this;
                ns.addEventListener(NetStatusEvent.NET_STATUS, netStatusHandler);
        // 把视频流绑定到 Video 对象上
                v.attachNetStream(ns);
        // 开始播放指定目录的视频文件
                ns.play(videoURL);
    }

    // 将 Video 对象居中
    private function setVideoPosition():void
    {
      v.x = Math.floor((stage.stageWidth - v.width) / 2);
      v.y = Math.floor((stage.stageHeight - v.height) / 2);
    }

    // 回调函数，在 NetStream 对象获取到视频文件的信息时调用
    public function onMetaData(item:Object):void
    {
      for( var prop in item )
      {
        trace(prop + ":" + item[prop]);
        // 将 Video 尺寸和视频的原始尺寸对齐
        if ( prop == "width" )
        {
          v.width = item[prop];
        }
        else if (prop == "height" )
        {
          v.height = item[prop];
        }
      }
      setVideoPosition();
    }
    // 回调函数，在 NetStream 对象获取到视频文件的 Cuepoint 数据时调用
    public function onCuePoint(item:Object):void
    {
      //
    }
  }
}
```

NetStream 对象的 client 属性用来指定回调函数所在的对象。所谓回调函数，是指 NetStream 对象在播放过程中获取到某一类数据时，会根据数据类型调用该对象中的特定方法，这和事件机制很相似。获取的数据可以是视频详情、文本、图片、Cuepoint（线索点）数据等。每类数据对应不同的方法，常见的方法有两种。

❑ onMetaData：表示获取到视频文件的详细信息，包括视频分辨率（width，height）、帧率（framerate）、总时长（duration）等信息。

❑ onCuePoint：表示到达了视频文件的某个 Cuepoint。Cuepoint 就好像是时间轴上的记号，用来显示与画面对应的字幕或提示信息。

建议在事件开发中定义所有的回调函数，避免出现运行时错误。

发布本例时，一定要将视频文件复制至 bin 文件夹下，包括最后生成的 APK 文件中。打包在 APK 文件的视频文件和主程序 SWF 文件始终在同一级目录中，因此不存在路径问题。

在真机上运行程序的效果如图 7-9 所示。

图 7-9　播放视频的画面

由于视频都是宽屏模式，所以本例将显示模式设置为横屏。

笔者曾就视频播放做过反复测试，总的来说，AIR 在 Android 上的表现还不够好，从性能上看和 Android 系统自带的播放器相比尚有差距。

---

**注意**　读者可能会发现本例的一个最大问题，那就是视频播放过程中，如果程序进入后台运行，视频依然在播放。如何解决这个问题？其实这个问题已经在 4.2.5 节提供了思路，参考该实例的代码，相信读者很快能找到解决方法。

---

## 7.5　本章小结

本章主要介绍了多媒体相关的内容，包括摄像头和麦克风的使用、播放视频的要点等，比较全面地介绍了 AIR 在 Android 上使用多媒体的相关内容。虽然围绕这方面的实例程序并不复杂，但各功能的扩展性都很强，对 AIR 移动开发而言，是很重要的一部分。

# 第 8 章　文件和数据库

不管是在哪个平台上，和文件系统打交道都是本地应用程序不可缺少的功能。数据库则是软件开发中重要的基础技术，熟练掌握这两个项功能，对开发者来说至关重要。因此，本章主要探讨以下两部分的内容：

❑ 文件系统 API 的用法。

❑ 使用本地 SQL 数据库的相关知识。

AIR 提供了对文件系统广泛的访问权限，使用文件系统 API 可以管理设备上的目录和文件，比如创建目录和文件、移动文件、删除文件等。

AIR 内置了 SQL 数据库引擎，提供了创建、操作数据库的 API。本地数据库可用于存储各种类型的数据，比如文本、用户设置等，极大地简化了管理数据的成本。

另外，本章还将重点分析不同平台在文件管理上的差异，以及如何避免文件和数据库带来的性能问题。

## 8.1　文件系统 API

文件系统 API 位于 flash.filesystem 包中，与文件操作相关的类有以下三个。

❑ File：表示对文件的引用。只要持有了文件的引用，才可以进一步对文件进行操作，比如读、写、移动、删除等。

❑ FileStream：文件流对象，用来执行文件读写的操作。

❑ FileMode：辅助类，定义了文件读取时的各种模式，比如只读模式、写模式、追加模式等。

在移动平台上，这些类的用法与桌面平台上没有任何不同。处理文件时，首先是使用 File 类定位文件路径，然后再进行其他操作。不过，和桌面系统相比，移动平台往往有自己的文件管理方式，这些差异导致文件系统 API 中的 StorageVolumeInfo 类和 StorageVolume 类没有用武之地，因为系统没有分区的概念。

本节将详细介绍 Android 系统的文件结构、操作文件的要素以及跨平台开发中的注意事项。

### 8.1.1　Android 文件系统和程序目录结构

大家知道，Android 是基于 Linux 内核的操作系统，它的文件系统也继承了 Linux 的树型结构，即文件从根目录开始，依次向下按文件夹存放。Android 系统本身没有自带的文件浏览器，利用第三方的应用程序 ASTRO <sup>⊖</sup>可以看到文件系统的大致结构，如图 8-1 所示。

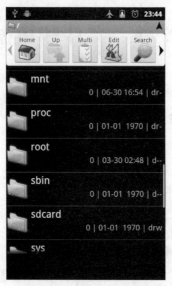

图 8-1　使用 ASTRO 浏览系统的根目录

从图 8-1 可以看到，Android 保持了 Linux 系统的文件结构，同时也增加了自己的内容，下面对一些重点目录做简要说明。

❑ mnt：用于存放外部设备的挂载目录，比如外部存储卡（SD 卡）挂载后对应名为 sdcard 的目录。

❑ system：Android 系统所在目录，包括所有的系统程序。

❑ sdcard：连接到 mnt/sdcard 目录，类似 Windows 系统的快捷方式。

❑ root：超级用户 root 的目录。

❑ data：存放用户数据的目录，用户自己安装的程序默认被存放在其中。

使用工具浏览文件时，我们只能看到系统的文件结构，很多文件夹的内容都无法看到，因为系统对访问权限做了限制，在获取了 Root 权限<sup>⊜</sup>的设备上，借用一些工具能够看到完整的文件结构。

在上面的目录中，sdcard 是后面经常使用的文件夹。虽然 SD 卡也是文件系统中的一个目录，但按照存储设备的类型，它属于外部存储，与文件系统所在的内部存储属于不同的硬件设备。

内部存储设备，一般称为 ROM <sup>⊜</sup>。其空间大小有限，而且绝大部分都被系统占用了，比如 Nexus One 配置的 ROM 有 512MB，但系统及核心程序就占据了大约 300MB 的空间，剩余的可用空间大约 200MB。而外部存储设备往往空间很大，类似桌面系统中的 U 盘，可以随时挂载或卸载。

默认情况下，应用程序都被安装在 ROM 中，且每个应用程序都运行在独立的进程中，互不关联。程序只能操作属于自身的存储空间，无法访问内部存储中的其他内容。程序被卸载后，自身存储空间中的文件会被清空。

由于内部储存和外部存储的特性，在保存数据时，可依照以下原则来选择保存地址：

1）数据量较小，且与程序的运行周期相关联，适合保存在内部存储空间。

比如用户的登录信息，不能被外部程序访问，当程序被卸载后，这些数据也要被清除。

2）数据量大，且存储时间与程序的状态无关，这种情况则适合保存在 SD 卡上。

比如系统的相册、视频等都保存在 SD 卡上。SD 卡好像是一个共享的存储空间，任何程序都可以访问其中的文件。保存在 SD 卡上的文件和程序没有关联，即便程序被卸载，甚至系统恢复到出厂设备，文件也不受影响。

那么在实际开发中，如何区分这两种存储空间？AIR 的文件系统 API 已经解决了这个问题。在 File 类中，定义了若干个静态参数，分别代表了不同的文件目录，如表 8-1 所示。

表 8-1　File 类的文件夹参数的含义

| 参　数　名 | 描　　　　述 |
| --- | --- |
| File.applicationDirectory | 应用程序的安装目录，只读性质，所有和主 SWF 文件一起打包的文件都在这个目录中 |
| File.applicationStorageDirectory | 应用程序的存储目录，是每个应用程序独有的存储目录，适用于存储用户设置项等少量数据 |
| File.desktopDirectory | 用户的桌面目录 |
| File.documentsDirectory | 用户的文档目录 |
| File.userDirectory | 用户目录 |

以上 5 个静态参数是 AIR 提供的统一的文件系统访问接口，在不同的平台上，这些参数指向的路径不同。为了演示静态参数的用法，下面用一个小例子来说明，见代码清单 8-1。

代码清单 8-1　程序 FileSystemEx

```
package
{
    import flash.display.Sprite;
    import flash.events.Event;
    import flash.filesystem.File;
    import flash.text.TextField;
    import flash.text.TextFormat;

    public class Main extends AppBase
    {
```

```
        // 用来显示结构的文本对象
        private var info_txt:TextField;
        // 重写 init 方法
        override protected function init(e:Event = null):void
        {
                // 创建文本对象
                info_txt = new TextField();
                info_txt.width = 720;
                info_txt.height = 420;
                info_txt.x = info_txt.y = 20;
                addChild(info_txt);

                var tf:TextFormat = new TextFormat("Droid", 20, 0x333333);
                info_txt.defaultTextFormat = tf;
                // 打印目录路径
                showFileSystemInfo();
        }
        // 依次打印出 5 个目录的本地路径
        private function showFileSystemInfo():void
        {
                var result:String = "";

                result += "File.applicationDirectory:\n" +
                    File.applicationDirectory.nativePath;
                result += "\n\n";

                result += "File.applicationStorageDirectory:\n" +
                    File.applicationStorageDirectory.nativePath;
                result += "\n\n";

                result += "File.desktopDirectory:\n" + File.desktopDirectory.
                    nativePath;
                result += "\n\n";

                result += "File.documentsDirectory:\n" + File.
                    documentsDirectory.nativePath;
                result += "\n\n";

                result += "File.userDirectory:\n" + File.userDirectory.
                    nativePath;
                result += "\n\n";

                info_txt.text = result;
        }
    }
}
```

程序 FileSystemEx 的功能很简单，只是把 File 类的 5 个静态常量所指向目录的本地路径打印出来。这个例子可以同时在桌面和设备上运行，在桌面运行时，直接在 FlashDevelop

中按 F5 键即可。观察两个系统上的运行结果,可以清楚地看到不同平台下文件路径的差异。
结果如表 8-2 所示。

表 8-2 Windows 和 Android 上文件目录的本地路径

| 平 台 | 目 录 | 具 体 位 置 |
|---|---|---|
| Windows XP | applicationDirectory | E:\AndroidBook\source\ch8\FileSystemEx\bin |
| | applicationStorageDirectory | C:\Documents and Settings\Administrator\Application Data\FileSystemEx\Local Store |
| | desktopDirectory | C:\Documents and Settings\Administrator\ 桌面 |
| | documentsDirectory | D:\My Documents |
| | userDirectory | C:\Documents and Settings\Administrator |
| Android | applicationDirectory | 为空 |
| | applicationStorageDirectory | /data/data/air.FileSystemEx/ FileSystemEx/Local Store |
| | desktopDirectory | /mnt/sdcard |
| | documentsDirectory | /mnt/sdcard |
| | userDirectory | /mnt/sdcard |

在 Windows 系统中,除了 applicationDirectory 是指向程序安装路径外,其他目录都对
应为当前用户的相关文件夹。

在 Android 系统中,applicationDirectory 指向的路径为空,这是因为 apk 程序安装后,
依然是以 APK 文件形式存在。因此无法使用本地路径访问 apk 包内的文件,只能通过 URL
的方式访问。

applicationStorageDirectory 所指向的路径和程序的 ID 号有对应关系,格式如下:

```
/data/data/air.ID/filename/Local Store
```

在应用程序描述文件中可以找到 ID 与 filename 属性的定义。Android 系统的其他三个路
径都指向了 SD 卡,Android 上不存在桌面和用户等概念,所有的用户数据都保存在外部存
储卡上。

---

**注意** 在移动平台(包括 Android、iOS 和 Playbook)上卸载 AIR 程序时,applicationStorage-
Directory 目录(即存放在内部存储中的数据)会被删除,但在桌面系统上却不会。

---

根据实例程序的测试结果,可以看出 File 类设置这些静态属性的意义。在实际开发中,
使用 File 类的统一接口来定位文件,可以很方便地实现对多个平台的支持。

File 类还有两个和文件路径相关的静态方法:createTempDirectory 和 getRootDirectories,
前者用来创建临时文件夹,后者用来获取文件系统根目录,用法和其他目录相似,这里不再
详述。

## 8.1.2 常用的文件操作

本节介绍开发中常用的文件操作，涉及文件的读、写、文件路径转换等使用技巧，文中出现的示例代码都在实例 FileOperationEx 中。

### 1. 访问应用程序目录中的文件

应用程序目录不可写，其中的文件都是在发布程序包时加入的。除了主程序文件和应用程序描述文件，图片、共享库、声音文件等其他类型的文件都可以包括在 APK 文件中，这些文件和主程序在同一级目录中。

可按照以下方式读取程序目录中的文件：

```
var icon_file:File = File.applicationDirectory.resolvePath("icons/icon_72.png");
trace(icon_file.url);
// 输出结果为：app:/icons/icon_72.png
```

File 对象的 resolvePath 方法可根据传入的相对路径参数创建文件对象，不管文件存在与否，都可以用这种方式定位文件。传入的参数可以是文件地址，也可以是文件夹，在 AIR 中所有的文件都用 File 对象来表示。

---

**提示** 如果用 WINRAR、7Zip 等解压缩工具打开 APK 文件查看安装包的文件结构，主 SWF 文件和其他文件都在 assets 目录中。另外，虽然不能对程序目录中的文件执行写操作，但可以把程序目录中的文件复制到其他地方，比如 SD 卡上，那就不会再受限制了。

---

### 2. 操作存储目录中的文件

在 Android 上，当用户清除程序数据或卸载程序时，存储目录的文件会被删除，更新程序或直接覆盖安装不会删除存储目录，因此，一般将临时信息保存在这里，比如用户的配置信息等。事实上，使用 SharedObject 保存的本地共享数据正是存放在存储目录中。

以下代码是一段写文件的例子，实现将用户设置保存为 XML 文件存放在存储目录中：

```
var xml:XML =<setting>                  <user_name>walktree</user_name>
          <blog>http://www.fluidea.cn/blog</blog>
</setting>;

var conf_file:File = File.applicationStorageDirectory.resolvePath("userdata/conf.
xml");
var handler:FileStream = new FileStream();
// 使用 Write 模式时，如果原文件存在就先清空，不存在则自动创建
handler.open(conf_file, FileMode.WRITE);
// 将 XML 对象转换为字符串后保存为文件
handler.writeUTFBytes(xml.toString());
// 关闭文件流
handler.close();
```

在桌面上运行这段代码后，在程序的存储目录中可以看到新创建的 XML 文件，

Windows XP 下的路径如下：

C:\Documents and Settings\ *用户名* \Application Data\\*ID*\Local Store

如果 userdata 目录不存在，程序会自动创建。在真机上运行时，文件则保存在 /data/data/air.*ID/filename*/Local Store 目录中。

读文件的过程和写文件的过程刚好相反，示例代码如下：

```
// 首先判断文件是否存在
if ( conf_file.exists )
{
    var reader:FileStream = new FileStream();
    // 使用只读模式打开文件
    reader.open(conf_file, FileMode.READ);
    // 以字符串形式读取文件内容
    var s:String = reader.readUTFBytes(reader.bytesAvailable);
    // 创建 XML 对象
    var output_xml:XML = new XML(s);
    trace(output_xml);
}
```

FileStream 类和 flash.utils.ByteArray 类实现了相同的二进制流操作接口，因此在用法上相似，在读取文件内容时根据预设的格式读取即可。

在读取文件时，也可以先从 File 对象中获取文件的 URL，然后使用 URLLoader 或 URLStream 来加载文件。File 类的属性 nativePath 和 URL 代表文件路径的不同形式，前者指文件在系统中的路径，后者指 URL 格式的路径。使用 URLLoader 这类加载工具时的资源地址必须是 URL 格式。

---

**小技巧**　在已知本地文件 URL 或 nativePath 的情况下，可以通过 File 类来进行地址转换，比如：

```
var f:File = new File();
f.url = " 文件路径 ";
trace(f.nativePath); // 输出文件的本地路径
```

---

### 3. 操作 SD 卡上的文件

在 SD 卡读写文件的过程与在存储目录中读写文件的过程相同，只需将上面代码中的 applicationStorageDirectory 对象换成 documentsDirectory 即可。在 Android 上，使用 userDirectory 和 desktopDirectory 也是同样的效果，但在其他移动平台上，这三个目录可能不相同，需根据具体情况来选择。

如果要往 SD 卡上写文件，程序必须具有对 SD 卡的写权限，即在应用程序描述文件中要加入相应的许可声明。

```
<android>
    <manifestAdditions>
            <![CDATA[<manifest>
```

```
                        <uses-permission  android:name="android.permission.WRITE_
                    EXTERNAL_STORAGE"/>
             </manifest>]]>
    </manifestAdditions>
</android>
```

如没有声明权限，写文件操作会导致运行时的错误。

### 4. 操作文件夹

File 类可同时操作文件和文件夹，下面是创建文件夹的示例代码：

```
var dir:File = File.documentsDirectory.resolvePath(".walktree");
// 如果文件夹不存在
if ( dir.exists == false )
{
    dir.createDirectory();
}
```

上面的代码表示在 SD 卡上创建了名为 ".walktree" 的文件夹。在 Android 中，以点号开头的文件夹是隐藏文件夹。将程序专用的数据保存在隐藏文件夹中，可以避免用户误操作，也避免了与其他程序的数据冲突。

File 类的 getDirectoryListing 方法提供了一个很实用的功能，即获取文件夹的文件列表，用法如下：

```
// 获取程序目录的文件列表
var files:Array = File.applicationDirectory.getDirectoryListing();
// 循环打印出文件名
for each( var tmp:File in files )
{
    // 输出文件名
    trace(tmp.name);
}
// 运行结果
icons
FileOperationEx.swf
```

从结果可以看出，程序目录的文件结构和 FlashDevelop 项目中 bin 目录的文件结构是相同的。

## 8.1.3　用异步方式操作文件

操作文件时，特别是在执行大批量的文件操作或对大文件进行操作时，必须考虑性能问题。

在前面给出的很多示例代码中，读文件和写文件使用的都是同步方式。由于 AIR 运行时（包括 Flash Player）在执行过程中都是单线程作业，代码按顺序执行，不管文件操作耗费的时间多长，运行时都会等待操作完成才执行下一段代码，从而影响程序的整体运行，导致显示画面不流畅，或界面响应停顿的现象。

为此，文件系统 API 所有涉及文件读写操作的方法都提供了异步方式的版本，File 类支持的异步方法如表 8-3 所示。

表 8-3 File 类支持的异步方法

| 方　　法 | 描　　述 |
| --- | --- |
| copyTo/copyToAsync | 复制文件 |
| deleteDirectory/deleteDirectoryAsync | 删除文件夹，支持连带删除非空文件夹 |
| deleteFile/deleteFileAsync | 删除单个文件 |
| getDirectoryListing/getDirectoryListingAsync | 获取文件夹的文件列表 |
| moveTo/moveToAsync | 移动文件 |
| moveToTrash/moveToTrashAsync | 文件移到回收站 |

FileStream 在打开文件时，也支持异步方式，即用 openAsync。

使用异步方式操作文件时，运行时会在后台执行动作，必须监听相应的事件来处理操作结果。以下这段代码演示了用异步方式获取文件夹的文件列表的做法，如下所示：

```
import flash.events.FileListEvent;
...
...
// 获取 SD 卡的文件列表
var sd_dir:File = File.documentsDirectory;
// 添加 DIRECTORY_LISTING 事件监听
sd_dir.addEventListener(FileListEvent.DIRECTORY_LISTING, onListingComplete);
// 调用异步方法
sd_dir.getDirectoryListingAsync();
...
...
// 处理结果
private function onListingComplete(e:FileListEvent):void
{
    // 从事件对象获取返回的数据
    var files:Array = e.files;
    // 打印文件名
    for each( var tmp:File in files )
    {
            trace(tmp.name);
    }
}
```

上面的这段代码用异步方式列出了 SD 卡上的文件列表，和同步方式相比，多了事件监听和处理的过程。File 类和 FileStream 的异步方法在使用上大同小异，读者可以对照 ActionScript 的 API 找到详细的用法。

使用异步方式虽然避免了文件操作带来的性能问题，但同时也增加了工作量。因为异步操作需要结合事件来处理操作结果，这使得程序的流程变得复杂，所以要根据实际情况进行选择。

## 8.2 SQL 数据库

开发中经常遇到本地存储数据的需求，如果数据的结构简单且数据量不大，使用纯文本文件或者 XML 文件就行了。若数据量较大，且数据结构很有规律，那么数据库就是一个更好的解决方案。比如，我们用 AIR 开发一个日记本或者记账本就比较适合使用数据库。

读者如果具备基本的数据库知识，对掌握本地数据库的使用会很有帮助，不过没有数据库方面的开发经验也没关系，关系型数据库的入门不难，下文也会介绍数据库的基本知识，使新手也能很快上手。当然，数据库涉及很多方面的知识，更是计算机技术领域的重要学科之一，如果想深入了解数据库方面的知识，可以参看一些相关书籍。

### 8.2.1 SQLite 简介

SQLite 是一个轻量级的关系型数据库。

所谓关系型数据库，"是创建在关系模型基础上的数据库，借助于集合代数等数学概念和方法来处理数据库中的数据"（引自维基百科）。简单地说，它是一种表结构的数据集合。很多流行的数据库都是关系型数据库，比如 Access、SQL Server、MySQL、Oracle 等。SQLite 支持 SQL-92 标准的大部分内容，这意味着如果开发者使用过任意一种关系型数据库，就能很快掌握 SQLite 的使用。

---

**提示** SQL（Structured Query Language, 标准化查询语句）是由国际标准组织支持的关系型数据库系统的标准语言，SQL-92 是 1992 年通过的版本。

---

SQLite 还是一个文件型数据库，所有的数据库结构和数据都以文件形式存储，每个数据库对应一个文件，因此 SQLite 数据库和文件操作也有紧密联系。数据库文件可以存放在任意位置，AIR 程序只要能够获取文件路径，即可对数据库进行操作。程序同时可以操作多个库，但库与库之间是独立的，没法建立任何联系。

由于 SQLite 具有轻便、快捷、稳定可靠等特性，因此得到广泛使用，很多编程语言都内置了 SQLite 的引擎，比如 C、PHP、Python、Rails 等。

读者可以登录 SQLite 的官方网站（http://www.sqlite.org/），获取更多关于 SQLite 的详细资料。

AIR 提供了一套完善的 SQL API，核心类位于 flash.data 包中，其中常用的类如下。

❑ flash.data.SQLConnection：创建数据库的连接，并提供控制数据库操作的多个方法。

❑ flash.data.SQLStatement：用来获取 SQL 语句执行后的结果。

❑ flash.data.SQLResult：用来获取 SQL 语句执行结果。

使用数据库时，流程大致如下：首先使用 SQLConnection 创建库连接，然后通过 SQLStatement 执行 SQL 语句，最后从 SQLResult 对象中获取结果。当然，不同类型的查询语句的处理方式也不同，下面就来看看具体的用法。

## 8.2.2 连接数据库

使用数据库，首先是连接数据库。类 SQLConnection 提供了连接库的方法，与文件操作相似，数据库的连接也分为同步和异步两种方式。

使用同步方式连接数据库时，所有针对库的操作都是同步进行的，即每次执行操作数据库的 ActionScript 语句时，都必须在数据库操作完毕后，AIR 运行时才会进行下一步动作。如果数据库的数据量很大，SQL 语句的执行时间长，就会影响其他的执行，造成显示不流畅、界面交互响应不及时等现象。

反之，使用异步方式连接数据库时，所有的操作都在后台运行，AIR 运行时不会等待一条 SQL 语句执行完毕后才执行后面的代码，我们必须给每个操作添加事件监听来处理操作结果。使用异步方式的好处是：即便数据操作很耗时，也不会造成代码的阻塞。但是，使用异步方式会让程序的流程变得复杂，特别是遇到有依赖关系的数据操作时，即后一条 SQL 语句和前一条 SQL 语句有依赖关系，只有前一条执行完毕后才能执行下一条。这种情况下，程序的逻辑会变得复杂而难以维护。同步和异步的连接方式各有利弊，需要根据实际开发需求来选择最合适的方式。

使用同步方式连接数据库的示例代码如下：

```
// 使用 File 对象定义数据库的路径
var db:File = File.applicationStorageDirectory.resolvePath("my.db");
// 创建 SQLConnection，并连接到数据库
var conn:SQLConnection = new SQLConnection();
conn.open(db, SQLMode.CREATE);
```

使用 SQLConnection 对象的 open 方法时，第一个参数是数据库文件对应的 File 对象，第二个参数是库的打开模式。打开模式有以下三种。

❑ SQLMode.CREATE：读写模式，如果数据库文件不存在会自动创建。

❑ SQLMode.READ：只读模式，无法执行写操作，如果数据库不存在则打开失败。

❑ SQLMode.UPDATE：读写模式，但数据库文件不存在时不会自动创建，只抛出打开失败的错误。

创建数据库的过程也是写文件的过程，因此必须确保程序拥有文件写权限，否则代码会引发运行时错误。第一次运行上面的代码时，会在程序的存储目录创建数据库文件 my.db。数据库的文件名和后缀可以任意定，只要符合系统的命名规则即可。

异步连接的做法和同步方式相似，唯一的区别在于必须使用事件监听来确认数据库连接是否成功。示例代码如下：

```
var db:File = File.applicationStorageDirectory.resolvePath("my.db");
```

```
var conn:SQLConnection = new SQLConnection();
// 添加事件监听
conn.addEventListener(SQLEvent.OPEN, onOpenHandler);
conn.addEventListener(SQLErrorEvent.ERROR, onOpenErrorHandler);
// 用 openAsync 而不是 open
conn.openAsync(db, SQLMode.CREATE);
// 连接成功的事件
private function onOpenHandler(e:SQLEvent):void
{
    trace("db opened");
}
// 连接失败
private function onOpenErrorHandler(e:SQLErrorEvent):void
{
    trace("failed to open db");
}
```

一旦选择了连接方式，在运行期间都无法更改，即连接时是同步模式，就无法更改为异步模式，反之亦然。笔者建议在绝大部分情况下都应该选择异步连接方式，从一开始就杜绝数据库可能带来的性能问题，降低后期维护的工作量。

创建数据库文件后，接下来要做的是创建表。表好比是数据的容器，有了表之后，才能写入数据。

## 8.2.3 创建表

创建表时使用 CREATE TABLESQL 语句，示例如下：

```
CREATE TABLE IF NOT EXIXTS log (
    log_id INTEGER  PRIMARY KEY  AUTOINCREMENT  NOT NULL,
    log_date FLOAT  NULL,
    log_content TEXT  NULL
)
```

这条语句的作用是创建一个名为 log 的表，包括以下三条字段：

❑ log_id（主键，是自增的整型数据）

❑ log_date（浮点型字段）

❑ log_content（文本型字段）

其中 log_date 和 log_content 字段允许数据为空。log 表用来存放日记，日期和内容是一条日记最基本的组成部分，id 则是用来区分数据的唯一标识符。

在 CREATE TABLE 后面的"IF NOT EXIXTS"是一个条件表达式，即表不存在时才创建表，加上这个判断后可以避免表重名导致的错误。

程序 SQLConnEx 演示了连接数据库以及建表的过程，使用的连接方式为异步模式，如代码清单 8-2 所示。

代码清单 8-2　程序 SQLConnEx

```
package
{
    import flash.data.SQLConnection;
    import flash.data.SQLMode;
    import flash.data.SQLStatement;
    import flash.display.Sprite;
    import flash.events.Event;
    import flash.events.SQLErrorEvent;
    import flash.events.SQLEvent;
    import flash.filesystem.File;

    public class Main extends AppBase
    {
            // 定义 SQLConnection 对象
        private var conn:SQLConnection;

        override protected function init(e:Event = null):void
        {
                var db:File = File.applicationStorageDirectory.resolvePath("my.db");
                // 异步方式连接数据库
                conn = new SQLConnection();
                conn.addEventListener(SQLEvent.OPEN, onOpenHandler);
                conn.addEventListener(SQLErrorEvent.ERROR, onOpenErrorHandler);

                conn.openAsync(db, SQLMode.CREATE);
        }
        // 连接成功
        private function onOpenHandler(e:SQLEvent):void
        {
                trace("db opened");
                // 开始创建表
                createTable();
        }

        private function onOpenErrorHandler(e:SQLErrorEvent):void
        {
                trace("failed to open db");
        }

        private function createTable():void
        {
                var sql:String = "CREATE TABLE IF NOT EXISTS log ( " + "log_
                    id INTEGER  PRIMARY KEY AUTOINCREMENT NOT NULL," +"log_date
                    FLOAT  NULL," +"log_content TEXT  NULL )";
                // 创建一个新的 SQLStatement 对象来执行语句
                var st:SQLStatement = new SQLStatement();
                // 绑定 SQLConnection
                st.sqlConnection = conn;
```

```
                        // 传入 SQL 语句
                        st.text = sql;
                        // 开始执行
                        st.execute();
                }
        }
}
```

在上面的例子中，创建表的代码不多，只有短短的几行。与执行 SQL 语句的代码相比，SQL 语句更为重要。

使用 SQLStatement 执行 SQL 语句时，需要先和 SQLConnection 对象绑定，然后调用 execute 方法即可。在异步模式下，要获取 SQLStatement 的执行结果，可以添加如下事件监听器：

```
st.addEventListener(SQLEvent.RESULT, onQueryResult);
st.addEventListener(SQLErrorEvent.ERROR, onQueryError);
…
st.execute();

private function onQueryResult(e:SQLEvent):void
{
    trace(" 建表成功 ");
}

private function onQueryError(e:SQLErrorEvent):void
{
    trace("Error:" + e.error);
}
```

不同的查询语句在处理查询结果时的方式都不同，比如 SELECT 语句，用来从数据库查询数据，因此可以从 SQLStatement 获取返回结果；执行 UPDATE 或 DELETE 语句后，可以获得语句执行后影响的数据行数，在下一节对这些用法详细说明。

除了用代码在运行期间创建数据库和表外，其实还可以选择另一种更简便的方式来实现这一功能：使用预先创建的数据库文件。由于 SQLite 是文件型数据库，我们可以先建好所有的表，加入默认的数据，将数据库文件打包在 APK 文件中，然后在程序初始化时直接复制一份数据库文件，这样就建立了一个完整的数据库。这种方式的好处是效率高，特别是当数据库的初始化过程比较复杂时，能减少编写代码的工作量，同时也提高了程序的运行性能，是开发中常用的技巧之一。

另外，为了提高工作效率，在开发和测试时，我们可以使用图形化工具来管理数据库。笔者推荐一款名为 SQLite Administrator 的免费工具，下载地址：http://sqliteadmin.orbmu2k.de/。它支持多语言，软件工具强大且操作简单，对初次接触数据库开发的人来说很有帮助。

## 8.2.4　添加、查询、更新和删除

数据操作一般被归纳为 CRUD，含义如下：

C（Create），添加数据；

R（Retrieve），查询数据；

U（Update）更新数据；

D（Delete），删除数据。

以上 4 种操作几乎涵盖了数据库开发的全部内容。

在介绍 4 种 SQL 语句前，先分享一个小技巧。每次在执行一条 SQL 语句时，一般都要创建新的 SQLStatement 对象，整个流程略显烦琐。为了简化查询过程，笔者利用 SQLStatement 类的特性封装了一个查询接口，代码如下：

```
private function query( sql:String, result:Function = null, fault:Function = null
    ):void
{
    // 创建 SQLStatement，传入参数
    var st:SQLStatement = new SQLStatement();
    st.sqlConnection = conn;
    st.text = sql;
    // 根据后面的两个参数决定执行模式
    if ( result != null && fault != null )
    {
        // 使用第二个参数来处理操作结果
        st.execute( -1, new Responder(result, fault));
    }
    else
    {
        st.execute();
    }
}
```

query 方法定义了 3 个参数，第一个 sql 表示查询语句，后面两个是可选参数，表示监听查询结果的回调函数。

SQLStatement 对象的 execute 方法共有以下两个参数：

```
execute(prefetch:int = -1, responder:Responder = null)
```

第一个用来设置 SELECT 语句一次性返回的行数，默认为 –1，表示全返回；第二个参数指定语句执行成功或失败时要调用的方法。在异步模式下，如果 responder 参数为 null，则执行完成时 SQLStatement 将派发 result 或 error 事件。

编写 query 方法的目的是提供代码的重用度和灵活性，比如 8.2.3 节的实例程序中创建数据表的部分，可以用下面的代码来简化：

```
private function createTable():void
{
```

```
    var sql:String = "CREATE TABLE IF NOT EXISTS log ( " +
                "log_id INTEGER  PRIMARY KEY AUTOINCREMENT NOT NULL," +
                "log_date FLOAT  NULL," +
                "log_content TEXT  NULL )";

    query(sql, onQueryResult, onQueryError);
}

private function onQueryResult(result:SQLResult):void
{
    trace("建表成功");
}

private function onQueryError(error:SQLError):void
{
    trace("Error:" + error);
}
```

与之前的代码相比，修改后的代码无论在结构方面还是可读性方面都有了明显的提高，并且扩展起来也很方便。

准备工作完成后，接下来依次来看这 4 类语句的用法。以下每种语句都围绕上一节建立的 log 表展开。log 表定义了日记的格式，下面要做的是完成写日记、查看日记、删改日记等操作，以下所有代码都在 ch8/CRUDEx 实例程序中。

### 1. 添加数据

添加数据时使用 INSERT 语句，格式如下：

INSERT INTO 表名 （字段 1，字段 2） VALUES （数据 1，数据 2）

使用新建的 query 方法，用短短 3 行代码就可以向 log 表新加入一条数据，代码如下：

```
private function addLog():void
{
    // 获取当前时间戳，转换为秒数保存，方便后期处理
    var timeStamp:Number = new Date().getTime();
    var sql:String = "INSERT INTO log ( log_date, log_content ) values("+ timeStamp
        + ", '今天真热，有木有？ ')";
    query(sql, onInsertResult, onInsertFault);
}
private function onInsertResult(result:SQLResult):void
{
    trace("Insert 结果： ");
    trace(" 插入的数据 ID： " + result.lastInsertRowID);
    trace(" 影响的行数： " + result.rowsAffected);
}

private function onInsertFault(error:SQLError):void
{
```

```
    trace("插入数据失败："+error);
}
```

在构造 SQL 语句时，要注意引号的使用，如果目标字段是字符型，则插入的数据必须用引号。

修改程序 SQLConnEx，将 addLog 方法添加到 createTable 的后面，在程序初始化后即向表插入一条数据。调试程序，输出结果如下：

```
Insert 执行成功
插入的数据 ID：1
影响的行数：1
```

SQLResult 对象包含了成功执行操作的数据，有以下 3 个重要的属性：

❑ lastInsertRowID：最后一次执行 INSERT 语句后生成的唯一标识 ID，对应表中自增字段的值。如果是其他类型的语句，则总为 0。

❑ rowsAffected ：执行该语句影响的数据行数。当数据被更改时这个值才有意义，所以只针对 INSERT、UPDATE 和 DELETE 语句。

❑ data ：执行 SELECT 语句时的查询结果，数组形式的对象，可能有一条或多条数据。如果是其他类型的语句，或结果为空，则为 null。

根据这些属性，可以进一步判断语句的执行状况。

### 2．查询数据

SELECT 语句用来查询数据，下面的代码演示了从 log 表取出所有数据的过程：

```
private function selectLogs():void
{
    // 执行 SELECT 语句，星号表示提取所有的字段
    var sql:String = "SELECT * FROM log";
    query(sql, selectResultHandler, selectErrorHandler);
}

private function selectResultHandler(result:SQLResult):void
{
    if (result != null)
    {
        var numRows:int = result.data.length;
        var d:Date = new Date();
        for (var i:int = 0; i < numRows; i++)
        {
            //data 数组中每个元素都是一个 Object，属性名即字段名
            var row:Object = result.data[i];
            // 使用 setTime 将秒数转换为日期
            d.setTime(row.log_date);
            // 根据字段名取出每条字段的值
            trace("id:", row.log_id, ", date:", d , ", content:",
                row.log_content);
```

```
            }
        }else
        {
                trace("结果为空");
        }
    }

    private function selectErrorHandler(error:SQLError):void
    {
        trace("An error occurredwhile executing the statement.");
    }
```

在执行 SELECT 语句前，如果没有调用 addLog 方法插入数据，会输出"结果为空"的信息。调用 addLog 插入若干条数据后，输出结果如下：

```
id: 1 , date: Sun Jul 10 21:38:51 GMT+0800 2011 , content: 今天真热，有木有？
id: 2 , date: Sun Jul 10 21:39:30 GMT+0800 2011 , content: 今天真热，有木有？
…
```

使用 SELECT 语句时，星号表示提取所有的字段，也可以根据需要设置提取的字段名，比如：

```
// 只提取数据中的 log_id 和 log_content 两个字段
SELECT log_id, log_content FROM log;
```

另外，SELECT 语句支持条件语句，比如要查询 2011 年 7 月 1 日前的日记，查询语句可改为：

```
// 构造 2011 年 7 月 1 日的日期
var d:Date = new Date(2011, 6, 1, 0, 0, 0, 0);
sql = "SELECT * FROM log WHERE log_date > " + d.getTime();
```

这条语句表示，只有数据的 log_date 字段的值大于目标值时才被提取出来。注意，在构造 Date 对象时，第 2 个参数表示月份，取值为 0~11，0 表示 1 月，6 表示 7 月。

SELECT 语句的功能不仅限于单个表的数据提取，还可以进行表的联合查询、数据的统计和综合分组等。在很多应用程序中，SELECT 语句往往是最复杂的，如果读者想了解更多关于 SQL 语句的用法，建议查阅数据库相关的专业书籍。

### 3. 更新数据

更新数据时使用 UPDATE 语句，例子如下：

```
private function updateLog():void
{
    // 将 log_id 为 1 的数据中的 log_content 字段更新为新的内容
    query("UPDATE log SET log_content = '夏天最痛快的事莫过于游泳了' WHERE log_id =
        1");
}
```

上面这条语句将修改 log 表中 log_id 字段值为 1 的数据，如果该数据存在，不管有多少条，所有对应的 log_content 字段会被更新为新的内容。

如果更新的字段有多条，中间用逗号隔开，比如：

```
UPDATE log SET log_date = 1309449600000, log_content = '夏天最痛快的事莫过于游泳了'
WHERE log_id = 1
```

UPDATE 语句执行完毕后，可以检查 SQLResult 对象的 rowsAffected 属性，检测操作影响的数据行数。

### 4. 删除数据

DELETE 语句用来删除数据，格式如下：

```
DELETE FROM 表名称 WHERE 列名称 = 值
```

比如，要删除 log_id 为 2 的数据，代码如下：

```
private function deleteLog():void
{
    query("DELETE FROM log WHERE log_id = 2");
}
```

DELETE 语句的 WHERE 条件子语句是可选的，如果省略，则表示删除表中所有数据，比如：

```
query("DELETE FROM log");
```

执行这行代码意味着 log 表中所有的数据被删除，不过表的结果、字段属性以及自增字段的索引等都保持不变。不管怎么样，数据的删除是很重大的操作，使用时需要格外注意。

和 UPDATE 语句一样，执行完毕后，可以检查 SQLResult 对象的 rowsAffected 属性，检测 DELETE 操作影响的数据行数。

介绍了 4 种操作后，将这些操作全部添加到 onOpenHandler 中，即在成功连接数据库后就一次执行操作，如下：

```
private function onOpenHandler(e:SQLEvent):void
{
    trace("db opened");

    createTable();

    addLog();

    selectLogs();

    updateLog();

    deleteLog();
}
```

观察语句的执行顺序会发现，查询语句都是在后台运行的，且后一条语句在前一条语句执行完毕后才执行，和方法的执行在时间上不同步。

---

**注意** 在异步模式下，SQLConnection 对象同一时间只执行一个 SQLStatement 对象，它内部有一个队列，4 种操作按照每个 SQLStatement 对象在队列中的位置依次执行。

---

## 8.2.5 数据库实战：使用查询参数重用 SQLStatement 对象

在前面的章节中，每次执行查询时，都要创建一个新的 SQLStatement 对象来执行 SQL 语句。事实上，程序中的 SQL 语句大部分都是重复的，所使用的格式相同，只是其中的参数不同。比如，向 log 表添加一条数据时，总是 log_date 与 log_content 两条字段。在这种情况下，SQL 语句可以提炼出来，成为一条固定的命令，而将其中变化的部分当做参数来使用，这就是查询参数所针对的场景。

使用查询参数时，在 SQL 语句中定义了若干个参数，每个参数都是一个唯一标识。在实际执行时，这个参数会被替换成实际的值，从而完成了参数与实际值之间的转换。使用查询参数后，不用每次都更改 SQLStatement 对象的 text 属性，避免反复编译 SQL 语句的工作，提高了代码的执行效率，实现了 SQLStatement 对象的重用。

参数值是通过 SQLStatement 对象的 parameters 对象传入的，设置值的例子如下：

```
sqlStatement.parameters[parameter_name] = value;
```

其中，parameter_name 对应 SQL 语句中的参数名，value 是实际执行时的参数值。查询参数以 "：" 或 "@" 开头。比如，添加日记的 SQL 语句定义如下：

```
INSERT INTO log ( log_date, log_content ) values ( :date , :content );
```

执行该语句时，传入 ":date" 和 ":content" 两个参数值即可。

为了实现代码的重用，本节封装了一个 SQLQuery 类，将 SQLStatement 相关功能都独立出来，形成一个可以反复使用的类，如代码清单 8-3 所示。

代码清单 8-3 SQLQuery 类

```
package
{
    import flash.data.SQLConnection;
    import flash.data.SQLStatement;
    import flash.errors.SQLError;
    import flash.events.SQLErrorEvent;
    import flash.events.SQLEvent;

    public class SQLQuery
    {
        //SQLStatement 对象
        private var st:SQLStatement;
```

```
// 两个回调函数
private var _resultFunc:Function;
private var _faultFunc:Function;

public function SQLQuery(sqlConn:SQLConnection,sql:String)
{
        st = new SQLStatement();
        st.sqlConnection = sqlConn;
        //text 属性一旦确定就不再更改
        st.text = sql;
        // 添加事件监听
        st.addEventListener(SQLEvent.RESULT, onResult);
        st.addEventListener(SQLErrorEvent.ERROR, onError);
}

/**
 * *
 * @param       paras              执行 SQL 语句的参数
 * @param       resultCallback 执行成功的回调函数
 * @param       faultCallBack  执行失败的回调函数
 */
public function execute(paras:Object = null,
    resultCallback:Function = null, faultCallBack:Function = null):void
{
        _resultFunc = resultCallback;
        _faultFunc = faultCallBack;
        // 如果有参数
        if ( paras != null )
        {
                for (var prop:String in paras )
                {
                        st.parameters[prop] = paras[prop];
                }
        }
        st.execute();
}
// 执行成功
private function onResult(e:SQLEvent):void
{
        // 是否有回调函数
        if (_resultFunc != null )
        {
                _resultFunc(st.getResult());
        }

}
// 执行失败
private function onError(e:SQLErrorEvent):void
{
        if ( _faultFunc != null )
        {
```

```
                                    _faultFunc(e.error);
                            }
                    }
            }
    }
```

SQLQuery 类的 execute 方法为查询参数提供了输入接口，每次要执行语句时，按照预先设定的格式传入参数即可。由于查询参数和回调函数都可能为空，所以函数的参数全部是可选的。

结合 SQLQuery 类，我们来更新上一节中的 INSERT 语句，换为下面的代码：

```
// 将 insert_query 定义为全局变量
private var insert_query:SQLQuery;
// 将 INSERT 语句定义为常量，注意其中的参数名
private const INSERT_LOG:String = "INSERT INTO log ( log_date, log_content )
    values ( :date , :content )";


private function onOpenHandler(e:SQLEvent):void
{
    trace("db opened");
    // 创建 SQLQuery 对象
    insert_query = new SQLQuery(conn, INSERT_LOG);
    ……
    ……

}

private function addLog():void
{
    // 新做法
    var paras:Object = new Object();
    paras[":date"] = timeStamp;
    paras[":content"] = " 今天天气真热啊 ";
    insert_query.execute(paras, onInsertResult, onInsertFault);
}
```

使用 SQLQuery 后，虽然代码量略有增加，但性能更高。因为执行 SQL 语句时，最耗时的部分在初始化 SQL 语句阶段，与每次创建 SQLStatement 实例相比，重复使用的 SQLStatement 实例只初始化一次，节省了资源。另外，使用查询参数可以指定数据类型，比如上面代码中的 date 是数字型，content 是字符型，AIR 运行时无须根据 SQL 语句即可检测出数据类型，更高效。

查询还有一个重要的功能，那就是提高了数据查询的安全性，避免了 SQL 注入攻击（SQL Injection）。SQL 注入攻击是一种常见的恶意攻击，由于执行 SQL 语句查询时不对外部输入的数据进行过滤，以致出现非法操作。比如在执行下面的语句时：

```
"DELETE FROM log WHERE log_id="+id;
```

这里假设 id 是用户在界面上的输入框输入的数字，如果没有对 id 进行验证，用户可能输入一串恶意字符，比如"8 or 1>0"，那么查询语句就会变为：

```
"DELETE FROM log WHERE log_id= 8 or 1>0";
```

这意味着 WHERE 子条件始终为 true，执行语句的结果是删除 log 表中所有的数据。从这个小例子可以看到 SQL 注入攻击的危害。所以，对用户输入的数据进行验证是非常必要的，而使用查询参数可以避免这些问题。

## 8.3　本章小结

本章详细介绍了 AIR 两块重要的功能：文件和数据库。操作文件时，首先要注意不同平台间文件系统的差异；其次要掌握 AIR 特有的文件操作方式，比如文件和文件夹的区分，异步操作和同步操作的应用场景等。本地数据库是 AIR 支持中大型应用程序开发的基础，SQLite 虽然是一个轻量级的数据库，但"麻雀虽小，五脏俱全"。本章介绍了常见的数据库操作，包括创建库、建表、增删、查询数据等，希望本章的介绍能够起到抛砖引玉的作用。

# 第9章 网络通信

移动应用程序与互联网的关系日益密切，网络通信也成为移动开发的重要部分。

AIR 支持多种网络通信方式，借助内置的 API，可以轻易实现和 Web 服务器、Socket 服务器以及流媒体服务器通信的功能。本章将详细介绍网络通信中比较新颖的部分功能，辅以实例展示网络通信 API 的强大之处。

另外，在开发网络应用时，AIR 的安全机制是一个绕不开的话题，本章也将对 AIR 的安全机制做简单说明。

## 9.1 网络通信知识简介

网络通信指程序与服务器端或外部程序进行通信，比如从服务器端加载 XML 文件、读取站点 RSS 数据、加载外部资源、与流媒体服务器对话等。不同的通信方式在 API 的用法以及安全限制方面有很大差异，本节将简要介绍 AIR 的网络通信 API 和安全机制，让读者对 AIR 网络通信编程有一个初步的了解。

### 9.1.1 网络通信 API

网络通信相关的类位于 flash.net 包中，表 9-1 列出了其中的核心类，并对类的功能和用法作了简要说明。

表 9-1 常用的网络通信 API

| 类　　名 | 用　　途 | 通 信 协 议 | 支持 Android 平台 |
|---|---|---|---|
| DatagramSocket | 创建基于 UDP 的套接字连接 | UDP ⊖ | 否 |
| XMLSocket | 创建以 XML 格式通信的套接字连接 | TCP ⊖ | 是 |
| LocalConnection | 用于应用程序之间的通信 | | 否 |
| NetConnection | 创建客户端和服务器的双向连接 | HTTP/RTMP ◉ /RTMFP | 是 |

---

⊖ UDP（User Datagram Protocol，用户数据包协议）是简单的面向数据包的传输层协议，不确保数据包的传输和状态，不会重新传输丢失的数据包，一般用在对数据传输可靠性不高的应用中，比如 IP 电话、流媒体服务等。

⊖ TCP（Transmission Control Protocol，传输控制协议）是面向连接的、可靠的、基于字节流的运输层协议，和 UDP 相比，它更能确保数据包的正确传输。

◉ RTMP（Real Time Messaging Protocol，实时信息传输协议）是 Adobe 公司专门用于 Flash 平台的音频、视频以及数据的传输协议，现已开源。相关的协议还有 RTMFP（Real Time Media Flow Protocol，实时多媒体流传输协议）。相关的服务器软件有 Adobe 的 Flash Media Server 系列、开源的 Red 5 等。

（续）

| 类　名 | 用　途 | 通信协议 | 支持 Android 平台 |
|---|---|---|---|
| NetStream | 用来发送或接收流媒体数据 | RTMP | 是 |
| URLLoader | 用来加载或发送数据 | HTTP/HTTPS | 是 |
| URLStream | 用来加载或发送二进制数据 | HTTP/HTTPS | 是 |
| Socket | 建立与服务器端的套接字连接 | TCP | 是 |
| SecureSocket | 建立与服务器端的安全套接字连接 | SSL⊖/TLS | 否 |
| ServerSocket | 创建套接字服务器 | TCP | 否 |

可以看到，AIR 支持的网络通信方式很多，针对不同的服务器都提供了解决方案。根据通信方式的类型，AIR 支持的网络通信可分为以下 4 类。

（1）与远程 URL 通信

相关的类有 URLLoader 和 URLStream。

即从远程 URL 加载数据或向远程 URL 发送数据。这种方式的优点是使用简单，服务器端没有任何限制，可以采用任意一种语言来部署，比如 ASP.NET、PHP、JSP、Python，甚至是文本文件；缺点就是传输速度慢，不适合处理大量数据。

另一种常用的 WebService 通信方式也是 HTTP/HTTPS 通信的一种，因为 WebService 采用的 SOAP⊖协议是建立在 HTTP 协议之上的，区别在于 WebService 使用 XML 作为数据传输格式，而常规的 HTTP 通信对数据格式没有限制。

与远程 URL 的通信是 Flash 平台上最常见的数据通信方式，本书 5.3.1 节和 5.3.2 节中就有这样的例子，这里不赘述。

（2）与流媒体服务器通信

核心类有 NetConnection 和 NetStream。

所谓流媒体服务器，是指支持传输视频、音频和数据等实时数据的服务器端软件。

目前，AIR 与 Flash Player 支持两种实时数据传输协议：RTMP 和 RTMFP。RTMP 协议具有悠久的历史，在 AIR 诞生前就已经出现，与之对应的服务器软件有 Adobe 公司的 FMS 系列产品、开源的基于 Java 技术的 Red 5 和 Flazr 等。Adobe 已经开放 RTMP 协议，很多技术平台上都有开源的 RTMP 服务器。RTMFP 协议是 AIR 1.5 和 Flash Player 10 之后加入的协议，它的最大特色是支持客户端之间的直接对话，也就是常说的 P2P 功能。和 RTMP 相比，RTMFP 协议允许数据在客户端直接传输，不需要通过服务器进行中转，从而降低了数据延迟，减少了服务器的负担。RTMFP 协议比较适合用于网络通信数据量比较大、通信即时性要求比较强的应用，例如音视频即时通信工具、多人网络游戏等。

---

⊖ SSL（Secure Socket Layer，安全套接层）和 TLS（Transport Layer Security，传输层安全）都是为网络通信提供安全及数据完整性的安全协议。

⊖ SOAP（Simple Object Access Protocol，简单对象访问协议）是一种轻量的、简单的、基于 XML 的协议，用来在 Web 上交换 XML 结构的信息。

和 RTMP 相比，RTMFP 协议比较新鲜，可能很多开发者还没有接触过，因此，笔者特地安排了一节内容（见 9.4 节）详细介绍相关知识。

（3）与 Socket 服务器通信

相关的类有 DatagramSocket、Socket、SecureSocket、XMLSocket 和 ServerSocket。

Socket 通常称为套接字，是面向 C/S（Client/Server）模型设计的数据交互方式。按照 Socket 通信协议，服务器和客户端分别建立一个套接字作为通信的节点，双方都可以通过节点发送和接收数据。Socket 使用 TCP/IP 协议，和其他基于 TCP/IP 的协议如 HTTP、FTP 等不同，它是一种更底层的通信方式。事实上，所有基于 TCP/IP 协议的通信协议，都是在 TCP 协议上进行的更高层次的封装，基于这些协议开放的服务器，都可以看做是 Socket 服务器（比如 Web 服务器），只不过这些服务器针对具体应用具备一些独特的功能，和常规的 Socket 服务器有所不同。

ActionScript 3.0 从诞生之日起就支持 Socket 编程，之后 AIR 又不断引入新的功能，2.0 版本后新增了支持 UDP 协议的 DatagramSocket、支持安全套接字的 SecureSocket 和创建 Socket 服务器的 ServerSocket，使得套接字功能日益强大。

Flash 技术平台引入 Socket 编程接口具有很大的意义。一方面，由于套接字支持长久连接，且实时性强，这使得 Flash 开发多人在线游戏的技术进一步成熟；另一方面，用 Flash 技术开发客户端软件也成为可能，对于企业级开发者来说是个福音。

对于移动开发来说，Socket 编程同样重要，9.3 节会专门介绍这方面的内容。

（4）Remoting 数据交互

主要使用 NetConnection 类。

Remoting 是 Flash 平台特有的数据交互方式，使用 AMF 协议来传输数据。AMF（Action Message Format）是 Adobe 为 Flash 平台开发的一个通信协议，用来实现客户端与 Web 服务器端程序的数据交互。

AMF 协议基于 HTTP 协议，可直接将 Flash 内置的数据类型，例如 Object、ByteArray、Array、Date、XML 等用在数据交互过程中，服务器端可以自动解析数据，减轻了转换数据格式的工作。另外，AMF 采用二进制编码，可高度压缩数据，降低传输量，提高传输性能，因此非常适合传递大量数据。另外，LocalConnection 和 RTMP 流媒体等也支持 AMF 协议。

目前，主流的 Web 开发环境都有相应的 Remoting 服务器端程序，比如 Adobe 推出的开源项目 BlazeDS、基于 PHP 技术的 AMFPHP、基于 Java 技术的 OpenAMF 等。

总体上看，AIR 支持的网络通信方式已经足以满足绝大部分开发需求。事实上，每一种通信方式所包括的内容都非常丰富，远非一章能够讲清楚的。出于篇幅和重要性考虑，后面对 Socket 通信和 P2P 编程两部分进行详细介绍。

除了上面提到的 API 之外，还有一些类也具备网络通信的功能，比如 flash.display. Loader、flash.net. FileReference 等，这些类只是在用法上稍有不同，但通信方式并没有不同，如有需要，还请读者参考 AIR 的文档。

## 9.1.2 AIR 的安全机制

AIR 运行时的安全模型是由 Flash Player 的安全模型发展而来的。与 Flash Player 的安全机制相比，AIR 的安全机制要开放得多，为开发者提供了更自由、更广泛的权限。

与其他本机程序一样，AIR 程序具备对操作系统广泛的访问权限，比如读写文件、启动外部程序等。所以，适用于本地程序的安全限制也同样适用于 AIR 程序，例如运行 AIR 程序的用户不具备的权限，AIR 程序也受到限制。这点不难理解，本节要重点介绍的是 AIR 运行时的安全机制。

一些 Flash 开发者在初次遇到安全机制的问题时，往往一头雾水，不明白安全机制的作用，导致无法正确掌握安全机制的用法。因此，有必要先弄清楚一个问题：安全机制存在的意义是什么？

顾名思义，安全机制的作用自然是为了确保程序的安全。出于对用户系统安全的考虑，任何一个有可能带来安全隐患的操作都会受到限制，这就是安全机制存在的意义。比如 AIR 程序尝试从远程 URL 加载一个 SWF 文件，如果该 SWF 文件含有恶意代码，直接执行该文件很可能给系统带来灾难性的后果，因此设置该 SWF 文件中代码的权限就变得格外重要了。

### 1. 沙箱

如果读者开发过与网络通信相关的程序，一定遇到过"沙箱"这个名词。沙箱是一个逻辑概念，用来控制文件的权限。Flash Player 和 AIR 运行时会根据每个文件的来源将其分配到对应的沙箱中，不同的沙箱具备不同的权限，表 9-2 列出了所有的沙箱类型。

表 9-2 沙箱类型及说明

| 沙 箱 名 | 描 述 |
|---|---|
| APPLICATION | 应用程序沙箱。文件位于应用程序目录中，具备 AIR 程序的所有权限 |
| REMOTE | 远程沙箱。文件来自远程 URL，不可与本地文件系统交互 |
| LOCAL_WITH_FILE | 本地非信任沙箱。文件在本地，可以从本地数据源读取数据，但不能与 Internet 进行通信 |
| LOCAL_WITH_NETWORK | 本地非信任沙箱。此沙箱仅可用于 SWF 文件，文件在本地，可与 Internet 通信，但不能从本地数据源读取数据 |
| LOCAL_TRUSTED | 本地受信任沙箱。文件在本地，且用户已经使用 Flash Player 的"设置管理器"或配置文件将其设置为受信任的文件 |

在表 9-2 中列出的沙箱中，应用程序沙箱是 AIR 程序专用的沙箱，其他 4 种沙箱与 Flash Player 中的运行模式相同。在 AIR 程序中，所有位于应用程序目录中的文件都被分配到应用程序沙箱中，文件具有完全的访问权限，例如操作本地文件系统、使用 AIR 运行时的 API 等。

位于应用程序沙箱中的文件可以加载外部源的任意文件，不管是本地文件系统中的文件还是来自远程 URL 的文件，都不会因为"跨域访问"引发安全问题，不过来自非应用程序目录的文件不具备访问 AIR 运行时 API 的权限。来自远程 URL 的文件会被分配到远程沙箱中，来自应用程序目录外的文件会被分配到本地沙箱，根据文件的位置和 Flash Player 的本地安全设置来决定具体的沙箱类型。

简单地说，如果 AIR 程序不加载外部源的文件，就不会遇到任何安全问题。当加载外部文件，特别是 SWF 文件，安全机制将进行严格的限制。

### 2. 应用程序域

应用程序域（Application Domain）是针对 SWF 文件的一套安全机制，是存放一组类定义的空间。每个 SWF 文件都有自己的应用程序域，SWF 文件中的所有代码都位于应用程序域中。系统域包含了所有应用程序域，包括 Flash Player 的系统 API、主程序和应用程序沙箱中的 SWF 文件都可以在当前域中运行。

在使用 Loader 类加载应用程序目录外的 SWF 文件时，需要格外注意应用程序域。因为加载的 SWF 文件位于不同的沙箱和应用程序中，即便该 SWF 文件中存在与主程序中完全一样的类定义，两者也被视为不同的类。要让主程序和被加载的 SWF 文件实现类共享，可以使用一种名为 "AIR 沙箱桥" <sup>⊖</sup>的技术。

由于 AIR 程序具备了本地程序的强大功能，一旦有安全漏洞，就可能给程序以及系统造成破坏性影响，因此在开发时要格外小心。

## 9.2 检测网络状态

检测网络状态，即检测设备上网络是否可用。如果应用程序频繁使用网络通信，比如在微博客户端中需要不间断地检查是否有新的数据，当网络状态发生变化时，程序可以及时根据网络状态做调整，在界面上显示提示信息，并停止或重新启动网络请求。这样不仅提高了程序的用户体验，也降低了因网络异常导致程序出错的可能性。

下面介绍两种检测网络状态的方法。

### 1. 检测设备是否有可用的网络接口

网络接口可以理解为联网的方式，移动设备支持多种联网方式，比如通过 WI-FI 连接到局域网、通过 GPRS 联网、使用 3G 网络等。如果设备没有可用的网络接口，即可确定网络不可用；如果设备有可用的网络接口且有一个接口处于工作状态，那么网络很有可能是可用的。

位于 flash.net 包中的 NetworkInfo 类提供了设备上网络接口的信息，每当网络接口信息发生变化时，就会派发 Event.NETWORK_CHANG 事件。利用 NetworkInfo 类来检测网络状态的示例代码如代码清单 9-1 所示。

---

⊖ 参见官方文档 http://help.adobe.com/zh_CN/AIR/1.5/devappshtml/WS5b3ccc516d4fbf351e63e3d118666ade46-7e5c.html。

代码清单 9-1　检测网络状态

```
NetworkInfo.networkInfo.addEventListener(Event.NETWORK_CHANGE, onNetWorkChanged);
// 强行让程序启动时开始检测网络接口状态
onNetWorkChanged();

private function onNetWorkChanged(e:Event=null):void
{
 var isActived:Boolean = false;
 // 使用 findInterfaces 方法获取所有的网络接口
 var interfaces:Vector.<NetworkInterface> = NetworkInfo.networkInfo.findInterfaces();

 var netInterface:NetworkInterface;
 for ( var i:int = 0, len:int = interfaces.length; i < len; i++)
 {
  netInterface = interfaces[i];
  //netInterface 对象的 active 为 true，表示该接口处于工作状态
  // 且存在网络地址信息，则可判定是联网状态
  if ( netInterface.active && netInterface.addresses.length > 0 ) {
   isActived = true;
   break;
  }
 }
 if( isActived )
    {
  // 网络可用
 }
}
```

　　NetworkInfo 类无法实例化，只能通过其静态属性 networkInfo 来访问。借助 networkInfo 类的 findInterfaces 方法，可获取到设备的所有网络接口信息。findInterfaces 方法返回的数据是一个 Vector 类型的对象，每个元素都是 NetworkInterface 对象，对应一个网络接口。遍历这个数组，一旦检测到某个 NetworkInterface 对象的 active 属性为 true，且 addresses 属性存在，则该接口处于工作状态，从而确认网络很有可能是可用的。NetworkInterface 对象的 addresses 属性也是 Vector 类型数据，表示接口对应的网络地址，包含 IP 信息，是判断接口可用的辅助信息。NetworkInterface 对象还包含了其他属性，比如 hardwareAddress（也就是常说的 MAC 地址）、displayName（网络接口名称）等。

　　之所以说"很有可能"，是因为即便当前存在激活的网络接口，但无法确认所连接的网络一定是可用的。比如使用 WI-FI 成功连接到某个无线网络，但无线网络本身出故障了，尽管连接状态正常，但网络却不可用。因此，这种方式无法精确地判断网络的可用性，但对于绝大部分应用来说还是可以接受的，毕竟网络异常的情况比较少见。

　　另外，访问网络接口时，程序必须开启相关权限。在应用程序描述文件中加入以下权限声明：

```
<uses-permission android:name="android.permission.INTERNET"/>
<uses-permission android:name="android.permission.ACCESS_NETWORK_STATE"/>
<uses-permission android:name="android.permission.ACCESS_WIFI_STATE"/>
```

**提示** NetworkInfo 类还有其他用法，比如根据 NetWordInterface 的 displayName 和 name 属性，可以获知网络的连接方式是通过 WI-FI 还是 3G。

### 2. 通过周期性发送网络请求判断网络状态

即不间断地向某个服务器地址发送网络请求，根据结果来判断网络状态。与前一种方式相比，这种方式更直接，能够精确判断网络的可用性。

AIR SDK 已经提供了相关的类实现了这个功能，位于 air.net 包中的 URLMonitor 正是用来监视 HTTP 或 HTTPS 服务可用性的工具类。air.net 包位于 AIR 运行时提供的 SWC 库中，使用 Flex SDK 时会自动包含进来。

使用 URLMonitor 类时，需要指定一个用于检测的目标网址，并设定检测的时间，然后监听检测结果的状态事件，如代码清单 9-2 所示。

**代码清单 9-2 使用 URLMonitor 类**

```
// 设置检测目标网址
var urlRequest:URLRequest = new URLRequest("http://www.fluidea.cn");
// 创建 URLMonitor 实例并监听状态事件
var monitor:URLMonitor = new URLMonitor(urlRequest);
monitor.addEventListener(StatusEvent.STATUS, onStatusHandler);
// 设置间隔时间为 10 秒
monitor.pollInterval = 1000 * 5;
monitor.start();

private function onStatusHandler(e:StatusEvent):void
{
 if ( e.level == "status" )
 {
  // 查看 URLMonitor 的 available 属性
  trace((e.target as URLMonitor).available);
 }
}
```

URLMonitor 对象的 pollInterval 属性表示检测的间隔时间，默认为 0，单位为毫秒，表示只检测一次。设置了间隔时间后，URLMonitor 对象将定期发送 HTTP 请求，当发现检测结果发生变化后，即抛出 StatusEvent 事件。访问 URLMonitor 对象的 available 属性，可以获知结果。

**提示** 使用这种方式时，建议选择稳定的网站作为检测目标，否则有可能出现偏差。

总的来说，两种检测方式都有很强的实用性，读者还需根据需要来选择。

## 9.3　Socket 实战：开发即时聊天工具

在 Android 平台上，目前 Socket API 中仅 Socket 类和 XMLSocket 可用。XMLSocket 要求传输的数据必须是 XML 格式，在使用上有一定限制，相比之下 Socket 类更具使用价值。本节就围绕 Socket 类来展开。

Socket 类支持直接传输二进制数据，从而可以连接到各种各样的服务器，典型的应用是目前流行的大型 Flash 网页游戏，有了 Socket 的支持，在线 Flash 游戏逐渐向传统的客户端游戏靠拢。不管是网页游戏，还是其他 Socket 应用，即时通信都是程序中的基础模块。因此，本节以一套即时聊天工具作为实例，介绍 AIR Socket 编程的详细用法。

### 9.3.1　Socket 通信流程

开始 Socket 编程前，首先要了解 Socket 通信的工作流程。大家知道，Socket 协议基于 C/S 模型，在通信体系中，Socket 服务器是一个不可缺少的部分，它负责处理和客户端的通信，通信模型如图 9-1 所示。

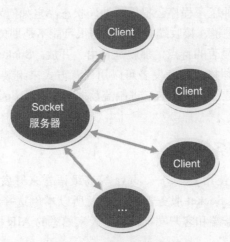

图 9-1　Socket 通信模型

Socket 服务器必须保证一直处于运行状态，通过监听服务器上的特定端口来检测客户端的连接。当检测到客户端的连接请求时，服务器端会为客户端建立一个新的通信节点，这样双方就形成了对话通道。在对话过程中，双方都可以向通信节点写入数据，从节点读取数据。Socket 服务器可以同时接收多个客户端的连接请求，与多个客户端保持通话。

除此之外，Socket 通信还有以下 3 个重要的特性。

1）**连接的持久性**。

一旦客户端与 Socket Server 建立连接，除非任何一方中断对话，否则连接将一直维持下去，也就是常说的"长连接"。长连接是 Socket 通信的一个典型特点，也是与 HTTP 通信的区别所在。HTTP 通信同样基于 C/S 模式，但使用的是短连接的方式。例如执行向远程 URL

加载 XML 文件这个动作时，客户端与 Web 服务器会建立连接，当文件接收完毕后，连接就会关闭。

长连接的好处是客户端可以随时向服务器发送数据，不需要每次都进行连接请求。

**2）客户端只能与服务器端进行双向通信，客户端之间不能通信。**

正如前面所说，Socket 通信是基于 C/S 模式运行的，客户端只能够向服务器端发送数据，从服务器端读取数据，无法获知其他客户端的信息。不过，可以利用 Socket 服务器作为中转站，实现客户端之间的间接对话，例如，服务器端收到 Client A 发送过来的信息，经检测后发现信息的接收对象是 Client B，随后服务器端将信息写入 Client B 的 Socket 节点中，从而实现了 A 与 B 的通话。

**3）异步通信。**

和 Flash 平台中所有的网络交互方式一样，Socket 通信也采用异步模式。在 Socket 通信中，不仅使用异步模式接收数据，连数据的发送过程也是异步的。

对于异步接收数据，这一点大家并不陌生，比如向远程 URL 发送请求，请求的结果是异步的，这不难理解。在 Socket 通信中，当向节点写入一串数据时，数据并不会马上被发送，而是先写到本地的缓冲区，程序会根据缓冲区状态决定如何发送数据，发送时并不会保留数据的原始构造，也就是说，接收端收到的数据很可能不是期望的格式，需要重新组装。

Socket 编程还有一个显著的特点，那就是自由、开放。Socket 通信采用二进制格式传输数据，但不限制数据的具体格式，开发者可以用任意方式来组装数据，定义自己的数据包，数据可以是文本，也可以是任意文件的二进制流数据，这也是 Socket 通信得以广泛应用的原因之一。

## 9.3.2 在桌面建立服务器

一般来说，开发人员使用 C、C++、Java 等高级语言来开发 Socket 服务器端程序，不过现在 AIR 已经具备建立 Socket 服务器的功能，所以本例选择用 AIR 桌面端程序来建立 Socket 服务器。由于服务器端和客户端都使用了大家熟悉的 AIR 技术，有利于更全面地理解 Socket 编程。

位于 flash.net 包中的 ServerSocket 类用来创建 Socket 服务器，不过该类目前还不支持 Android 平台，只能在桌面系统上使用。

使用 ServerSocket 类建立服务器时，整个步骤并不复杂，大致按照以下两步进行。

**步骤 1** 创建 ServerSocket 对象，并绑定到指定的地址和端口，开始监听客户端请求。

```
var server:ServerSocket = new ServerSocket();
try
{
  server.bind(端口号, IP地址);
  server.listen();

}catch (e:Error)
```

```
{
  trace("无法绑定到执行的地址和端口，请检查端口是否被占用。");
};
```

ServerSocket 对象的 bind 方法用来将服务绑定到指定的端口和 IP 地址。端口号在 1024 以下的通常被系统和一些常见的服务程序占用，受到系统保护，因此这里要选择 1024 以上的端口号。IP 地址这个参数可选，如果不设置，则默认绑定本机所有的可用 IPv4 [⊖] 地址。

在上面的示例代码中，之所以使用 try…catch 的方式，是因为执行 bind 方法和 listen 方法时很有可能会抛出异常。当遇到目标端口被占用、IP 地址不可用等情况时，Socket 服务器运行出错，因此加上异常处理，避免程序出错。

**步骤 2** 监听客户端的连接请求，接收和发送数据。

```
var server:ServerSocket = new ServerSocket();
server.addEventListener(ServerSocketConnectEvent.CONNECT,onClientConnected);
// 处理连接请求事件
private function onClientConnected(e:ServerSocketConnectEvent):void
{
  // 运行时自动为新的连接创建 Socket 实例
  var socket:Socket = e.socket;

  // 打印客户端的 IP 地址
  log("连接来自 " + socket.remoteAddress + ":" + socket.remotePort);
}
```

当运行时监听到客户端的连接请求时，会抛出 ServerSocketConnectEvent.CONNECT 事件，同时为新的连接创建 Socket 对象。通过 Socket 对象就可以持有对该客户端的对话通道，从中接收数据或写数据。

接收客户端数据代码如下：

```
// 监听 SOCKET_DATA 事件，获取从客户端的数据
socket.addEventListener(ProgressEvent.SOCKET_DATA, onClientSocketData);
private function onClientSocketData(e:ProgressEvent):void
{
  while (socket.bytesAvailable)
  {
    // 读取 UTF-8 数据流
    socket.readUTFBytes(socket.bytesAvailable);
  }
}
```

从 socket 读取数据时，按照既定格式读取即可。socket 类支持多种数据格式，对于含有中文的字符，则应使用 readUTFBytes 方法来读取。对应地，在发送 UTF-8 格式的字符时，要使用 writeUTFBytes 方法。

---

⊖ 互联网协议（Internet Protocol，IP）的第 4 版，是目前使用的版本，IPv6 为最新版。该协议定义了互联网地址的分配方案。

向客户端发送数据代码如下：

```
socket.writeUTFBytes("你好，客户端，这是来自服务器端的回音！");
// 对套接字输出缓冲区中积累的所有数据进行刷新
socket.flush();
```

使用 socket 类 write 开头的方法写入的数据并不会马上被发送，而是存放在输出缓冲区内，因此需要手动调用 flush 方法，刷新缓冲区，强制发送数据。

总的来说，ServerSocket 类的用法并不复杂，关键在于如何构建一个合理有序的通信流程。面对多个客户端的通信，一定要根据 Socket 通信的特点来引导数据的输入和输出。

## 9.3.3　构建简单的聊天服务器

下面使用 ServerSocket 构建一个简单的聊天服务器。整个服务器的代码量并不多，聊天系统的核心在于定义了一套聊天命令，实现了以下功能：

❑ 用户加入或退出的信息提示。

❑ 获取当前用户列表。

❑ 公共聊天。

使用 FlashDevelop 创建一个 AIR AS3 Projector 项目，命名为 ChatServer，然后编辑主程序 Main.as，如代码清单 9-3 所示。

代码清单 9-3　ChatServer 的主程序 Main.as

```
package
{
 import flash.events.Event;
 import flash.events.ProgressEvent;
 import flash.events.ServerSocketConnectEvent;
 import flash.net.ServerSocket;
 import flash.net.Socket;
 import flash.text.TextField;
 import flash.text.TextFormat;
 // 扩展至 AppBase 类
 public class Main extends AppBase
 {
 // 用作 Socket 服务器的 IP 和端口
 public const IP:String = "192.168.1.108";
 public const PORT:int = 2012;
 // 使用 Vector 管理所有客户端连接
 private var clients:Vector.<ChatClient> = new Vector.<ChatClient>();
 // 显示调试信息的文本框
 private var output_txt:TextField;
 // 创建 Socket 服务器对象
 private var server:ServerSocket;
 // 重写 init 方法进行初始化
 override protected function init():void
```

```
{
  // 创建文本框
  output_txt = new TextField();
  output_txt.width = stage.stageWidth - 20;
  output_txt.height = stage.stageHeight - 20;
  output_txt.selectable = false;
  output_txt.wordWrap = true;
  output_txt.setTextFormat(new TextFormat("_sans", 12, 0x666666));
  output_txt.x = output_txt.y = 10;
  addChild(output_txt);
  output_txt.text = "";

  // 创建 ServerSocket 对象，添加事件监听
  server = new ServerSocket();
  server.addEventListener(ServerSocketConnectEvent.CONNECT, onClientConnected);
  // 绑定 IP 和端口，监听客户端连接
  try
  {
    server.bind(PORT, IP);
    log("绑定到 " + IP +" 的 " + PORT + " 端口。");
    server.listen();
    log("开始监听客户端的连接 ...");

  }catch (e:Error)
  {
    // 捕获到异常
    log("无法绑定到执行的地址和端口，请检查端口是否被占用。");
  }
}


// 处理客户端的连接请求事件
private function onClientConnected(e:ServerSocketConnectEvent):void
{
  // 运行时自动为新的连接创建 Socket 实例
  var clientSocket:Socket = e.socket;
  // 给客户端的 Socket 添加事件监听，获取写入的数据
    clientSocket.addEventListener(ProgressEvent.SOCKET_DATA, onClientSocketData);
  // 监听客户端的关闭事件
  clientSocket.addEventListener(Event.CLOSE, onClientClosed);
  // 将客户端的信息用 ChatClient 对象保存下来
  var client:ChatClient = new ChatClient(clientSocket);
  // 存放在 clients 中
  clients.push(client);

  // 打印客户端的 IP 地址
  log("Connection from " + clientSocket.remoteAddress + ":" + clientSocket.
    remotePort);
}

/**
```

```
 * 从客户端读取数据, 解析客户端的信息
 */
private function onClientSocketData(e:ProgressEvent):void
{
 var socket:Socket = e.target as Socket;
 // 找到对应的 ChatClient 对象
 var index:int = findClient(socket);
 if ( index == -1 ) return;

 var client:ChatClient = clients[index];
 var _readBuffer:String = client.bufferData;
 // 从 socket 的输入缓冲区中读取所有可用数据
 var readBytes:String;
 while (socket.bytesAvailable)
 {
  readBytes = socket.readUTFBytes(socket.bytesAvailable);
  // 将该客户端的数据保存下来
  _readBuffer = _readBuffer.concat(readBytes);
 }
 var msg:String;
 // 循环检查是否有完整信息
 // 客户端的每条信息都以 "\r\n" 结尾
 var position:int = _readBuffer.indexOf("\r\n");
 while ( position > -1 )
 {
  msg = _readBuffer.substr(0, position);
  // 将上一条信息从缓存中删除, 更新该连接的缓存数据
  _readBuffer = _readBuffer.slice(position+2);
  client.bufferData = _readBuffer;
  // 解析信息
  parseMessage(client, msg);
  // 继续检查是否有完整信息
  position = _readBuffer.indexOf("\r\n");
 }
}


/**
 * 处理连接关闭事件, 将该连接从列表中删除
 */
private function onClientClosed(e:Event):void
{
 var socket:Socket = e.target as Socket;
 // 从连接列表中移除 Socket 对象
 removeClient(socket);
}

// 从列表中移除客户端信息
private function removeClient(socket:Socket):void
{
 var index:int = findClient(socket);
```

```
    if ( index != -1 )
    {
      log("Connection closed " + socket.remoteAddress + ":" + socket.remotePort);
      // 找到对应的 ChatClient 对象
      var client:ChatClient = clients[index];
      log("Client username ->" + client.username);
      // 告诉所有人，该用户已经退出了
      sendMessageToAll("USER PART " + client.username);
    // 移除所有事件监听，让运行时回收垃圾对象
      socket.removeEventListener(ProgressEvent.SOCKET_DATA, onClientSocketData);
      socket.removeEventListener(Event.CLOSE, onClientClosed);
      // 从列表中删除该对象
      clients.splice(index, 1);
    }
  }
// 根据 Socket 对象从列表中查找 ChatClient 对象的索引
private function findClient(socket:Socket):int
{
  var client:ChatClient;
  for ( var i:uint = 0, len:uint = clients.length; i < len; i++)
  {
    client = clients[i];
    if ( client.socket == socket )
    {
      return i;
    }
  }
  return -1;
}
/**
 * 解析客户端的一条信息
 * 这里定义了以下 3 种命令供客户端使用
 * USER 用户名   登录命令，客户端传入用户名
 * USERLIST   查看用户列表的命令
 * MSG 发送者 内容 发送聊天信息的命令
 * 所有命令中的参数都以空格为间隔符，服务器端只需根据这些命令格式解析信息即可
 */
private function parseMessage(theClient:ChatClient, msg:String):void
{
  if ( msg == "" ) return;
  // 所有的信息以空格来区分命令和参数
  var paras:Array = msg.split(" ");
  // 第一个字符串为命令名称
  var command:String = paras[0].toUpperCase();
  switch( command )
  {
    case "USER":
      // 该命名表示客户端对应的用户名
      theClient.username = paras[1];
      log(" 客户端 -> username : :" + theClient.username);
```

```
    // 告诉所有人有新的用户加入
    sendMessageToAll("USER JOIN " + theClient.username);
    break;
  case "USERLIST":
    // 返回当前所有用户的列表
    var names:Vector.<String> = new Vector.<String>();
    for each( var client:ChatClient in clients )
    {
      names.push(client.username);
    }
    // 将用户列表发送给该客户端
    theClient.sendMessage("USERLIST " + names.join(" "));
    break;
  case "MSG":
    // 公共消息，转发给所有人
    sendMessageToAll(msg);
    break;
  }
}

/**
 * 向所有的客户端发送信息
 */
private function sendMessageToAll(msg:String):void
{
  for each( var client:ChatClient in clients )
  {
    client.sendMessage(msg);
  }
}

// 将信息显示到文本框
private function log(s:String):void
{
  s = s +"\n";
  output_txt.appendText(s);
  // 文本框滚动到最底端
  output_txt.scrollV = output_txt.maxScrollV;
  }
 }
}
```

　　服务器端使用了一个 Vector 对象，用来保存所有客户端的 Socket 连接对象，并为每个 Socket 对象添加了 ProgressEvent.SOCKET_DATA 和 Event.CLOSE 事件监听器，前者用来读取客户端的数据，后者用来监听客户端关闭事件。

　　从代码中可以看到，在读取客户端的数据时，并不是马上对数据进行处理，而是先保存到本地缓存中，然后对数据进行完整性判断，如图 9-2 所示。

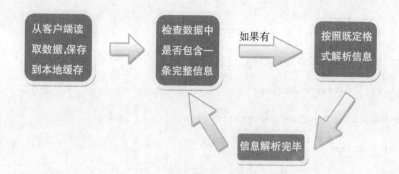

图 9-2 解析客户端数据的流程图

为什么不直接处理输入缓冲区的数据，反而要如此大费周折呢？

在上一节讲过，在 Socket 通信中，数据的传输是一个异步过程。虽然客户端在发送数据时输入都是完整的信息，但在传输过程中，这些信息很有可能被分解，因此，在接收数据时必须要检验信息的完整性，确保信息被正确接收。

在本例中，按照约定的格式，客户端发过来的每条信息都将以 "\r\n" 结尾，因此在验证数据的完整性时，只需检测 "\r\n" 即可。

另外，为了实现聊天系统的基本功能，这里定义了 3 种聊天命令，供客户端使用。发送给服务器端的信息都将严格遵守以下命令格式：

（1）USER　用户名

该命令用于发送用户信息。客户端在连接成功后会第一时间发送用户信息，用作聊天时的名称。注意，名称中不能包括空格。

（2）USERLIST

查询用户列表的命令。服务器收到该命令后，会将在线用户列表发送给该客户端。

（3）MSG　用户名　聊天内容

公共聊天命令。服务器端收到命名后，会将信息转发给所有客户端，实现聊天功能。

同理，服务器端也将按照约定的格式向客户端发送信息，客户端收到数据后，按照同样的流程解析数据，并在界面上呈现出来，构成一个完整的聊天系统。

在主程序 Main.as 中，使用了一个辅助类 ChatClient。ChatClient 中存放客户端的 Socket 对象以及用户名、本地缓存数据等信息，如代码清单 9-4 所示。

代码清单 9-4　辅助类 ChatClient.as

```
package
{
 import flash.net.Socket;

 public class ChatClient
 {
  // 对客户端 Socket 连接的引用
```

```
private var _socket:Socket;
// 将所有接收的数据保存在变量 _bufferData 中
// 每个客户端单独处理各自的数据
private var _bufferData:String = "";
// 保存客户端对应的用户名
private var _username:String;

public function ChatClient(socket:Socket)
{
  _socket = socket;
}

public function get socket():Socket
{
  return _socket;
}

public function get username():String
{
  return _username;
}

public function set username(value:String):void
{
  _username = value;
}

public function get bufferData():String
{
  return _bufferData;
}

public function set bufferData(value:String):void
{
  _bufferData = value;
}
// 发送数据，每条数据都以 "\r\n" 结尾
public function sendMessage( msg:String ):void
{
  socket.writeUTFBytes(msg + "\r\n");
  // 刷新缓冲区
  socket.flush();
}
}
}
```

在服务器端，每个客户端对应一个 ChatClient 对象，该对象保存了客户端的用户名、Socket 对象、本地缓存等数据。

在 FlashDevelop 中按 F5 键运行程序，效果如图 9-3 所示。

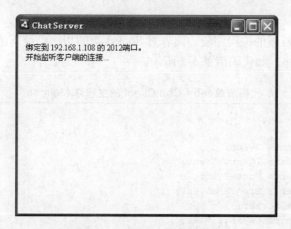

图 9-3 ChatServer 运行效果

考虑到服务器端程序需要长时间在后台运行，因此接下来将发布程序，安装到桌面上运行。步骤如下：

1）编译程序，通过菜单 Project → Build Project，或按 F8 键。

2）检查认证文件是否存在，如没有，则运行 bat 目录中 CreateCertificate.bat 脚本创建认证文件。

3）执行项目根目录下的 PackageApp.bat 文件，发布程序。

发布完毕，在项目根目录下的 air 文件夹中会产生名为 ChatServer.air 的可执行文件，直接双击安装。默认情况下，程序安装完毕后即自动运行。

至此，服务器端的工作就完成了。

---

**注意** 如果系统开启了防火墙，必须取消对 ChatServer 和相应端口号的限制，保证其他机器可以连接到 Socket 服务器。

---

## 9.3.4 制作聊天客户端

在经历了上一节服务器端的开发后，相信读者对客户端的开发已经有了大致的了解。在开发服务器端的过程中，必然要对客户端的所有动作了如指掌，包括如何处理客户端的连接，如何接收客户端的数据，如何将用户的加入或退出信息通知给其他人等。

可以说，开发完服务器端后，整个聊天系统已经初具规模了，剩下来的工作就是将脑海中那个假想客户端的各种功能用代码表述出来。

客户端的功能可以描述为以下 3 块：

❑ 连接到服务器，并处理连接结果事件。

❑ 连接成功后，使用用户名进行认证，并进入待机状态，监听服务器端的数据流，解析信息。

❑ 响应用户动作，向服务器端发送数据。

有了上一节服务器端的编程经验，读者对 Socket 类的用法已经不陌生。下面直接来看项目 ChatClient 的主程序，如代码清单 9-5 所示。

代码清单 9-5 ChatClient 的主程序 Main.as

```
package
{
 import flash.events.Event;
 import flash.events.IOErrorEvent;
 import flash.events.MouseEvent;
 import flash.events.ProgressEvent;
 import flash.net.Socket;
 import flash.system.Capabilities;
 import flash.text.TextField;
 import flash.text.TextFieldType;
 import flash.text.TextFormat;
 import ui.Button;

 public class Main extends AppBase
 {
  // 界面上的元素
  private var output_txt:TextField;
  private var input_txt:TextField;
  private var send_btn:Button;
  //Socket 对象
  private var socket:Socket;
  // 用户名
  private var username:String;
  // 用来保存服务器端的数据
  private var _buffer:String = "";
  // 服务器地址和端口，定义为常量
  private const SERVER_IP:String = "192.168.1.108";
  private const SERVER_PORT:int = 2012;
  // 是否已经连接上服务器
  private var isConnected:Boolean = false;
  // 重写 init 方法，初始化程序
  override protected function init():void
  {
   createUI();
   // 开始连接到服务器
   startConnect();
  }

  private function createUI():void
  {
   // 用来显示输出信息的文本框
   var tf:TextFormat = new TextFormat("Droid Serif", 20);
   output_txt = new TextField();
```

```
output_txt.border = true;
output_txt.wordWrap = true;
output_txt.defaultTextFormat = tf;

output_txt.x = output_txt.y = 10;
output_txt.width = stage.stageWidth - 20;
output_txt.height = stage.stageHeight - 80;
// 输入文本，用来输入聊天信息
input_txt = new TextField();
input_txt.type = TextFieldType.INPUT;
input_txt.border = true;
input_txt.defaultTextFormat = tf;

input_txt.x = 10;
input_txt.y = output_txt.y + output_txt.height + 10;
input_txt.width = 360;
input_txt.height = 50;
// 按钮，单击后发送聊天信息
send_btn = new Button(" Send ");
send_btn.padding = 6;
send_btn.x = input_txt.x + input_txt.width + 20;
send_btn.y = input_txt.y;
// 监听按钮的单击事件
send_btn.addEventListener(MouseEvent.CLICK, onClicked);
// 将界面元素添加到舞台上
addChild(output_txt);
addChild(input_txt);
addChild(send_btn);
}
// 开始连接服务器
private function startConnect():void
{
socket = new Socket();
// 监听 Socket 对象的连接事件
socket.addEventListener(Event.CONNECT, onConnected);
// 连接失败
socket.addEventListener(IOErrorEvent.IO_ERROR, onConnectError);
// 收到输入数据流的事件
socket.addEventListener(ProgressEvent.SOCKET_DATA, onSocketDataHandler);
// 执行连接
socket.connect(SERVER_IP, SERVER_PORT);
log(" 正在连接服务器 ...");
}
// 处理发送按钮单击事件
private function onClicked(e:MouseEvent):void
{
if ( input_txt.text != "" && isConnected )
{
// 按照约定格式，使用 MSG 命令组装聊天信息
sendMessage("MSG " + username + " " + input_txt.text);
```

```
   input_txt.text = "";
  }
}
// 向服务器端发送信息
private function sendMessage(msg:String):void
{
  if ( isConnected )
  {
   // 以UTF-8格式发送
   socket.writeUTFBytes(msg + "\r\n");
   // 刷新缓冲区
   socket.flush();
  }
}
// 处理连接成功事件
private function onConnected(e:Event):void
{
  isConnected = true;
  log(" 连接成功 ");
  // 定义用户名
  username = "AIR_Desktop";
  // Capabilities.version 为 AIR 运行时的版本号，含有 AND 字样的表示为 Android 平台
  if ( Capabilities.version.indexOf("AND") != -1 )
  {
   // 如果程序在Android设备上运行，则更改用户名
   username = "AIR_Android";
  }
  // 发送用户名信息
  sendMessage("USER " + username);
  // 向服务器请求用户列表
  sendMessage("USERLIST");
}
// 连接出错处理
private function onConnectError(e:IOErrorEvent):void
{
  isConnected = false;
  log(" 无法连接到服务器 "+ SERVER_IP);
}
// 读取输入的数据流
private function onSocketDataHandler(e:ProgressEvent):void
{
  // 首先读取所有可用的数据，保存到本地缓存
  while (socket.bytesAvailable)
  {
   _buffer = _buffer.concat(socket.readUTFBytes(socket.bytesAvailable));
  }
  // 循环检测是否有完整的信息
  var index:int = _buffer.indexOf("\r\n");
  while ( index != -1 )
  {
```

```
  var msg:String = _buffer.substr(0, index);
  _buffer = _buffer.substr(index + 2);
  // 解析信息
  parseMessage(msg);

  index = _buffer.indexOf("\r\n");
 }
}
// 解析服务器端的信息
private function parseMessage(msg:String):void
{
 if ( msg== "" ) return;
 var paras:Array = msg.split(" ");
 // 第一个参数为命令类型
 var command:String = paras[0].toUpperCase();
 switch(command)
 {
  case "USER":
   // 有用户加入或退出的信息
   // 如果是自己，则不显示该信息
   if ( paras[2] == username) return;
   // 根据动作类型显示相应信息
   if ( paras[1] == "JOIN")
   {
    log(paras[2] +"加入到聊天室。");
   }
   else
   {
    log(paras[2] +"退出聊天室。");
   }
   break;
  case "USERLIST":
   // 显示当前在线用户名
   log(" 当前在线用户: " + paras.slice(1).join(","));
   break;
  case "MSG":
   // 解析并显示聊天信息
   var u:String = paras[1];
   var s:String = paras.slice(2).join(" ");
   log( u + "说: " + s);
   break;
 }

}
// 输出信息到文本框
private function log(s:String):void
{
 output_txt.appendText(s + "\n");
 // 文本框定位到最底部
 output_txt.scrollV = output_txt.maxScrollV;
```

```
        }
      }
    }
```

在客户端，收到的信息格式有以下几种格式：

```
USER JOIN  用户名
```

表示某个用户连接到服务器。

```
USER PART  用户名
```

表示某个用户断开连接，离开了聊天室。

```
USERLIST  用户名1  用户名2 ...
```

用户列表，每个用户名之间用空格分开。

```
MSG 用户名  内容
```

聊天信息，第二个参数为发送者的名称，后面的内容为聊天信息。

对比服务器端的代码，前后台的信息接口实现了顺利会师。相比服务器端，客户端对信息的处理要简单得多，因为不用考虑信息的转发，只需把信息显示出来。

**注意** 必须确保 Android 设备可以访问到服务器，比如通过 WI-FI 连接到服务器所在的局域网，或者服务器和 Android 设备都连接到 Internet 上，且服务器绑定了外网 IP 地址。

为了体验多人聊天的感觉，可以在 Android 设备和桌面上同时运行客户端程序，效果如图 9-4 所示。

图 9-4  在真机和桌面运行程序的效果

图 9-3 左边是在 Nexus One 手机运行上的效果，右边是在 FlashDevelop 中运行客户端的效果。调试期间，关闭桌面程序再重新运行，在手机上马上可以看到用户退出和新用户加入的信息。

到这里，整个聊天系统可以完整地运行起来了。当然，这个系统的功能很单一，如何能够进一步扩展系统，实现分组聊天、一对一私人聊天等功能？除了聊天信息，是否还可以发送用户在地图上的坐标信息？这样思考下去，相信读者一定会有新的收获。总而言之，希望通过本例让读者对 Socket 编程有一个较深入的认识。

## 9.4　强大的 P2P 功能

Flash Player 10 和 AIR 1.5 引入了新的 RTMFP 协议，RTMFP 协议允许点对点的通信，也就是常说的 P2P 功能。

### 9.4.1　P2P 通信模型

不管是 HTTP 还是 Socket，都是基于 C/S 模式进行通信的，而 P2P 则不同。在 P2P 体系中，客户端与客户端之间可以直接对话、传输数据，如图 9-5 所示。

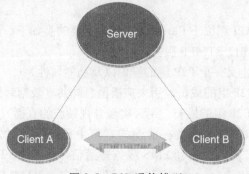

图 9-5　P2P 通信模型

使用 RTMFP 协议时，客户端首先依然连接到支持 RTMFP 协议的服务器，服务器为每个客户端分配一个唯一的 ID，来协助客户端之间进行定位和通信。客户端通信过程中，数据可以不经过服务器端，而直接点对点进行传输。

Flash 平台中的 P2P 可以实现以下 3 个功能。

1）音视频流的实时传输。

在发布实时的音视频流时，不限于单个发布者，可以通过多点一起发布，减少了服务器的负担。对于大规模数据传输，这个功能非常实用。主要用于在线直播场景中。

2）广播消息。

客户端可以对同一 P2P 组中的所有点进行广播，主要用于即时通信、多人在线游戏等场景中。

3）对象复制（Object Replication）。

在同一 P2P 组内，实现数据共享，比如白板、文件传输等。

要使用 RTMFP 相关功能，程序必须连接到支持 RTMFP 的服务器，目前已知的服务器有两个：Adobe Cirrus 服务和 Flash Media Server（FMS）4。Cirrus 目前还处于测试期，提供免费的在线服务；FMS 是商业产品，提供了试用版本。为了方便，笔者选择了 Cirrus 服务。和 FMS 相比，Cirrus 不支持文件存储，不支持服务器端的共享对象和脚本开发，仅仅为客户端之间的通信提供桥梁，所有的开发都在客户端上。即便如此，对大部分开发者来说，Cirrus 都是一个更好的选择，因为它省去了搭建 RTMFP 服务器的工作。

下面介绍一个基于 Cirrus 服务的 P2P 开发实例。

## 9.4.2　P2P 开发实战：视频直播

目前，Cirrus 服务还处于开发阶段，使用时需要先从 Adobe 网站免费获取 Cirrus 的开发者 Key。

打开网址 http://labs.adobe.com/technologies/cirrus/，单击网页中的 Signup for a Cirrus beta developer key 的链接。如果读者还没有 Adobe 账户，要先按照提示注册一个账户，然后再进入该页面。按照页面提示获取 Cirrus Developer Key 后，将该页面中的 developer key 保存下来即可。

与 P2P 功能相关的 API 都位于 flash.net 包中，主要的类如下：

❏ NetConnection（连接 RTMFP 服务器）
❏ GroupSpecifier（定义一个 P2P 组的标识以及功能属性）
❏ NetGroup（代表 P2P 组的成员，用来广播消息和共享数据对象）
❏ NetStream（代表 P2P 组的成员，用来实现音视频流的直播）

NetConnection 类和 NetStream 类在前面的章节中已经介绍过，这两个类的用处很多，可以用来播放视频文件，可以用来和 FMS 服务器通信，与 RTMFP 服务器通信依然使用它们。NetGroup 类和 GroupSpecifier 类是两个新面孔，是专为 RTMFP 协议新增的类。

连接 RTMFP 服务器的方法与连接 FMS 的方法相同，甚至发布、播放音视频流的流程也没有两样，如果读者有 FMS 的开发经验，再看过下面的代码后，一定有一种似曾相识的感觉。与 FMS 相比，RTMFP 通信最大的区别在于：**P2P 通信是基于组来进行的，在执行任何动作，例如发布、播放视频流、广播消息等之前，需要先创建或加入某个组，然后才可以进行通信。**

下面是一个 P2P 实例，使用 Cirrus 服务实现了视频直播，如代码清单 9-6 所示。

代码清单 9-6　项目 P2PClient 的主程序 Main.as

```
package
{
import flash.events.NetStatusEvent;
import flash.media.Camera;
```

```
import flash.media.Video;
import flash.net.GroupSpecifier;
import flash.net.NetConnection;
import flash.net.NetStream;
import flash.system.Capabilities;
import flash.text.TextField;
import flash.text.TextFormat;

public class Main extends AppBase
{
//Camera 对象，用来捕获视频数据
private var cam:Camera;
// 播放视频流的 Video 对象
private var v:Video;
// 显示信息的文本框
private var output_txt:TextField;
// 用作通信的 NetConnection 对象
private var netConn:NetConnection;
// 用来发布或播放视频流的 NetStream 对象
private var netStream:NetStream;
// 定义组
private var groupSpec:GroupSpecifier;
// 重写 init，初始化程序
override protected function init():void
{
createUI();
// 开始连接到服务器
startConnect();
}

private function createUI():void
{
// 创建 Video 对象
v = new Video(480, 360);
addChild(v);

// 创建文本框，并置于 Video 右侧
// 由于使用了摄像头，程序将使用横屏模式
var tf:TextFormat = new TextFormat("Droid Serif", 20, 0x666666);
output_txt = new TextField();
output_txt.defaultTextFormat = tf;
output_txt.wordWrap = true;
output_txt.multiline = true;
output_txt.width = 300;
output_txt.height = 480;
output_txt.x = 490;

addChild(output_txt);
}
// 输出文本信息
```

```
private function log(s:String):void
{
 s = s + "\n";
 output_txt.appendText(s);
 output_txt.scrollV = output_txt.maxScrollV;
}
// 开始连接到服务器
private function startConnect():void
{
 netConn = new NetConnection();
 // 监听状态事件
      netConn.addEventListener(NetStatusEvent.NET_STATUS, onNetStatus);
 // 开始连接，开发者记得将地址中的 key 换成自己的
  netConn.connect("rtmfp://p2p.rtmfp.net/81e58b5487f9ed79f4f88558-
      8a07c37d1fa4/");
 log("连接服务器 ...");
}
// 处理状态事件，本例中所有网络对象都是用了同一个监听器
private function onNetStatus(e:NetStatusEvent):void
{
 switch(e.info.code)
 {
  case "NetConnection.Connect.Success":
   // 成功连接到服务器
   log("连接成功 .");
   // 开始准备发布流
   connectStream();
   break;
  case "NetConnection.Connect.Closed":
   log("连接断开 ."); ;
   break;
  case "NetStream.Connect.Success":
   //NetStream 成功连接到 P2P 组
   log("NetStream 连接成功 .");
// 如果程序在 Android 设备上运行，则发布视频，否则只是播放视频
   if ( Capabilities.version.indexOf("AND") != -1 )
   {
    log(" 开始分享视频 .");
// 发布视频
   startShareStream();
   }
   else
   {
   log(" 观看视频 .");
   // 播放视频
   watchStream();
   }
             break;
        case "NetStream.Connect.Rejected":
        case "NetStream.Connect.Failed":
```

```
                        break;
    case "NetStream.Publish.Start":
     log(" 已经开始发布视频 ");
     break;
   }
 }


private function connectStream():void
{
 // 定义 P2P 组的标识名
          groupSpec = new GroupSpecifier("walktree/p2pTest");
 // 开启发布流的功能选项
 groupSpec.multicastEnabled = true;
 // 开启服务器通道功能，否则组内成员无法连接进来
       groupSpec.serverChannelEnabled = true;
 // 创建 NetStream 对象，并指定对应组的标识
 //NetStream 对象将自动开始连接服务器
 netStream = new NetStream(netConn, groupSpec.groupspecWithAuthorizations());
 // 监听状态事件
         netStream.addEventListener(NetStatusEvent.NET_STATUS, onNetStatus);
}
// 发布共享视频
private function startShareStream():void
{
 // 指定 NetStream 的回调函数的对象为主程序
 netStream.client = this;
 // 获取摄像头
 cam = Camera.getCamera();
 if(cam)
 {
  // 设置 Camera 尺寸等属性
  cam.setMode(480, 360, 10);
  cam.setQuality(0, 0);
  // 使用 Video 在本地播放视频
  v.attachCamera(cam);
  // 将视频流附加到 NetStream 对象上
  netStream.attachCamera(cam);
 }
 // 发布流，并指定一个名称
 netStream.publish("myStream");
}
// 观看视频流
private function watchStream():void
{
 netStream.client = this;
 // 将网络视频流附加到 Video 对象上
 v.attachNetStream(netStream);
 // 播放指定的视频流，视频流名称必须和发布的名称相同
 netStream.play("myStream");
}
```

```
//NetStream 对象的回调函数
public function onPlayStatus(info:Object):void {}
       public function onMetaData(info:Object):void {}
       public function onCuePoint(info:Object):void {}
       public function onTextData(info:Object):void {}
  }
}
```

这个例子中只使用了 RTMFP 的一项功能：音视频流的实时传输。程序的运行流程如图
9-6 所示。

图 9-6　程序运行流程图

纵观整段程序，重点在于 connectStream 方法，也就是创建和使用 GroupSpecifier 对象的
部分。本例只使用了发布流的功能，所以只设置了定义 GroupSpecifier 对象的 multicastEnabled
属性。实际上，GroupSpecifier 对象还有以下两个重要的属性：

❏ postingEnabled（开启广播功能）

❏ objectReplicationEnabled（开启对象复制功能）

读者可以参阅 Adobe Labs 官网上的文档，查看这两项功能的具体用法。

GroupSpecifier 对象的 groupspecWithAuthorizations 方法可获取一个组的标识符，供
NetStream 对象连接到服务器时使用。当 NetStream 连接成功，就可以发布 / 观看视频了。只
要一方发布了视频，其他连接到组的用户都可以观看该视频。

在本例中，假设在两处运行程序：一处是在 Android 设备上；另一处则是在桌面上。运
行的效果如图 9-7 所示。

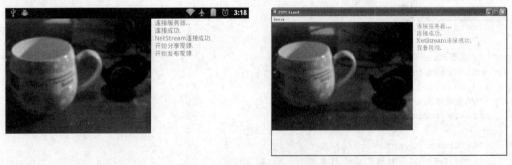

图 9-7　发布 / 观看视频的效果

图 9-7 左边是在 Nexus One 上发布视频的效果，右边则是在 FlashDevelop 中运行程序的
效果图。

**注意** 程序需要访问摄像头，因此要在应用程序描述文件中加入对摄像头的访问许可声明。

本例完整代码见 ch9/ P2PClient。

## 9.5 本章小结

本章根据笔者的开发经验和理解，对 AIR 的网络通信功能和 AIR 的安全机制进行了简要的总结，选取了网络通信中的 Socket 通信和 P2P 通信两个重要部分进行了重点讲解，让读者对 AIR 网络通信编程有一个初步了解。

# 第 10 章　调试和发布

在实际开发过程中，程序的调试往往占据很大比重。和桌面开发相比，移动开发需要在设备上进行实地调试，因此，要求开发者了解 AIR Android 开发的各种调试方法，以提高工作效率。因此本章将首先介绍调试的相关知识。

和开发工作相比，程序的发布同样也是项目进程的一个重要环节。Android 程序开发完毕后，需要提交到 Google Play 商店或者其他厂商的应用商店进行发布。程序发布后，用户即可在设备上通过应用商店实现一键式安装，因此，发布程序是开发的最终目标。故本章也会介绍程序发布过程中的一些注意事项。

## 10.1　调试程序

调试程序的方法多种多样，但目的是相同的，都是快速地解决问题。只有熟悉各种常规的调试手段，才能在面对各种问题时，选择最合适最有效的调试方法。

常见的调试方法包括如下几种：

1）使用 ADL（AIR Debug Launcher）工具在桌面上调试。

这种方式与 AIR 桌面开发采用的调试方式相同，方便快捷。另外，ADL 还可以模拟移动设备，包括屏幕尺寸、屏幕朝向、设备上的按键等。不过，有些特性比如多点触摸、加速计、摄像头等在桌面上无法模拟出来。

2）远程连接 Flash 调试器，在设备上进行实地调试。

由于是针对移动设备的应用，所以必须对程序在设备上的功能和和性能进行全面测试。在设备上调试应用程序时，程序可以远程连接到桌面端的 FDB（Flash Player Debugger）调试器，实现诸如断点、对象跟踪、查看 trace 语句等功能。

3）使用 Android SDK 包的 DDMS 工具查看 trace 语句输出。

这 3 种调试方法使用的工具不同，且各有利弊，下面分别介绍它们的用法。

### 10.1.1　使用 ADL 在桌面上调试程序

ADL 包含在 AIR SDK 中的调试工具，支持在桌面上调试 AIR 程序，包括 AIR Android 程序，这也是用来测试和调试移动程序的最快最便捷的方式。

ADL 可以在桌面模拟移动设备，包括界面、屏幕朝向变化、设备功能按键等常见的功能。使用 ADL 时，不需要将程序打包成 APK 文件即可在桌面直接运行程序。ADL 仅支持简单的调试功能，比如输出 trace 语句和运行时错误信息，要实现断点这类复杂的调试还需要使用 Flash 调试器（Flash 开发中使用的调试工具），幸运的是，成熟的开发工具比如 Flash

Builder、Flash CS5、FlashDevelop 等，都已经无缝整合了 ADL 和 Flash 调试器，简化了整个调试流程。下面以 FlashDevelop 为例，介绍 ADL 的用法。

在 FlashDevelop 中，新建一个名为 DebugEx 的 AIR Mobile AS3APP 项目。建立完毕后，修改主程序 Main.as，代码如下：

```
package
{
    import flash.events.MouseEvent;
    public class Main extends AppBase
    {
            private var s:Object;
            // 重写 init 方法，初始化程序
            override protected function init():void
            {
                    trace("init");
                    s = new Object();
                    // 监听单击事件
                    stage.addEventListener(MouseEvent.CLICK, clickHandler);
                            }

            private function clickHandler(e:MouseEvent):void
            {
                    // 每次输出一条信息
                    trace("click handler");
            }
    }
}
```

然后单击菜单中的 Project → Test Project 命令或使用 F5 快捷键，编译并运行程序。按照 AS3 Android App 项目模板的配置，FlashDevelop 会调用项目根目录下的 run.bat 批处理文件，调用 ADL 程序来启动模拟器。

---

**注意** 调试程序时，务必确认 FlashDevelop 处于 Debug 模式，即在顶部工具栏中下拉框 ▶ Debug ▾ 中选择 Debug。只有在 Debug 模式下，负责处理调试的模块才会被包含到发布的程序中。

---

FlashDevelop 默认使用 NexusOne 手机的屏幕尺寸，也可以选择其他的机型，要修改这一属性，只需编辑 run.bat，在该文件中找到下面一行代码：

```
set SCREEN_SIZE=NexusOne
```

将上述代码中的 NexusOne 替换为其他支持的型号即可，ADL 支持的屏幕尺寸如表 10-1 所示。

表 10-1　ADL 支持的 Android 屏幕尺寸

| 屏幕类型 | 标准宽度 × 高度 / 像素 | 全屏宽度 × 高度 / 像素 |
| --- | --- | --- |
| NexusOne | 480×762 | 480×800 |
| SamsungGalaxyS | 480×762 | 480×800 |
| SamsungGalaxyTab | 600×986 | 600×1024 |
| WVGA | 480×800 | 480×800 |
| 480 | 720×480 | 720×480 |

表中的"标准宽度 × 高度"是指竖屏朝向时不包括顶部导航条的屏幕尺寸,"全屏宽度 × 高度"则是指竖屏朝向时的全屏尺寸。除了表 10-1 列出的机型之外,也可以自定义屏幕尺寸,格式如下:

```
set SCREEN_SIZE=480x762:480x800
```

在 ADL 模拟的设备界面上,包含了控制屏幕朝向和设备按键等功能菜单,如图 10-1 所示。

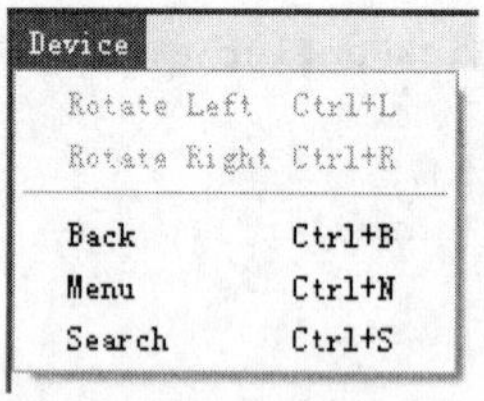

图 10-1　ADL 模拟器中的菜单

使用 Device 功能菜单,可以在桌面上进行横屏、竖屏的实时切换(程序开启自使用屏幕朝向的功能),以及模拟 Android 设备上三个特殊按键的键盘行为。

程序开始运行后,在 FlashDevelop 的 Output 面板可以看到以下输出的文本信息:

```
[Starting debug session with FDB]
init
```

trace 语句使用方便,但只能输出字符串,如果要对复杂类型的对象进行跟踪,可以使用断点调试,如图 10-2 所示。

在编辑区行号左侧单击,空白处会出现红色圆圈,表示该行已被设为断点,再次单击可取消断点。运行到断点处时,在编辑区该行脚本呈现黄色高亮状态,同时,程序会中断一切脚本的执行。在 Local Variables 面板则可观察到当前对象的具体结构,如图 10-3 所示。

在图 10-2 的顶部,使用红色方块标出的一排按钮用来控制断点调试的进程,使用方法与 Flash Builder、Flash CS5 等的同类工具相似,读者可以自行测试。

```
package
{
    import flash.events.MouseEvent;

    /**
     * ...
     * @author Yanlin Qiu
     */
    public class Main extends AppBase
    {

        private var s:Object;

        override protected function init():void
        {
            trace("init");

            s = new Object();

            stage.addEventListener(MouseEvent.CLICK, clickHandler);
        }

        private function clickHandler(e:MouseEvent):void
        {
            trace("click handler");
        }
    }
}
```

图 10-2　在 FlashDevelop 中进行断点调试

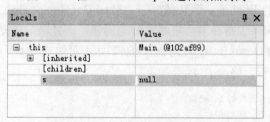

图 10-3　Local Variables 面板

　　与使用 Android SDK 工具建立的模拟器相比，ADL 建立的模拟器显然简单得多。虽然 Android 设备的一些特性无法在桌面上体现出来，但是不影响测试和调试程序的整体功能和逻辑，因此，在很多情况下使用 ADL 来测试是最佳的选择。

## 10.1.2　远程连接 Flash 调试器

　　开发移动程序时，在设备上的测试和调试自然是必不可少的。和桌面调试相比，在设备上调试要复杂一些。因为应用程序在设备上运行，而调试器在计算机上运行，两者必须借助网络才能进行通信。

　　目前 Flash 调试器支持以下两种远程调试方案：

　　❑ 调试器在桌面端开启一个 Socket 服务，应用程序作为客户端连接到调试器。

❑ 应用程序在设备上开启一个 Socket 服务，调试器作为客户端去连接应用程序寻求通话。

第一种方案要求设备与计算机位于同一网络，否则客户端无法连接到 Socket 服务器；第二种方案只需要设备通过 USB 连接到计算机即可实施，但测试过程比较烦琐，只能使用命令行方式执行调试动作，效率较低。FlashBuilder、FlashDevelop 等开发环境都只集成了第一种方案，所以后面的内容将围绕第一种方案展开。

远程使用 Flash 调试器的过程与桌面调试区别并不大，并不需要知道调试器与应用程序之间是如何通信的，包含在 Debug 版程序中的调试模块已经自动完成了工作。需要注意的只有以下两点：

1）必须让设备和计算机位于同一网络。

解决这个问题的最佳方法是让 Android 设备通过 WI-FI 连接到计算机所在的局域网，如果身边没有 WI-FI 热点，也可以将 Android 设备当做无线路由器，让计算机连接到设备所在的网络中。

使用 Android 模拟器时没有这个问题，因为模拟器与计算机共享网络资源。

2）让应用程序知道调试器的位置。

执行远程调试时，首先在开发机运行调试器，启动一个 Socket 服务器，然后在设备上运行 Debug 版的应用程序，连接到开发机上的 Socket 服务器，和调试器对话。

那么应用程序如何获取 Socket 服务器的地址呢？要解决这个问题，必须在发布应用程序时预先设定调试器所在的 IP 地址。默认情况下，FlashDevelop 会自动获取计算机的机器名作为地址，不过有些 Android 设备在解析机器名时会出错，因此最好手动设定 IP。

这里仍以上一节的 DebugEx 项目为例，编辑项目文件夹 bat 下的 SetupApplication.bat 文件，找到 DEBUG_IP 行，修改 IP 地址如下：

```
// 将 DEBUG_IP 修改为开发机的 IP 地址
set DEBUG_IP=192.168.1.108
```

---

**注意** Flash 调试器默认使用 7935 端口，如果计算机上开启了防火墙或运行了其他安全软件，请取消对该端口的限制。

---

另外，还需要使用 USB 线将设备连接到计算机上。虽然远程调试过程并不要求 USB 连接，但向设备上安装程序时需要 USB 的支持。

最后，修改项目根目录下的 run.bat 脚本，找到下面的命令：

```
// 默认值，在桌面运行
::goto desktop
// 发布到 Android 设备上调试
goto android-debug
// 发布到 Android 设备上运行，关闭调试功能
::goto android-test
// 发布到 iOS 设备上
```

```
::goto ios-debug
::goto ios-test
```

这里一共有 5 个选项，分别代表了 5 种调试运行方式。在批处理脚本中，双冒号为注释符。也就是说，默认第一行打开，在桌面运行，其他 4 行都被注释掉了。现在要做的，是换成第 2 项 android-debug，把其他项注释掉。

到这里，调试前的准备工作全部就绪。单击菜单中的 Project → Test Project 命令或使用 F5 快捷键，编译并调试程序。和在桌面调试时一样，确认 FD 处于调试模式。为了保证调试脚本的正确执行，确认当前只有一台 Android 设备通过 USB 连接到计算机。

执行调试脚本后，FlashDevelop 会马上启动 Flash 调试器，等待程序从设备上发送连接请求。一旦连接成功，FlashDevelop 就会进入调试状态，如图 10-4 所示。

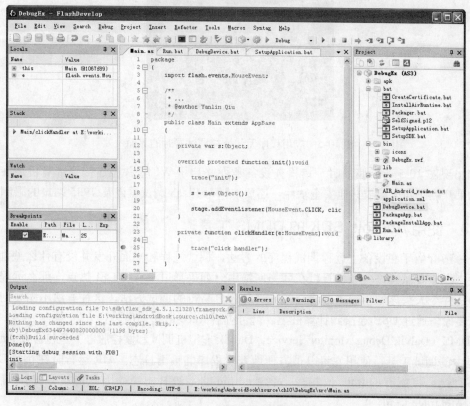

图 10-4　远程调试的效果

进入调试状态后，在 Output 面板可以看到 trace 语句的输出结果，左侧的 Breakpoints、Local Variables 等面板显示了与断点调试相关的信息，操作方式与桌面上的调试方式完全相同。

如果程序在运行期间显示了如图 10-5 所示画面，则表明设备无法连接到计算机上的调试器。

图 10-5 应用程序无法连接调试器时的界面

当出现图 10-5 所示画面时，请检查设备是否开启了 WI-FI 并已连接到计算机所在的网络，如果开启了防火墙或其他安全软件，还要取消对 Flash 调试器以及 7935 端口的限制。

## 10.1.3 使用 Android SDK 的 DDMS 工具

上一节介绍了在设备上远程调试程序的方法，调试过程和桌面开发并没有什么差别，唯一的缺点在于要保持设备和计算机在同一网络中。如果身边没有 WI-FI 热点，那么远程调试就成为一件令人头疼的事。本节将介绍另一种简单易行的调试方法，这种方法不需要网络连接，只要设备通过 USB 连接到计算机上，就可查看 trace 语句输出。

DDMS（Dalvik Debug Monitor Service，Dalvik 虚拟机调试和监控服务）是包含在 Android SDK 包中的调试工具，使用它可以很方便地查看程序的输出日志。AIR 运行时在执行 Debug 版程序时，会将所有的 trace 语句输出到 Android 的系统日志中，因此使用 DDMS 可查看 AIR 程序的 trace 语句。

使用 DDMS 进行调试的操作步骤如下：

**步骤 1** 运行 DDMS。

进入 Android SDK 的 tools 目录，双击运行 ddms.bat 文件，出现图 10-6 所示窗口。

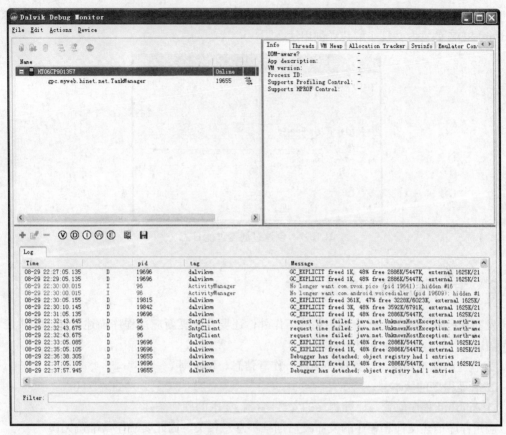

图 10-6　DDMS 运行效果

在图 10-6 左上区域，列出了当前连接到计算机的所有 Android 设备，点选其中一个设备。在下半部分的 Log 区域，将输出系统及程序运行的日志信息。

**步骤 2**　在 Debug 模式下编译程序，生成 SWF 文件。

**步骤 3**　确认设备通过 USB 连接到计算机，执行项目根目录下的 DebugDevice.bat 文件。

执行完毕后，程序被安装到设备上并开始运行。由于计算机上没有启动 Flash 调试器，所以程序启动后将显示图 10-5 所示的错误提示框，单击"取消"按钮中止远程调试任务，进入正常运行状态。此时，在 DDMS 的 Log 区域，可看到 AIR 程序的 trace 语句输出。其中，DebugEx 程序输出的所有日志的 Tag 标记都为 air.DebugEx，即程序的 ID。

默认情况下，Log 区域显示所有程序的日志，如果要跟踪特定程序的日志，可单击 Log 面板左上角的 ➕ 图标，创建一个过滤器，如图 10-7 所示。

创建后，在 Log 面板会多出一个名为 AIRDebug 的标签，对应列表只显示 DebugEx 程序的日志。

与 Flash 调试器相比，DDMS 的调试功能很有限，只能查看 trace 语句的输出，但使用起来很方便，只要把设备连上计算机就可使用。当然，DDMS 还有其他的功能，比如查看特

定进程的具体信息、查看设备的文件系统、对设备屏幕进行截屏等，有兴趣的读者可以参阅
Android SDK 的官方文档了解其详细用法。

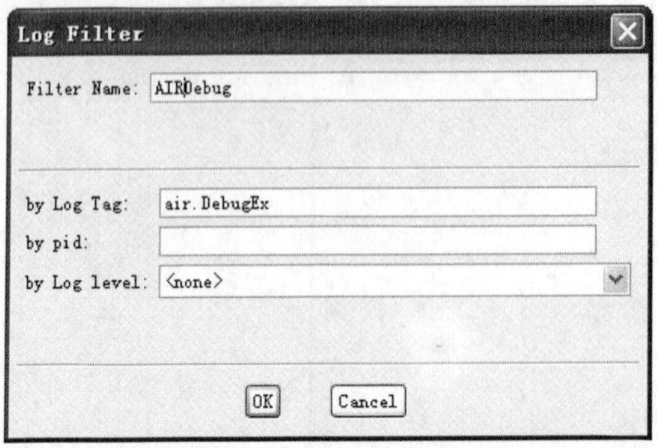

图 10-7 创建过滤器过滤日志

# 10.2 发布程序前的准备工作

发布程序时，除了完成编码相关的工作外，还要及时更新应用程序描述文件。编辑应用
程序描述文件时，主要注意以下事项：

❑ 程序的基本属性，比如程序名称、作者信息、Icon 等。

❑ 管理程序的版本号。

❑ Android 程序配置，比如程序的安装路径、要求的硬件条件等。

应用程序描述文件和程序的发布及后期维护息息相关，因此要确保其准确无误。

## 10.2.1 设置程序的基本属性

在发布程序时，建议更新应用程序描述文件，准确填写以下基本属性：

（1）id 节点

id 节点是程序的唯一标识符。通常使用相反的 DNS 样式，如 org.fluidea.DebugEx。程
序发布到应用商店后，以后每次发布新版程序，必须确保 id 完全相同。

（2）name 节点

name 节点用来设置程序名称。在 Android 系统中，所有涉及程序名称的地方都将使用
这一属性值。name 节点允许设置多语言的版本定义，只指定单个文本内容时，不管系统语
言是哪一种，都将使用此名称，比如：

```
<name>DebugEx</name>
```

如果指定了多语言的版本，程序会使用与系统语言最匹配的值，比如：

```
<name>
    <text xml:lang="en">DebugEx</text>
```

```
<text xml:lang="zh-CN">调试实例</text>
</name>
```

　　name 节点包含了 en（英语）语言的值，系统语言被设置为英语，则 AIR 程序将使用 en 节点值作为程序名称。如果系统用户界面语言为 en-US（美式英语）或 en-GB（英式英语），程序依旧使用 en 节点值。如果 name 节点下定义的所有名称均与系统语言不匹配，AIR 程序会使用 name 节点下的第一个值。

　　在 AIR 文档中，从 flash.system.Capabilities 类的 language 属性中可获取所有语言代码相关的详细说明。

　　（3）description 和 copyright

　　description 和 copyright 属性分别为程序的描述说明和版权说明。与 name 属性相同，这两个属性也支持多语言版本定义，用法与 name 属性的用法相同。

　　（4）icon 节点

　　icon 节点定义了程序在系统中的图标。按照 Android 系统的要求，icon 为 PNG 格式。如果没有指定 icon，AIR 程序会使用默认的一套 icon。

　　为了使用不同型号和不同屏幕尺寸的设备，可以在 icon 节点中指定不同尺寸的图标。对于 Android 设备而言，可指定以下 3 种尺寸的图标：

```
<icon>
    <image36x36>icons/icon_36.png</image36x36>
    <image48x48>icons/icon_48.png</image48x48>
    <image72x72>icons/icon_72.png</image72x72>
</icon>
```

　　按照设备的屏幕尺寸和 DPI <sup>⊖</sup>，Android 系统将屏幕分为以下 3 类。

- ❑ 高精度屏幕：DPI 在 240 左右或更高，屏幕尺寸不小于 480×800。适用 72×72 大小的图标。如果要支持更大尺寸的屏幕，比如平板电脑，建议使用 114×114 或 512×512 大小的图标。
- ❑ 中等精度屏幕：DPI 在 160 左右，屏幕尺寸不小于 320×480。适用 48×48 大小的图标。
- ❑ 低精度屏幕：DPI 一般在 120 左右。适用 36×36 大小的图标。

　　为了适应各种不同的设备，实现最佳的显示效果，建议在 icon 节点中同时添加 3 种尺寸的图标。Android 系统会根据屏幕的实际情况，自动选择合适大小的 icon。

## 10.2.2　管理程序的版本号

　　在应用程序描述文件中，有两个与版本相关的属性，分别如下。

- ❑ versionLabel：可选属性，如果没有指定，将使用 versionNumber 的值来替代。通常情况下，建议指定一个有意义的字符，来表示程序的版本号，比如 v1.0、2.0 beta 等。

---

　　⊖　DPI（Dots Per Inch，每英寸所包含的点数），即设备每英寸所能显示的像素。

❑ versionNumber：表示程序的版本号，是必须设置的属性。

在 Android 设备上，应用商店的客户端程序正是通过检测新版的 versionNumber 来实现程序的自动更新的。

---

**注意** versionNumber 将依照 000.000.000 的字符格式被解析成数字，比如 1.0.0 就是 1000000，而不是 1，所以不要包含点号，以免出错。

---

在发布程序的新版本时，要确保 versionNumber 的值比上一个版本大，否则将无法发布到应用商店中。

为了方便，可以结合发布日期来管理版本号。比如 2011 年 8 月 1 日发布，则 versionNumber 对应为 110801，依此类推。使用这种方式的好处是版本号同时携带了发布日期的信息，减少了版本管理的工作量。

在很多应用程序中，经常会在程序的"关于"或"帮助"页面看到相关的版本号，在这种情况下，其实可以直接引用应用程序描述文件中的 versionLabel 或 versionNumber，而不必再定义其他的配置项。

下面是一段访问应用程序描述文件的示例代码：

```
import flash.desktop.NativeApplication;
// 通过 nativeApplication 的 applicationDescriptor 属性获取对文件的引用
var appXML:XML = NativeApplication.nativeApplication.applicationDescriptor;
// 由于应用程序描述文件整体使用了 XML 命名空间，所以先要获取命名空间
var ns:Namespace = appXML.namespace();
// 访问 versionLabel 节点
var appVersion:String = appXML.ns::versionLabel;
trace("version:", appVersion);
```

同理，我们也可以获取应用程序描述文件中的其他信息。

## 10.2.3 针对 Android 设备的设置

在应用程序描述文件中，通过 android 节点可以针对 Android 设备设置程序的属性，比如前面内容中多次出现的权限许可声明。除此之外，还可以加入其他的控制，包括程序的安装路径、运行程序的硬件配置要求等。

下面是一段示例代码：

```
<!-- android 节点是针对 Android 设备的属性项，类似地，针对 iOS 设备的节点为 iPhone -->
<android>
<manifestAdditions>
    <![CDATA[              <!-- 所有的设置项都放在 manifest 节点中 -->
        <manifest android:installLocation="preferExternal">
            <uses-permission android:name="android.permission.INTERNET"/>
            <uses-feature android:required="true" android:name="android.hardware.
touchscreen.multitouch"/>
            <uses-feature android:required="true" android:name="android.hardware.
```

```
camera"/>
        </manifest>
    ]]>
</manifestAdditions>
</android>
        </manifest>
```

上面的代码中，manifest 节点的 android:installLocation 属性用来设置程序的安装路径，该属性可选值如下。

- □ auto：表示系统会根据当前设置来决定程序的安装路径，可能是外部存储（也就是 SD 卡），也可能是内置存储。
- □ preferExternal：表示优先安装在外部存储，但系统不保证一定会安装到外部存储上。由于一些无法预料的原因，比如外部存储不可用或空间不够，无法安装到外部存储上时，系统会将程序安装到内部存储上。

只有在 Android 2.2 及更高版本上，程序才允许安装到外部存储上，并可以在内置储存和外部存储之间转移。

uses-feature 节点用来对设备进行过滤，只有满足了 uses-feature 中的条件，程序才允许安装到设备上。在上面的示例代码中设置了两个条件，分别为：

```
// 表示设备必须支持多点触摸
<uses-feature android:required="true" android:name="android.hardware.touchscreen.
multitouch"/>
// 表示设备必须有摄像头功能
<uses-feature android:required="true" android:name="android.hardware.camera"/>
```

在 Google Play 商店浏览或搜索应用时，商店会根据设备的硬件条件对搜索结果进行筛选，只显示符合条件的应用程序，避免给用户造成不必要的麻烦。

---

**注意**　在应用程序描述文件中，android 节点放置针对 Android 设备的设置项，而 iPhone 节点则是针对 iOS 设备的设置项，发布时，打包程序会忽略与目标平台无关的信息。

---

## 10.3　发布 APK 文件

做好准备工作后，接下来即可发布 APK 文件，步骤如下：

1）编译项目，按 F8 键或通过菜单 Project->Build Project。

编译时，确保 FlashDevelop 处于 Release 模式下，即顶部工具栏上箭头旁选项是 Release。

2）确认已准备好签名证书。

运行 bat 目录下的 CreateCertificate.bat 脚本可以生成证书，默认密码为 fd。证书一旦确认就不能更换，否则就无法更新已经发布到应用商店的应用。

3）执行项目根目录下的 PackageApp.bat 脚本，选择打包方式。

当发布正式版本时，可选的打包方式有两种：apk 和 apk-captive-runtime。apk-captive-runtime，即捆绑 AIR 运行时，是 AIR 3.0 的新功能。启用该功能后，生成的 APK 文件不依赖 AIR 运行时就可以运行，成为一个完全独立的应用程序。这样做的缺点是 APK 文件尺寸比常规方式增大 8MB 左右。

如果我们选择常规方式，即不捆绑 AIR 运行时，还有一个因素需要考虑：是否自定义 AIR 运行时的下载路径？

在没有安装 AIR 运行时的情况下，运行 AIR 程序会弹出提示对话框，提醒用户下载 AIR 运行时，且默认的下载链接指向了 Google Play 商店。对于国内用户来说，访问 Google Play 商店可能存在网速过慢或无法访问的问题，对此，AIR 3.0 提供了一个新的打包参数 airDownloadURL，允许我们修改 AIR 运行时的安装路径。在 FlashDevelop 中，编辑 PackageApp.bat 文件：

```
if "%C%"=="1" set TARGET=
if "%C%"=="2" set TARGET=-debug
if "%C%"=="2" set OPTIONS=-connect %DEBUG_IP%
if "%C%"=="3" set TARGET=-captive-runtime
:: 在大约 40 行处新添加一行代码
if "%C%"=="1" set OPTIONS=%OPTIONS% -airDownloadURL http://www.amazon.com/gp/mas/
dl/android?p=com.adobe.air
```

新添加的一行代码针对第一个选项（即 apk 方式）设置了 airDownloadURL 参数，将下载路径指向了亚马逊应用商店的对应页面。同理，我们可以将 URL 指向安卓市场、Appchina 应用汇等站点上 AIR 运行时的页面，或者是自己的网站。

## 10.4　将程序发布到应用商店

目前，支持 Android 程序的应用商店不少，Android 系统内置了 Google Play 商店（也就是原来的电子市场），这也是全球最大的 Android 应用商店之一。除此之外，很多厂商都推出了自己旗下的应用商店，比如亚马逊的 App Store、安卓市场、AppChina 应用汇等。

本节以 Google Play 商店和安卓市场为例，简单介绍程序的发布流程。

### 10.4.1　发布到 Google Play 商店

Google Play 商店是 Android 系统内置的应用商店，面向全球用户。随着 Android 系统的发展，Google Play 商店不论是在技术，还是用户体验上都越来越成熟，应用程序的数量也不断攀升，自然也成为开发者发布程序的首选。

向 Google Play 商店发布应用程序，需要以下条件：

❑ 一个 Google 账户，即 Gmail 账户。如果没有可以打开 http://mail.google.com 页面注册一个新的账户，整个过程是免费的。

❑ 申请成为 Google Play 商店开发者，需要一次性支付 25 美元注册费。

登录 Google Play 商店主页 http://play.google.com/apps/publish，如果是第一次进入，网站会自动引导进入开发者注册界面，如图 10-8 所示。

图 10-8　注册开发者账户的引导界面

在线支付使用 Google Checkout 来完成，单击页面下方的 Continue 链接进入支付页面。Google Checkout 目前还不支持我国国内的网银，只能使用国际信用卡，建议使用 Visa 或 Master 信用卡，个人资料和地址等信息要用英文或中文拼音。

订单确认后，Google 会扣除信用卡上的 1 美元验证账户真假（之后会归还），然后便是收取 25 美元的注册费用。完成支付后，就可以发布应用程序了。

打开应用商店的主页，进入应用程序管理界面，如图 10-9 所示。

在主页上会列出当前已经发布的程序列表，包括每款程序的名称、最新版本号、程序的发布状态、下载次数等信息。

单击 Upload Application 按钮，进入发布程序的界面，如图 10-10 所示。

发布程序时，需要上传 APK 文件和程序截图。上传 APK 文件时，服务器将对 APK 包进行验证，检测 ID、版本号等信息，如果发现了不合法或错误的信息，比如 ID 与老版本不相同、版本号太低，那么上传就会失败。制作截图的工具很多，可以使用 Android SDK 中自带的 DDMS 工具，也可以使用第三方的软件，比如豌豆荚、91 手机助手等。程序的截图要求固定的尺寸，读者可对照发布界面上表单上的信息上传相应的截图文件

在发布界面的表单上还要填写多项信息，包括应用程序的类别、名称、功能描述、版本的变更说明等，如果程序针对多语言用户，也可以添加多个语言的详细信息。由于 Google Play 商店上有海量的应用程序，因此在发布程序时，填写的信息中一定要包含有吸引力的关

键词，对程序的功能进行准确描述，对用户进行准确定位，以提升程序的用户关注度。

图 10-9　应用程序管理界面

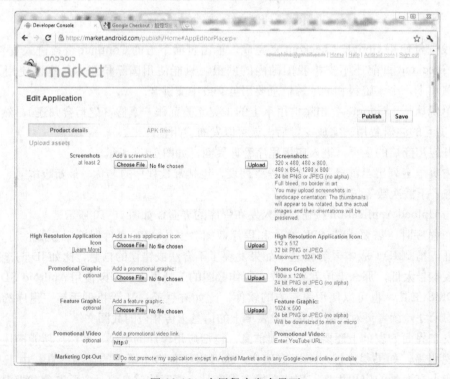

图 10-10　应用程序发布界面

　　另外，还可以对目标用户进行过滤，包括用户的地理位置、设备的硬件条件等，比如只对中国用户可见、设备必须具备摄像头等。

　　除此之外，还有一个重要的设置项，那就是设置应用程序的价格。如果发布的是一款收费应用，还需要先去建一个 Google 商务账户（Google Merchant Account）。在发布程序的表单中，找到 Pricing 标签，单击旁边的 Setup a Merchant Account at Google Checkout 链接，进入创建商务账户的页面。这个过程非常简单，按照网站给出的要求添加相关信息即可。整个开户过程需要 1 ～ 2 个工作日的时间。有了商务账户后，Google 会每天把销售提成汇入该账户。

　　程序发布后，笔者要提醒各位，别高兴太早，事情还没有结束，接下来还有更重要的事情要做，那就是推广程序。正所谓"酒香也怕巷子深"，如果辛辛苦苦开发出来的应用程序总是无人问津，对开发者而言肯定是件痛苦的事。

　　程序的推广有很多途径，比如个人的博客和微博、热门的 Android 应用论坛、知名的门户网站等。提升知名度绝非一日之功，需要不断积累，不管怎样，机遇与挑战并存。

　　发布程序的细节较多，这里一一说明，如果大家在发布时遇到问题，可以参考 Google 网站上的帮助文档，以获取更详细的信息。

## 10.4.2　发布到安卓市场

　　安卓市场是安卓网（http://www.hiapk.com）推出的针对中文用户的 Android 应用商店，涵盖了绝大部分中文 Android 应用，是国内最早从事 Android 应用发布和下载的平台。由于安卓市场更加符合国内的使用习惯，所以一些厂商在国内发售 Android 设备时，会使用安卓市场取代系统内置的 Google Play 商店。因此，如果开发的应用程序是针对中文用户，那么安卓市场也是一个不可忽视的发布平台。

　　如果手机上没有安卓市场客户端，可以在 Google Play 商店或安卓网上下载。目前安卓市场只支持发布免费应用，整个发布过程也都是免费的。

　　登录安卓市场的主页 http://sc.hiapk.com，按照页面提示注册一个新的账户。注册时需要一个 Email 地址作为用户名，同时用来激活账户。激活账户后，完善开发者信息，就可以发布应用了。

　　登录账户，进入开发者管理控制台，如图 10-11 所示。

　　单击开发者控制台左侧的"发布软件"按钮，进入发布界面。发布应用分为以下 3 步：

　　**步骤 1**　上传 APK 文件和 2 张以上的屏幕截图。系统会从上传的 APK 文件中获取 ID、版本号、访问权限等信息，并检测是否与之前的版本冲突。

　　**步骤 2**　填写应用相关的信息，包括名称、功能描述等。

　　**步骤 3**　提交审核。

　　除了 Google Play 商店之外，很多 Android 应用平台都要对程序进行审核后才能发布。

　　安卓市场会对应用进行人工审核，一般在 1 ～ 2 个工作日会有结果。如果程序中包含了不合法的信息或者其他应用平台的推广信息，很可能不能通过审核。如果遇到问题，可以联系网站客服或者到安卓网论坛上寻求帮助。

一旦审核通过，就可以在开发者控制台看到程序的状态，以及下载量、用户评论等信息。

总的来说，在安卓市场上发布应用的流程简洁明了，与国内其他的应用平台差别不大。

图 10-11　开发者控制台

## 10.5　本章小结

本章介绍了调试和发布 AIR Android 应用的相关内容。根据笔者的经验，调试和发布占据了软件开发的很大比重，因此了解和掌握调试方式对提高开发效率至关重要。对于 Android 开发者来说，发布同样也是一个重要的环节，本章选取了 Google Play 商店和安卓市场两个有代表性的应用平台作为例子，简述了发布流程。同时希望读者明白，选择正确的应用平台固然重要，但应用的推广工作也不可忽视。

第三篇

进 阶 篇

第 11 章　针对移动设备的程序设计
第 12 章　键盘交互
第 13 章　性能优化

# 第 11 章　针对移动设备的程序设计

AIR 支持跨平台开发，并不是意味着所有的代码不经修改即可直接运行在不同的平台上。由于不同平台在硬件和系统环境存在差异，直接影响了程序的交互方式和表现形式，与平台相关的功能必须根据具体环境来进行设计，这样才能实现最佳的用户体验。

本章将详细介绍 AIR Android 程序开发中遇到的常见问题，以及常用的解决方案。

## 11.1　设计界面

由于移动设备使用了尺寸更小的显示屏，以及基于触摸屏的交互方式，对开发者而言，意味着必须从新的角度思考程序的内容呈现和交互方式。与桌面开发相比，可能要花费更多的时间在界面的设计和控制上。在设计程序界面时，要综合考虑以下因素：

❑ 自动适应不同型号的屏幕。
❑ 友好的用户交互。
❑ 有效的界面布局。

这些内容并不限于单纯的美术工作，与开发也息息相关。本节会结合具体场景对以上内容作详细分析。

### 11.1.1　自动适应不同型号的屏幕

Android 设备种类繁多，从手机到平板电脑，各个产品的硬件配置都不相同。而一款应用程序往往要尽可能支持更多的设备，因此，自动适应不同型号的屏幕是程序的一个必要功能。

自动适应屏幕不仅包括根据设备的屏幕分辨率调整程序的界面布局，还包括处理屏幕的自动转向，以及根据设备的 DPI 属性调整界面元素的显示方式。下面依次对这 3 点进行详细说明。

#### 1. 根据屏幕分辨率调整界面布局

常规状态下，Android 程序仅占据除顶部状态栏之外的屏幕，只有在全屏模式下，程序才会全屏显示，因此，程序需要根据舞台的尺寸来调整布局。

要获取正确的舞台尺寸，只需设置舞台的缩放模式为 NO_SCALE，即可从 stage 对象中获取程序当前使用的屏幕尺寸。在前面的实例中已经运用了这个技巧，并写进了基类 AppBase 中。下面结合界面上的元素来演示具体的用法，如代码清单 11-1 所示。

代码清单 11-1 ResizeEx 的主程序 Main.as

```
package
{
  import flash.events.Event;
  import flash.display.Sprite;
  import flash.display.StageAlign;
  import flash.display.StageScaleMode;
  import flash.display.StageDisplayState;
  import flash.events.MouseEvent;
  import flash.events.StageOrientationEvent;
  import ui.Button;

  /**
   * ...
   * @author Yanlin Qiu
   */
  public class Main extends AppBase
  {

    private var left_btn:Button;
    private var right_btn:Button;
    // 覆盖 init 方法
    override protected function init():void
    {
      left_btn = new Button("Left");
      addChild(left_btn);

      right_btn = new Button("Right");
      addChild(right_btn);
      // 为两个按钮添加事件监听
      left_btn.addEventListener(MouseEvent.CLICK, clickHandler);
      right_btn.addEventListener(MouseEvent.CLICK, clickHandler);
      // 初始化时调整布局
      layout();
      // 监听舞台的 resize 事件，在舞台大小发生改变时重新调整元素的位置
      stage.addEventListener(Event.RESIZE, resizeHandler);
    }
    // 响应按钮的单击事件
    private function clickHandler(e:Event):void
    {
      // 切换舞台的显示模式
      if ( stage.displayState == StageDisplayState.NORMAL )
      {
        stage.displayState = StageDisplayState.FULL_SCREEN;
      }
      else
      {
        stage.displayState = StageDisplayState.NORMAL;
      }
    }
    // 响应 resize 事件
    private function resizeHandler(e:Event):void
```

```
    {
        trace("resize -> width:" + stage.stageWidth +", height: "+stage.
            stageHeight);
        // 重新进行布局
        layout();
    }
    // 调整舞台上的元素
    private function layout():void
    {
        // 让 left button 始终在舞台的左上角
        left_btn.y = 20;
        left_btn.x = 20;
        // 让 right button 始终在舞台的右下角
        right_btn.x = stage.stageWidth - right_btn.width - 20;
        right_btn.y = stage.stageHeight - right_btn.height - 20;
    }
}
}
```

由于在 AIR Android 桌面调试时无法看到系统的顶部状态栏，因此需要在 Android 设备运行才能看到效果。程序运行时，反复单击界面上两个按钮中的一个，程序在常规模式和全屏模式下都自动对元素进行了布局调整。

### 2. 自动适应屏幕转向

要想实现自动适应屏幕转向，首先要查看应用程序描述文件，确认开启了屏幕自动转向功能，确认的方法如下：

```
<initialWindow>
    <title>ResizeEx</title>
    <content>ResizeEx.swf</content>
    <visible>true</visible>
    <fullScreen>false</fullScreen>
    <autoOrients>true</autoOrients>
</initialWindow>
```

initialWindow 节点包含了程序初始化的配置信息，其中的子节点 autoOrients 表示是否开启自动转向功能，如果不存在则手动添加。

打开了屏幕的自动转向功能后，每当屏幕朝向发生变化时，AIR 运行时会抛出相关的事件，在 AIR 程序中，stage 对象所获取的舞台尺寸信息也随之变化，实现代码如下：

```
stage.addEventListener(StageOrientationEvent.ORIENTATION_CHANGE,
onOrientationChanged);
    // 屏幕朝向改变的响应事件
    private function onOrientationChanged(e:StageOrientationEvent):void
    {
        trace("orientation change from " + e.beforeOrientation + " to " +
    e.afterOrientation);
    }
```

再次在设备调试程序，随意地翻转设备，即可观察到事件的信息。比如在 Nexus One 手机上，控制台的输入如下：

```
resize -> width:480, height: 762
orientation change from default to rotatedLeft
resize -> width:800, height: 442
orientation change from rotatedLeft to default
resize -> width:480, height: 762
...
```

第一条 resize 信息是程序初始化期间执行布局动作时触发的，其他的都是翻转设备时自动处理转向事件的结果。

从调试结果可以看出，当 ORIENTATION_CHANGE 事件发生后，AIR 运行时也会抛出 resize 事件。在一般情况下，只监听 resize 事件就足够了。如果程序中使用了 Camera 对象，则需要小心处理，因为 Camera 始终以横屏模式工作，如果进入到竖屏模式，在调整布局时需要特殊对待。

### 3. 根据设备的 DPI 属性调整界面元素的显示方式

DPI 指设备每英寸所能显示的像素数，即设备的显示密度，是一个物理属性。DPI 越大，单位面积内的像素越多，画质就会越高；反之，DPI 越小，单位面积的像素越少，画质自然越低。

DPI 对实际开发有什么影响？试想象，有两款设备，屏幕分辨率完全相同，一款设备的 DPI 是 160，另一款是 320。那么像素尺寸为 48×100 的按钮在两款设备上会呈现出怎样的效果？

如图 11-1 所示，左边是 DPI 为 160 的设备上的显示效果，右边是 DPI 为 320 的设备上的显示效果。同样像素尺寸的按钮，在后一个设备上呈现出的物理尺寸仅为前者的一半。但是，用户在进行触摸操作时，手指触摸屏幕的面积不变，因此为了让按钮便于单击，有必要在高 DPI 的设备上增大按钮的尺寸。

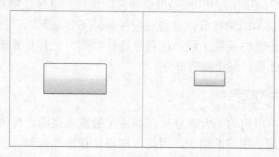

图 11-1　同样大小的按钮在不同设备上的显示效果

当然，需要调整的不仅仅是按钮，还包括文本、矢量图形、位图等元素，程序的界面布局也要根据具体需求进行调整。

从程序设计的角度看，为了便于扩展和管理，可以尽量减小 DPI 的影响，思路如下：

1）在设计界面时，预先选定一个目标作为参照值。

比如以 DPI 为 240 作为参照值，界面上所有元素的尺寸、字体大小都以该参考值为标准进行设计。

2）根据 DPI 级别对设备进行分类。

虽然设备种类繁多，但不同设备如果 DPI 的属性值相近，DPI 的差异完全可以忽略不计。因此，可以根据 DPI 属性值，对设备进行分类，如表 11-1 所示。

表 11-1　DPI 级别

| | 第一类 | 第二类 | 第三类 |
|---|---|---|---|
| 统一取值 | 160DPI | 240DPI | 320DPI |
| 设备 DPI 值的范围 | <200 | ≥ 200 & < 280 | ≥ 280 |

表 11-1 中按 DPI 的值将设备分为三类，只要是在对应的取值范围内，统一使用相同的 DPI 值，这些对应的值依次是 160、240 和 320。目前市面上主流设备的 DPI 属性值在 240 ~ 320 之间，使用这一规则来处理可以做到最大程序的兼容。

3）获取设备的 DPI 值，与预先设定的参照值进行比较，计算出全局缩放系数，然后调整界面上的元素的尺寸和位置。

使用 flash.system.Capabilities 类可获取当前设备的 DPI，该类如下：

```
import flash.system.Capabilities;
trace(Capabilities.screenDPI);
```

调整界面上的元素时，注意以下几点：

❑ 矢量图形可直接缩放，也可根据需要重新绘制。

❑ 不要缩放文本对象，而应修改字体大小。

❑ 处理位图元素时，对一些内容简单的图片可以考虑使用 9 格缩放。如果图片不适合直接缩放，可以针对不同的 DPI 级别提供相应的素材，以保证图片的质量。

综合本节内容，从技术的角度看，自动适应屏幕并不存在问题，但要完全实现则要花费不少精力，这是一项很细致的系统工程。在程序设计初期，尤其是界面设计阶段就必须充分考虑上文提到的要点，处理好每个细节部分。

## 11.1.2　友好的用户交互

在 Android 设备上，用户的绝大部分操作都通过触摸来完成，传统计算机依靠鼠标和键盘的交互方式已经无法满足用户的需求，因此，在设计程序界面时，所有与用户交互相关的元件都必须符合触摸操作的习惯，比如按钮、文本输入框、颜色选择器、滚动内容等。

本节以界面中常见的两类交互元件为例，详细说明元件使用中可能遇到的问题。

### 1. 按钮

这里的"按钮"并不是特指 Flash CS5 或 Flex SDK 中的按钮组件，而是泛指程序中一切以单击动作作为交互方式的元件。由于这类元件和常用的按钮控件功能相似，所以这里用它来统一指代。

在使用按钮时，一定要提供足够大的热区，提高触摸动作的准确度。在任何设备上，不管屏幕的分辨率和 DPI 是多少，手指在触摸屏幕时的接触面积并没有差别，如图 11-2 所示。

图 11-2　手指触摸屏幕示意图

如图 11-2 所示，如果按钮的热区小于手指的触摸面积，屏幕很有可能无法正确响应该操作，因此，在设计按钮元素时，一定要让按钮尺寸尽量大。

经笔者测试，在 DPI 为 240 的设备上，按钮热区的高度不宜小于 40，宽度不宜小于 50。如果小于上述尺寸，按钮的灵敏度会大大降低，经常出现单击无效的现象。

在其他级别的 DPI 设备上，可按照相应的缩放比例进行调整。比如在 DPI 为 160 的设备上，热区的高度应大于 28，宽度应大于 34。

**2. 处理文本输入**

程序中经常要用到文本输入，比如输入用户名、密码、评论等。与使用计算机相比，在移动设备上进行文本输入要困难得多。主流的 Android 设备（手机和平板电脑）中，只有极少数提供了实体键盘，在绝大部分设备上，文本输入都依靠虚拟键盘来进行。不管是实体键盘还是虚拟键盘，都不够灵活，无法提供完美的用户体验。

为了减少文本输入给用户带来的困扰，在向界面上添加输入文本框前，应该考虑是否有更好的选择。以下方法可以参考：

❑ 如果输入值限定在一定范围，可以用选择列表或复选框。

❑ 如果输入值为数字且取值在一定范围，可以用滑块或者滚动列表。

❑ 输入年、月、日等固定格式的数据时，用类似如图 11-3 所示的选择控件。

图 11-3　Android 系统的日期设置界面

使用这类控件的目的在于降低数据输入操作的复杂度,让输入变得更方便快捷。同时还有一个好处是确保输入的数据格式统一,省去了验证数据的环节。

另外,使用文本输入时,如果已经明确了输入字符的范围,建议开启文本框的字符过滤功能。例如,在接受用户输入远程站点的用户名时,如果确认用户名是由大小写字母和下画线组成的,则可以使用文本框的 restrict 属性限制输入字符。示例代码如下:

```
var input_txt:TextField = new TextField();
// 设定文本框的类型,接受输入
input_txt.type = TextFieldType.INPUT;
// 设置接受的字符范围为大小写字母和下画线
input_txt.restrict = "A-Za-z_";
```

如果不对输入字符进行限定,任凭用户输入其他不规范的数据,将导致数据无法通过验证,这样就会增加了用户的使用成本。

在一些设备上,比如 RIM 公司的 Playbook,系统会根据输入文本框的限定字符对虚拟键盘进行调整,只显示可接受的字符按键,用户操作时一目了然,从而进一步提升了用户体验。

综合上面两条可以看出,设计友好的用户交互界面并不在于技术的高低,而是看设计者有没有从用户的角度去思考问题,只要依照这种心态去开发程序,必然会达到很好的效果。

## 11.1.3　有效的界面布局

所谓有效的界面布局,是指界面布局充分合理地利用了显示空间,让信息呈现和用户交互得到良好的平衡。

按照使用功能,程序界面上的元素可分为两部分:内容和导航。内容即希望呈现给用户的信息,包含了文本、图像或视频等;导航指用来引导用户使用程序的元素,比如菜单、按钮等。在不同的设备上,内容和导航的布局方式往往差异很大。以 Google Reader 为例,针对桌面、智能手机和平板电脑,其推出了不同的使用界面,而每一种界面的设计都非常合理。

在计算机上打开浏览器进入 Google Reader 页面,登录后的效果如图 11-4 所示。

如图 11-4 的方框所示,页面分为以下 3 个部分:

❑ 顶部的功能导航
❑ 左侧的订阅列表导航
❑ 右边的内容导航

整个布局简洁明了,功能结构清晰。右边,也就是 RSS 内容显示区,用于显示核心内容,因此占据了页面的黄金区域。

转到智能手机上,如果还采用同样的页面布局就不合理了,智能手机的屏幕尺寸决定了页面上只能显示有限的信息。在保证足够信息量的同时,还应该让页面的结构尽量简单。图 11-5 所示是在手机上的浏览器中查看 Google Reader 站点的效果图,图 11-6 所示是 Google

Reader 客户端程序的效果图。

图 11-4　针对计算机设计的 Google Reader

图 11-5　Google Reader 在手机上的效果

图 11-6　Google Reader 客户端程序

对比两张图片，可以看到它们的结构很相似。Google Reader 网站根据客户端的类型对页面进行了适应性优化，自动切换到针对手机的布局方式，与客户端程序使用了类似的界面风格，即顶部为导航条，下面是内容。使用这种布局的好处是导航条只占据了页面极少的空间，从而尽可能地增大了信息的容量，让显示空间得到了最大化利用。

如果读者有 Flex SDK 4.5 移动应用程序开发经历，会发现 4.5 版本中的 Mobile 框架也使用了类似的界面布局方式。不光是 Flex SDK，包括 Android SDK、iOS SDK 和一些知名的 JavaScript Mobile 开发框架，都内置了图 11-6 所示的页面布局机制。

---

**注意**　这种布局方式并不适用所有情况，比如用在游戏中就不合适，游戏界面往往具有更强的个性化色彩，更加自由灵活。

---

最后，来看平板电脑上 Google Reader 又有什么新的变化，如图 11-7 所示。

由于平板电脑的屏幕尺寸足够大，如果页面仅仅显示一小块内容显然太浪费空间了，因此使用两栏更合适。从图 11-7 中可以看出，平板电脑上的 Google Reader 中和了 PC 版和手机版的优点，既保留了足够丰富的导航功能，又让内容得到了最大化呈现。

如图 11-7 所示，左边栏为类别，右边栏为具体内容，这样一种基于标签（Tab）实现页面导航的方式不仅丰富了页面的信息量，还减少了页面之间的跳转。单击左侧的导航类别时，只更新右侧的内容，不仅减少了数据请求，还使得用户在一个页面中就可以完成绝大部分操作，这是平板电脑上页面布局的典范。

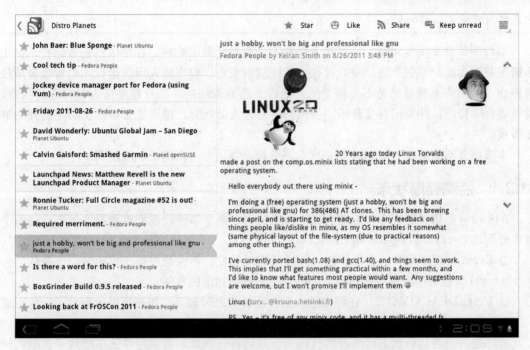

图 11-7　Android 平板上的 Google Reader 效果图

比较 Google Reader 的三个版本，个个设计得都很精巧，其中的设计思想非常值得我们学习和借鉴。当然，还有很多其他精彩的实际案例，比如新浪微博、Facebook 等知名企业的产品。

## 11.2　管理程序的状态

在运行状态下，AIR 程序有两种状态：激活和后台运行。

（1）激活状态

Android 系统支持多任务，允许多个程序同时运行，但同一时间只有一个程序处于激活状态，只有在激活状态下的程序界面才可见。

（2）后台运行

在激活状态下，如果用户或者系统启动了其他程序，则当前程序会转入后台运行，程序界面被隐藏。处于后台运行状态的程序除了界面不可见之外，程序仍在正常运行，并可以随时被重新激活。常规状态下，系统不会主动关闭在后台运行的程序，只有在资源紧缺的情况下才会强制关闭一些程序以释放内存。

---

**注意**　程序状态的改变并不一定是用户行为导致的，也可能由系统事件引发。比如程序运行期间有电话打进来，系统将马上启动电话程序，将当前程序强制转到后台运行。因此，程序

状态的改变是无法预知的。

当程序状态发生变化时，从逻辑上讲并不需要对此做出响应，程序依然正常运行，但实际情况并不如此。举例来说，游戏过程中系统接到来电，程序转入后台运行，但背景音乐没有停止，对用户来说显然是不可接受的。比较合理的做法是，一旦程序进入后台运行状态，游戏就自动暂停，并关闭背景音乐。当用户重新进入游戏时，提示是否由上次的进度开始继续游戏。

本节将介绍如何在 AIR 程序中实现状态管理，并结合一个例子加以说明。

## 11.2.1　监测程序状态

AIR 没有提供管理程序状态的方法，而是提供了两个事件让我们监测程序状态，这两个事件分别是 Event.ACTIVATE 和 Event.DEACTIVATE。

❑ Event.ACTIVATE：在程序进入激活状态时触发。不论是在程序启动时，还是从后台运行状态切换到激活状态时，AIR 运行时都会抛出该事件。

❑ Event.DEACTIVATE：在程序进入后台运行状态时触发。在程序进入后台运行状态或被关闭时，AIR 运行时会抛出该事件。

程序进入后台运行状态时所有的代码仍正常运行，例如，当前程序正在播放一首歌，转入到后台运行后，声音并不会自动中止，除非我们自己实现这个功能。

在日常生活中，手机、平板电脑这些设备都使用电池供电，因此，为了降低程序能耗，当进入后台运行状态后，AIR 运行时会进行一系列优化，包括降低舞台的帧率、停止渲染动作等。同时，还可以使用 ACTIVATE 和 DEACTIVATE 两个事件，在运行期间对程序状态进行监测，进一步优化程序性能。

Event.ACTIVATE 和 Event.DEACTIVATE 的使用方法和其他的事件没有什么区别，实例 StatusEx 的代码见代码清单 11-2。

代码清单 11-2　实例 StatusEx 的代码

```
package
{
    import flash.desktop.NativeApplication;
    import flash.events.Event;
    import flash.events.MouseEvent;
    import flash.utils.getTimer;
    import ui.Button;

    public class Main extends AppBase
    {
        // 用来保存运行时间
        private var t:int;
        // 关闭按钮
        private var close_btn:Button;
```

```
override protected function init():void
{
    // 创建关闭按钮
    close_btn = new Button("Close");
    close_btn.x = close_btn.y = 30;
    close_btn.addEventListener(MouseEvent.CLICK, clickHandler);
    addChild(close_btn);

    // 为 nativeApplication 对象添加事件监听
    NativeApplication.nativeApplication.addEventListener(Event.ACTIVATE,
        statusHandler);
    NativeApplication.nativeApplication.addEventListener(Event.DEACTIVATE,
        statusHandler);

    t = getTimer();
    addEventListener(Event.ENTER_FRAME, enterFrameHandler);
}
// 关闭按钮的单击事件
private function clickHandler(e:MouseEvent):void
{
    // 关闭程序
    NativeApplication.nativeApplication.exit();
}
// 状态事件响应方法
private function statusHandler(e:Event):void
{
    trace("statusHandler: " + e.type);
    trace("stage.frameRate:" + stage.frameRate);
}
// 响应 enter frame 事件
private function enterFrameHandler(e:Event):void
{
    // 计算每帧的执行时间并打印
    trace("frame time:" + (getTimer() - t));
    // 将 t 更新为当前已运行的时间长度
    t = getTimer();
}
    }
}
```

在这个例子中，对 nativeApplication 添加了两个事件监听，用来检测程序状态事件。通过 NativeApplication 的静态属性 nativeApplication 可以访问到当前程序对象，实现全局范围的功能控制，包括程序的启动项、退出等。同时，这里也对显示列表的根对象添加了 ENTER_FRAME 事件监听器，计算程序在不同状态下执行每帧所花的时间。

默认情况下，当进行后台运行时，AIR 运行时会将舞台的帧率调整为 4，保证 Socket、XMLSocket 等网络对象的正常通信，但不会改变 stage 对象的 framerate 属性。

在手机上调试 StatusEx 程序，当程序启动后，按下 Home 键或 Back 键返回到其他界面，让 AIR 程序进入后台运行。在 FlashDevelop 的调试面板上得到的，输出结果如下：

```
statusHandler: activate
stage.frameRate:30
frame time:177
frame time:45
frame time:18
frame time:40
frame time:23
frame time:42
frame time:19
frame time:31
frame time:34
frame time:36
// 切换到后台运行状态后
statusHandler: deactivate
stage.frameRate:30
frame time:108
frame time:4
frame time:32
frame time:94
frame time:264
frame time:252
frame time:268
...
```

从输出结果可以看出，程序启动后即进入激活状态，初期每帧花费的时间起伏比较大，运行一段时间后逐渐平稳，稳定在 35 毫秒左右，1 秒大约能执行 30 次，与设定的帧率吻合。

我们知道，在 AIR 程序和 Flash 程序中，代码按照帧率被反复执行。帧率（frames per second，fps，每秒执行的帧数）计算公式如下：

$$fps=1000 毫秒 / 每帧执行时长$$

程序的帧率也可以理解为每秒可执行的最大帧数。由于每一帧执行的任务有差异，花费的时间不可能总是一致的，运行时会尽量保证代码按照预设的帧率来执行。如果执行时长过长，只能等到代码执行完毕才进行下一帧，因此，程序运行期间表现出的帧率总是小于或等于设定的帧率。

进入后台运行状态后，每帧花费的时间明显增大，维持在 260 毫秒左右，相当于帧率为 4 的情况。此时 stage 对象的 framerate 属性值依然没有改变，但程序实际的帧率已经变了。

读者可以尝试在 Event.DEACTIVATE 事件响应方法中修改舞台的帧率，比如：

```
stage.framerate = 2;
```

设置后，stage 对象的 framerate 属性值才被修改。如果程序中没有使用网络长连接（包括 Socket、XMLSocket 等）相关的类，甚至可以在后台运行状态下将帧率设为 0，此时运行时不会停止执行代码，而是将帧率降到最低，将省电进行到底。

在手机上，长按 Home 键，从弹出的近期运行程序列表中重新激活 StatusEx 程序，并单击关闭按钮退出程序。从 FlashDevelop 的输出面板将看到 statusHandler: deactivate 的输出值，表明程序在退出前触发了 Event.DEACTIVATE 事件。

**提示**　如果将"NativeApplication.nativeApplication.exit();"这句代码加在 Event.DEACTIVATE 事件响应方法中，就可以实现程序的自动退出。

到这里，相信读者对程序状态管理已经有了初步的概念，这个例子中仅仅是对两个事件的使用方法进行了说明，下一节将用一个程序来演示两个事件的具体应用。

## 11.2.2　实战：自动保存播放位置

上一节介绍了监测程序状态的方法，与程序自身的状态相比，程序内部也存在不同的状态。比如一个 MP3 播放器，有播放、暂停和结束等多种状态。当程序在播放状态时，系统接到来电，则将程序转到后台运行。此时程序检测到程序自身状态发生了变化，还需要自动调整内部状态，暂停并保存当前的播放进度，等到程序重新被激活时再从上次的播放点开始继续播放。

因此，管理程序的状态，实质上是管理程序的内部状态，让内部状态和程序自身状态保持逻辑上的统一。从面向对象编程的角度看，程序可以看做是一个拥有多种状态的对象，在不同状态下对象具备不同的行为能力，这种思路的好处是可以简化状态管理行为。

本节将以 MP3 播放器为例，通过监听状态事件，来实现一个可以自动保存播放进度的小应用。实例 MP3 播放器的代码如代码清单 11-3 所示。

代码清单 11-3　MP3 播放器实例

```
package
{
  import flash.desktop.NativeApplication;
  import flash.events.Event;
  import flash.events.ProgressEvent;
  import flash.media.Sound;
  import flash.media.SoundChannel;
  import flash.net.SharedObject;
  import flash.net.URLRequest;
  import flash.text.TextField;

  public class Main extends AppBase
  {
    //播放声音的对象
    private var sound:Sound;
    private var soundChannel:SoundChannel;
    //用来标识声音文件是否已加载完毕
    private var soundLoaded:Boolean = false;
    //显示状态的文本框
```

```
private var status_txt:TextField;

// 记录程序当前的状态
private var currentStatus:int = 0;
// 状态常量，程序有三种状态
private const STATUS_PAUSE:int = 0;
private const STATUS_PLAY:int = 1;
private const STATUS_STOP:int = 2;
// 初始化程序
override protected function init():void
{
    // 创建 Sound 对象，添加加载进度事件
    sound = new Sound();
    sound.addEventListener(ProgressEvent.PROGRESS, progressHandler);
    sound.addEventListener(Event.COMPLETE, completeHandler);

    // 加载远程声音文件，读者可以选用任意的 MP3 文件
    var url:String = "http://av.adobe.com/podcast/csbu_dev_podcast_epi_2.mp3";
    sound.load(new URLRequest(url));
    // 显示状态信息的文本框
    status_txt = new TextField();
    status_txt.type = flash.text.TextFieldType.INPUT;
    status_txt.x = 20;
    status_txt.y = 20;
    status_txt.width = 360;
    addChild(status_txt);

    status_txt.text = "Loading...";

    // 添加状态监听器
    NativeApplication.nativeApplication.addEventListener(Event.ACTIVATE,
        statusHandler);
    NativeApplication.nativeApplication.addEventListener(Event.DEACTIVATE,
        statusHandler);
}
// 声音文件加载进度
private function progressHandler(e:ProgressEvent):void
{
    var percent:int = e.bytesLoaded / e.bytesTotal * 100;
    status_txt.text = "Loading " + percent + " %...";
}
// 声音文件加载完毕
private function completeHandler(e:Event):void
{
    status_txt.text = "mp3 加载完成，开始播放 ";

    soundLoaded = true;
    // 检查是否要自动开始续播
    checkAutoResume();
    // 如果没有自动续播，从 0 开始播
    if ( isPlaying == false )
    {
        start(0);
```

```
    }
  }

  // 播放结束
  private function onSoundComplete(e:Event):void
  {
    currentStatus = STATUS_STOP;

    status_txt.text = "播放结束";
  }

  private function start(position:Number = 0):void
  {
    currentStatus = STATUS_PLAY;

    if ( soundChannel != null )
    {
      soundChannel.removeEventListener(Event.SOUND_COMPLETE, onSoundComplete);
      soundChannel = null;
    }
    soundChannel = sound.play(position);
    soundChannel.addEventListener(Event.SOUND_COMPLETE, onSoundComplete);

    status_txt.text = "开始从" + position + "播放";
  }

  // 暂停
  private function pause():void
  {
    currentStatus = STATUS_PAUSE;
    soundChannel.stop();
    status_txt.text = "播放暂停";
  }
  // 检测是否播放的状态
  private function get isPlaying():Boolean
  {
    return currentStatus == STATUS_PLAY;
  }
  // 处理程序状态事件
  private function statusHandler(e:Event):void
  {
    if (e.type == Event.ACTIVATE)
    {
      // 如果声音加载完毕，就检查是否要自动续播
      if( soundLoaded )
        checkAutoResume();
    }
    else
    {
      // 程序进入非激活状态，如果正在播放，则保存播放进度
      if (isPlaying)
      {
```

```
                    // 使用本地共享对象保存数据
                    var localCache:SharedObject = SharedObject.getLocal("Mp3player");
                    localCache.data.auto_resume = true;
                    localCache.data.position = soundChannel.position;
                    // 自动暂停
                    pause();
                }
            }
        }
        // 根据本地共享数据检查是否要自动续播
        private function checkAutoResume():void
        {
            var localCache:SharedObject = SharedObject.getLocal("Mp3player");

            var auto_resume:Boolean = localCache.data.auto_resume;

            // 检查是否需要自动续播
            if (auto_resume)
            {
                // 重置为 false
                localCache.data.autoResume = false;

                var pos:Number = localCache.data.position;
                start(pos);
            }
        }
    }
}
```

程序的运行流程如图 11-8 所示。

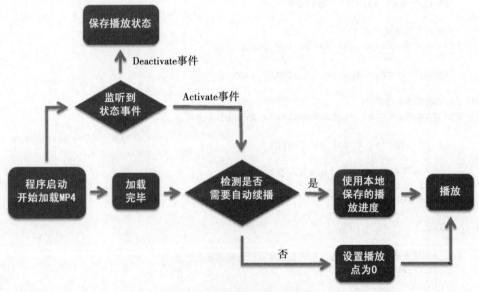

图 11-8　播放器运行流程图

当程序进入后台运行状态时，如果当前正在播放声音，则保存播放进度，并将 auto_resume 标识为 true，当程序再次运行或者从后台运行状态被激活时，就检测是否要自动续播。

这里使用了本地共享对象（SharedObject）来保存程序的状态以及播放进度。本地共享对象的数据以文件形式保存在设备上，即便程序被关闭，下次程序启动时依然可以读取。因此，不管是在哪种情况下监听到 Event.DEACTIVATE 事件，程序都可以将当前的播放状态保存下来。

---

**提示**　在 Android 设备上，本地共享对象的数据保存在 File. applicationStorageDirectory 目录下，在程序升级或覆盖安装时，该目录下的文件不会被删除，可以在本地长久存放。

---

使用 SharedObject 保存数据时，习惯在写入数据后调用 flush 方法，例如：

```
localCache.data.autoResume = false;
localCache.flush();
```

调用 flush 的目的是强制马上执行数据写操作，一般情况下可以省略，因为 AIR 运行时在程序关闭前会更新或释放资源，其中就包括更新本地共享对象的数据。

在设备上调试本例时，可以尝试在激活状态下按 Home 键，或者使用第三方系统管理工具强制管理程序，然后再启动程序，验证程序的状态管理机制是否在正确运行。

在移动开发中，SharedObject 的用处还有很多，比如缓存数据量较小的网络数据及用户的本地配置信息等。

## 11.3　跨平台开发

跨平台是 AIR 移动开发的一大优势，但跨平台并不是指项目工程的代码可以不经改动就直接用于不同平台。即便同为 Android 设备，不同厂商的设备在硬件和软件上也有较大区别，要同时适应多个平台并不现实。

跨平台是指模块级别的重用、功能库的共享，让与平台无关的核心库适应多平台开发，这才是 AIR 跨平台开发的真正含义。

本节将分享笔者在跨平台开发中的心得和经验，希望能帮助读者了解多平台开发的特点。

### 11.3.1　跨平台开发时的注意事项

在进行多平台开发时，重点是处理好"变"与"不变"的关系。"变"，指和平台相关的部分，"不变"，即可以共享的资源。依照这个原则来设计程序，看似复杂的工作也可以变得简单。

#### 1. 明确 ActionScript API 的支持状态

少量的 ActionScript API 无法在某些平台上使用，在以下 Adobe 的官网上可以看到完整的列表和说明：http://help.adobe.com/en_US/as3/iphone/WS789ea67d3e73a8b24b55b57a124b3
2b5b57-7fff.html。使用这些 ActionScript API 时，可以调用静态属性 isSupported 来检测其可
用性，避免运行时出错。

另外，每次 AIR 发布新版本，特别是大版本更新时，往往会添加一些新的功能，上述网页
中的 Action Script API 列表有可能发生变化，因此，了解新版 AIR 运行时的功能是非常必要的。

### 2. 了解运行方式

在不同平台上，AIR 程序的运行方式不尽相同。

- ❑ Android 平台：如果程序没有捆绑 AIR 运行时，则需要单独安装 AIR 运行时；如果
  发布程序已经捆绑了运行时，则程序不再受限制。
- ❑ iOS 平台：AIR 运行时和程序捆绑在一起，用户不需要安装其他软件。不过，捆绑的
  运行时不支持动态解析 ActionScript，程序在运行期间无法加载带有 ActionScript 代
  码的 SWF 文件，其他平台上则不存在这个问题。
- ❑ Playbook：系统内置了 AIR 运行时，可以不用考虑程序的运行条件，但要注意开发使
  用的 AIR SDK 版本必须兼容设备上的 AIR 运行时版本，如果开发用的 SDK 版本过
  高，程序可能无法正常运行。

### 3. 界面与代码分离

界面指程序中负责显示的元素，代码指和界面的无关的数据和业务逻辑。

经常会听到类似于"界面与代码分离"和"表现层和数据层分离"的说法。一些流行的
MVC 框架比如 Cairngorm、PureMVC、Mate 等都致力于此，这样做有很多好处：首先，增
强了程序的扩展性，使代码便于维护；其次，可以让专业人员专注于设计，将分工细化。

在移动开发中，界面往往和设备的联系很紧密，比如同为 Android 系统，手机和平板电
脑的界面并不相同，但是隐藏在界面后面的代码是相似的。如果将界面和代码之间的联系抽
象为统一的接口，就可以实现代码结构的共享，如图 11-9 所示。

图 11-9　界面与逻辑代码间共用同一接口

图 11-9 中，中间的界面控制器使用相同的接口和显示层通信，各个平台的显示层互相独立，从面向对象到面向接口，既兼容了"变"的部分，又共享了"不变"的部分。

当然，实际开发中的需求千变万化，可能有些应用场景很难契合以上情形，但还是应理解这种设计思路，以便活学活用。

## 11.3.2　技巧：使用编译参数兼容多平台

条件编译常见于 C、C++ 开发中，实际上 Flash 平台也支持条件编译，只不过使用的人比较少。所谓条件编译，即指对一部分内容指定编译条件，当满足条件时，对应的代码才被编译到程序中。在 C 和 C++ 中，是使用 # define 和 #ifdef 关键词来实施条件编译，在 Flash 平台中则是通过编译参数来实现。

编译参数是编译器才能识别的常量，其用法如下：

```
CONFIG::debugMode
{
  trace("如果你能看到这句话，表明程序在 debug 模式下工作。");
}
```

在上面的这段代码块中，CONFIG::debugMode 是自定义的一个编译参数，只有该参数值非空时，大括号中的代码才会被编译，如果条件为 false，编译器将忽略该代码块。

在进行多平台开始时，如果项目的绝大部分代码可以重用，只有少部分代码和单个平台有关联，那么可以利用编译参数让项目兼容多平台。示例代码如下：

```
CONFIG::DESKTOP
{
  trace("如果你能看到这句话，表明程序在桌面系统运行。");
}
CONFIG::ANDROID
{
  trace("如果你能看到这句话，表明程序在 Android 设备上运行。");
}
```

如果要发布项目的 Android 版本，就在发布时将 CONFIG::DESKTOP 设为 false，将 CONFIG: ANDROID 设为 true，反之则不发布。

### 1. 添加编译参数

在 FlashDevelop 中，添加编译参数需要以下两个步骤：

**步骤 1**　单击菜单中的 Project → Properties 命令，或在 Project 面板右击项目名，在弹出的快捷菜单中选择 Properties，打开项目的属性面板。

**步骤 2**　在项目属性面板，单击 Compiler Options 选项卡，然后单击 Compiler Constants 项，如图 11-10 所示。

在弹出的窗口中编辑、修改编译参数，如图 11-11 所示。

每行定义一个编译参数，格式如下：

```
NameSpace::名称,值
```

图 11-10    在 FlashDevelop 中添加编译参数

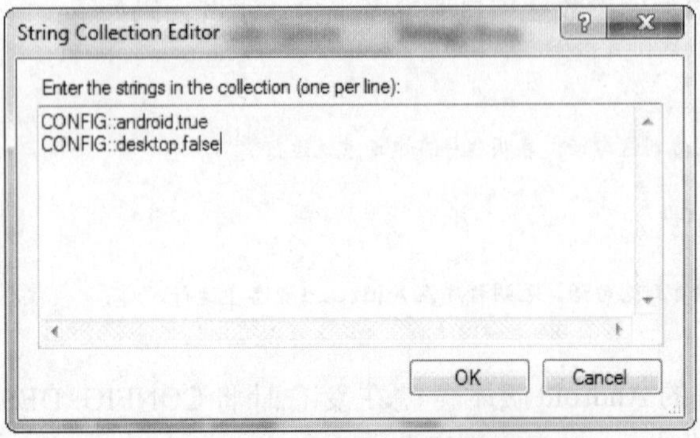

图 11-11    编辑、修改编译参数

NameSpace 表示参数的命名空间，可以使用任意字符组合；名称即参数的变量名；参数值可以是布尔类型、字符串或其他原生数据类型。

Adobe 的 Flash Professional CS5 和 Flash Builder 都提供了编译参数的管理界面。

❑ 在 Flash Professional CS5 中，打开文件的属性面板，单击"脚本设置"，打开 ActionScript 设置面板，选择编译参数标签，转到当前参数列表，添加或编辑即可。

❑ 在 Flash Builder 中，单击项目属性 Properties，在属性面板选择 Flex Compiler 标签，在 Additional compiler arguments 中加上编辑参数，比如：

```
-locale en_US -define=CONFIG::DebugMode,true
```

黑体部分为新添加的编译参数。

### 2. 编译参数的用法

编译参数不仅能用在方法内，也可以直接作用于方法，例如：

```
CONF::Touch
private function clickHandler(e:MouseEvent):void
{
    // 其他代码
}
CONF::Mouse
private function clickHandler(e:MouseEvent):void
{
    // 其他代码
}
```

不管是作用于变量还是方法，在同一命名空间下的变量名或方法名都不能相同。如下面这种情况将无法通过编译：

```
CONF::Touch
private var mode:String = "touch";
CONF::Touch == false
private var mode:String = "mouse";
```

正确的做法是：

```
CONF::Touch
private var mode:String = "touch";
CONF::Mouse
private var mode:String = "mouse";
```

为了避免变量冲突，在编辑编译参数时要确保 CONF::Touch 和 CONF::Mouse 的值相反。如果针对不同平台的代码量较大，可以将代码封装成单独的类，然后再用编译参数来处理。

## 11.4　本章小结

本章分享了笔者在 AIR 移动程序设计中的一些心得，包括了界面设计、程序的状态管理，以及跨平台开发的若干事项。面向对象编程的关键在于处理好"变"与"不变"的关系，从具体需求出发，从细节出发，就能做到以不变应万变。

# 第12章 键盘交互

虽然 Android 设备主要使用触摸屏进行交互，但同时也配置了几个实体按键。和触摸屏相比，实体按键往往能提供更快捷方便的操作方式。这些按键是 Android 平台所独有的特色，由此所衍生出的用户交互方式也是其他移动平台所不具备的。利用 AIR 提供的 API，我们可以非常方便地利用这些按键使应用程序具有 Android 独有的用户体验。

本章将介绍 Android 开发中键盘交互相关的内容，主要包括 Android 设备的实体按键、Menu 键的意思和用法、使用 Back 键进行导航等。

## 12.1 Android 设备上的键盘交互

触摸屏已经成为移动设备的标配，我们也逐渐习惯用触摸来解决一切问题，所以实体按键的生存空间越来越小。不过也要看到，移动设备依然离不开实体按键。传闻苹果公司一直试图去掉 iPhone 唯一的按键，但到目前为止，iPhone 4S 上依然保留了该按键。这也从一个侧面说明，实体按键有不可替代的用途。既然实体按键对用户如此重要，那么应用程序中就应该尽可能地利用实体按键来提升程序的用户体验。

Android 设备配置的实体按键是该平台独有的特色，本节将主要介绍这些按键的用途以及在 AIR 中的交互方式。

### 12.1.1 Android 设备上的实体按键

Android 系统定义了 4 个标准的实体按键，分别是 Home、Menu、Back 和 Search，如图 12-1 所示的是 Nexus One 的按键示意图。

图 12-1　Nexus One 的按键示意图

或许读者已经很熟悉这些按键的用法了，这里还是简单说明如下。

（1）Back

后退键，返回到上一级。Back 键是 Android 平台上最实用的导航键，在任何情况下都可以使用，既可以在程序内部导航，也可以在系统内导航。如果一直点按 Back 键，我们可以从任何界面返回到系统桌面。

（2）Menu

菜单键。顾名思义，是提供菜单的导航键。比如在系统主菜单按 Menu 键，底部会弹出如图 12-2 所示的菜单。

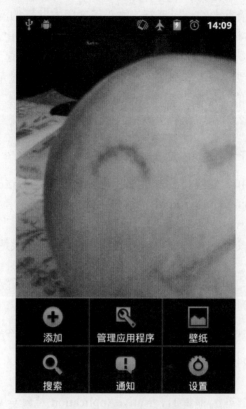

图 12-2　弹出菜单示意图

由于屏幕尺寸有限，系统将一些不常用的操作动作放在菜单中统一管理，既合理地利用了空间，又为用户交互提供了良好的扩展性。

从使用者的角度看，Menu 键可以看做是 PC 上的鼠标右键，对应的详细操作菜单在平时隐藏不可见，只有单击后才会弹出。留心观察设备上的 Android 程序，比如系统自带的相机、浏览器、新浪微博客户端等应用，其中都可以看到菜单的身影。

（3）Home

返回系统桌面的快捷键。

（4）Search

执行搜索行为的快捷键。如果应用程序提供了搜索功能，即可将搜索功能和该按键行为关联起来。比如在桌面上按 Search 键，系统会调用 Google 搜索程序；使用通讯录程序时，按下搜索键会弹出搜索联系人的输入框。

按照我们日常生活中使用手机的经验，Back 键和 Menu 键的使用最频繁，Home 键次之。相比其他 3 个按键，Search 键的实用价值显然要小得多，因此，一些设备生产商在产品中去除了 Search 键，比如索尼爱立信的 Xperia 系列机型。

2011 年 10 月，Android 平台发布了其最新版本 4.0。4.0 版本带来了很多新的特色功能，可谓是 Android 系统 2011 年最重大的一次更新，终止了多版本并行的混乱局面，同时支持手机、平板电脑和电视。4.0 版本还有一个重大的改变是将实体按键虚拟化，允许厂商用虚拟按键取代以前的标准功能键。系统会自动检测设备的硬件，如果设备配置了实体按键，则隐藏界面上的虚拟按键；反之，如果设备没有配置实体按键，则界面底部显示相应的虚拟按键。

虚拟按键与实体按键的功能并无差别，只不过按键的表现形式不同而已。不管是哪种显示方式，对开发者并没什么影响，我们应该把注意力放在按键的交互设计上。

## 12.1.2 监听键盘事件

虽然 Android 功能键和其他键并没有相同之处，不过 AIR 对这些功能键的功能进行了封装，将按键行为转换成 ActionScript 3.0 中的按键事件，这样开发者可以对这些按键事件进行编程处理。

下面是一段处理键盘交互的代码，相信每个 Flash 程序员都很熟悉：

```
// 给舞台添加键盘按下事件监听器
NativeApplication.nativeApplication.addEventListener(KeyboardEvent.KEY_DOWN,
    onKeyDownHandler);
// 事件响应函数
    private function onKeyDownHandler(e:KeyboardEvent):void
    {
      trace(e.keyCode);
    }
```

当用户按下任意一个可编程键时，NativeApplication 对象会马上发送 KeyboardEvent.KEY_DOWN 事件；松开按键，NativeApplication 对象则会发送 KeyboardEvent.KEY_UP 事件。实际开发中，我们只需要关注 KEY_DOWN 事件，因为 KEY_UP 事件处于这个按键事件的后端，而系统的按键处理机制在按下事件发生时就开始工作了。

收到键盘事件后，接下来就是检测键盘代码，确定当前被按下的按键名。在 flash.ui.Keyboard 类中用静态属性定义了所有按键的代码值，知道了这一点，接下来要做的事情就比较简单了。

实例 KeyboardEx 是一个完整的例子，演示了检测和响应功能键的过程，如代码清单 12-1 所示。

代码清单 12-1　实例 KeyboardEx

```
package
{
  import flash.desktop.NativeApplication;
```

```
import flash.events.KeyboardEvent;
import flash.ui.Keyboard;

public class Main extends AppBase
{
  // 初始化
  override protected function init():void
  {
    // 为键盘事件添加监听器
    NativeApplication.nativeApplication.addEventListener
        (KeyboardEvent.KEY_DOWN, onKeyDownHandler);
  }
  // 响应键盘按下事件
  private function onKeyDownHandler(e:KeyboardEvent):void
  {
    trace("keydown -> " + e.keyCode);

    switch( e.keyCode )
    {
      case Keyboard.BACK:
        trace("back key is pressed");
        // 取消事件的默认行为
        e.preventDefault();
        break;
      case Keyboard.MENU:
        trace("menu key is pressed");
        break;
      case Keyboard.SEARCH:
        trace("search key is pressed");
        break;
      case Keyboard.HOME:
        trace("home key is pressed");
        break;
    }
  }
}
```

上面的这段代码很普通，仅仅是在键盘事件监听器中加入了一个 Switch 语句来检测键值，依次为各个功能键添加了不同的 trace 语句输出。

可能读者会问，为什么在处理 Back 键时使用事件对象的 preventDefault 方法呢？

preventDefault 方法用来取消事件的默认行为。许多事件都有默认执行的关联行为。例如，如果用户在文本字段中键入一个字符，默认行为是在文本字段中显示该字符。由于可以取消 TextEvent.TEXT_INPUT 输入文本事件的默认行为，因此可以使用 preventDefault() 方法来取消显示该字符的行为。

默认情况下，在 AIR 程序中按 Back 键，系统会直接退回到上一级界面，当前程序被转入后台运行。这里调用 preventDefault 方法就是为了取消 Back 键的默认行为。

---

提示 并非所有事件的默认行为都可被取消，我们可以通过事件对象的 cancelable 属性来检测操作的可行性，只有 cancelable 为 true 的情况下，调用 preventDefault 方法才起作用。

---

和 Back 键一样，Menu 键和 Search 键的默认行为也可以取消，不过系统并没有给这两个键分配默认行为，所以取消与否并没有区别。相比其他 3 个功能键，Home 键比较特殊，它的默认行为受系统保护，我们无法在 AIR 中检测到该按键的动作，更无法改变其默认行为。

在实际开发中，Back 键和 Menu 键的使用最为频繁，本章后面的内容也都是围绕这两个功能键的使用展开的。

## 12.2  实战：使用 Menu 键模拟 Android 的菜单和行为

在 Android 系统中，Menu 键是一个重要的功能键，在系统自带的程序中，随处可以看到与 Menu 键关联的菜单。因此，在程序中添加 Menu 键的支持是非常有必要的，这样可以让程序更加符合 Android 平台的用户使用习惯，更加有 Android 特色。

在上一节我们已经了解了功能键的编程方式，通过按键事件监听，在 AIR 中可以很方便地处理功能键。本节将通过一个具体实例，演示如何在 AIR 中模拟 Android 的菜单以及相关联的交互方式。

整个实例可分为以下两部分：
❑ 创建菜单对象，即创建一个仿 Android 风格的菜单显示对象。
❑ 将菜单控制与 Menu 键关联起来，通过 Menu 键来控制菜单，并为菜单的呈现添加动画效果。
读者可以在 ch12/MenuEx 中找到完整的实例代码。

### 12.2.1  创建菜单对象

在动手之前，首先从技术角度分析 Android 系统菜单。按照菜单的表现方式和用法，其功能和特性可总结为以下几点：
❑ 菜单是一个由若干按钮组成的集合，每个按钮代表了一个子项。每个子项包括了文本和图标两个元件。
❑ 用户按 Menu 键，如果当前菜单不可见，则从底部滑出；反之则滑向底部。
❑ 单击菜单上的任何一项，则执行对应动作，并隐藏菜单。
❑ 当菜单可见时，舞台上原有的鼠标交互行为将被屏蔽。这个时候单击菜单以外的任何地方，都相当于再次按 Menu 键，菜单滑出屏幕。

经过一番分析后，会发现菜单的功能和逻辑非常简单。如果我们要制作一个类似的菜单，只需要创建一个能够根据数据动态生成多个按钮的容器即可。因此，下面的工作就是编写代码来生成菜单容器。具体分两个步骤，下面分别详细介绍。

### 1. 设计菜单子项按钮

由于这个实例程序使用的 UI 稍微有点复杂，之前使用的简单按钮组件 ui.Button 的功能太过简单，已经不太适合在这里使用。为此，笔者引入一个开源项目 MinimalComps。

MinimalComps 是一套纯 ActionScript 3.0 编写的轻量级 UI 库，包含了程序开发中常用的界面控件，使用方便、体积小、扩展性强，对于 AIR 移动开发是再合适不过了。

该项目的网址是 https://github.com/minimalcomps，目前的最新版本为 0.9.10。只需下载经过编译的 SWC 文件，比如 MinimalComps_0_9_10.swc，拷贝到本书源代码目录 library\swc 下即可。在 FlashDevelop 的 Project 面板，展开 library 目录，找到要添加到项目中的 swc 文件，右键单击，选择 Add To Library，这样就可以在项目中使用库文件了。

---

**提示** 默认情况下，在项目面板看不到全局源代码目录，可以单击菜单 Tools → Program Settings → ProjectManager，找到 Show Global Classpaths 项，设为 true，并重启 FlashDevelop。

---

MinimalComps 库中含有一个名为 PushButton 的组件，是一个只包含文本的按钮，不过 MinimalComps 库拥有良好的扩展性，这为我们节省了很多时间。IconButton 是一个继承自 PushButton 的组件，允许同时显示图标和文本，如代码清单 12-2 所示。

**代码清单 12-2　ui.IconButton 类**

```
package ui
{
  import com.bit101.components.PushButton;
  import flash.display.DisplayObject;
  import flash.display.Sprite;

  public class IconButton extends PushButton
  {
    // 图标对象
    private var _icon:DisplayObject;
    // 嵌入图片资源的构造器
    private var _iconClass:Class;

    public function IconButton(label:String, iconClass:Class = null):void
    {
      _iconClass = iconClass;

      super(null, 0, 0, label);
    }

    /**
     * 创建图标对象
     */
    override protected function addChildren():void
    {
      super.addChildren();
```

```
    // 如果传入了图标数据，则通过图标资源构造器创建实例
    if ( _iconClass != null )
    {
        _icon = new _iconClass() as DisplayObject;
        // 将 _icon 添加到显示列表
        addChild(_icon);
    }
}


/**
 * 刷新图标和文本的布局
 */
override public function draw():void
{
    super.draw();
    // 如果图标存在，则重新计算文本和图标的位置
    if ( _icon != null )
    {
        // 将 _icon 水平居中
        _icon.x = (this.width - _icon.width) / 2;
        // 将 _icon 和 _label 垂直居中
        var gap:int = 6;
        var totalHeight:int = _icon.height + _label.height + gap;

        var py:int = (height - totalHeight) / 2;
        _icon.y = py;
        _label.y = py + gap + _icon.height;
    }
}
}
}
```

IconButton 的功能很单一，仅仅只接受指定的图标。在创建 IconButton 时，如果要显示图标，需要将图片嵌入程序中，然后将图片对应的构造类传给 IconButton。

由于只是为了达到演示效果，所以这里并没有对 IconButton 添加更多的功能，比如允许从外部加载图片等，读者如果有兴趣的话可以去做这方面的尝试。

### 2. 创建菜单元件

菜单元件可以看做是若干个 IconButton 的容器，至于容器将有多少个子级元素，以及子级元素显示的文本和图标是什么，则完全根据动态的数据来生成。

创建菜单元件的代码如代码清单 12-3 所示。

代码清单 12-3 创建菜单元件

```
// 4 张嵌入的图片，用来作为菜单中的图标
[Embed(source="./assets/about_ico.png")]
private var about_ico:Class;
```

```
[Embed(source="./assets/close_ico.png")]
private var close_ico:Class;

[Embed(source="./assets/delete_ico.png")]
private var delete_ico:Class;

[Embed(source="./assets/settings_ico.png")]
private var settings_ico:Class;
// 菜单容器
private var theMenu:Sprite;

// 透明层，显示菜单时使用，用来拦截舞台上其他鼠标事件
private var menuMask:Sprite;
// 菜单高度
private const MENU_HEIGHT:uint = 100;

private function createMenu():void
{
  menuMask = new Sprite();
  var g:Graphics = menuMask.graphics;
  g.beginFill(0, 0);
  g.drawRect(0, 0, stage.stageWidth, stage.stageHeight);
  g.endFill();
  addChild(menuMask);
  // 给菜单顶部添加一条线，让它看上去更像 Android 菜单
  theMenu = new Sprite();
  g = theMenu.graphics;
  g.lineStyle(2, 0x666666);
  g.moveTo(0, 0);
  g.lineTo(stage.stageWidth, 0);

  // 构造数据
  var labels:Array = new Array("delete", "settings", "about", "close");
  // 根据数据计算每个子项的尺寸
  var item_width:int = stage.stageWidth / labels.length;

  var item:IconButton;
  for ( var i:uint = 0, len:uint = labels.length; i < len; i++)
  {
// 依次创建 IconButton，并设置坐标
var s:String = labels[i];
item = new IconButton(s, this[s + "_ico"]);
item.name = s;
item.setSize(item_width, MENU_HEIGHT-1);
item.x = i * item_width;
item.y = 1;
theMenu.addChild(item);
  }
  addChild(theMenu);
}
```

上面的代码中使用了一个临时数组 labels 来存放菜单数据，数组中的每个元素都对应一个内嵌的图像资源。字符组合 this[s + "_ico"] 实际上指向了 about_ico、close_ico 等事先准备好的资源。

在初始状态下，菜单元件处于隐藏状态，我们还必须将菜单元件的显示控制和 Menu 键关联起来，才能形成完整的工作流程。

## 12.2.2 关联按键动作

上一节已经成功地创建了菜单元件，所有需要的界面元件都准备完毕，接下来就是将按键编程与界面元素整合起来，通过添加按键监听检测出 Menu 键，然后控制菜单的可见性。

对于开发者来说，或许看过下面的伪代码就全明白了：

```
if( menu 键按下 )
{
  if( 菜单可见 )
  {
    隐藏菜单 ();
  }else
  {
    显示菜单 ();
  }
}
```

Flash 平台最擅长于处于交互和动画，我们自然也不能放过这个一展身手的机会。为了方便，笔者使用了一个免费的缓动工具包 TweenLite（http://www.greensock.com/tweenlite/），给菜单的滑入和滑出添加简单的动画效果。

从官方站点下载最新的工具包，找到其中的 greensock.swc 文件，复制到本书源代码目录 library\swc 下，并将该 SWC 文件标记为库文件。

实例程序完整代码如代码清单 12-4 所示。

**代码清单 12-4　主程序**

```
package
{
  import com.bit101.components.Style;
  import com.greensock.TweenLite;
  import flash.desktop.NativeApplication;
  import flash.display.Graphics;
  import flash.display.Sprite;
  import flash.events.KeyboardEvent;
  import flash.events.MouseEvent;
  import flash.ui.Keyboard;
  import ui.IconButton;

  public class Main extends AppBase
  {
```

```actionscript
    // 嵌入图片，用作菜单的图标
[Embed(source="./assets/about_ico.png")]
private var about_ico:Class;

[Embed(source="./assets/close_ico.png")]
private var close_ico:Class;

[Embed(source="./assets/delete_ico.png")]
private var delete_ico:Class;

[Embed(source="./assets/settings_ico.png")]
private var settings_ico:Class;
    // 文本对象
private var tip_txt:Label;
    // 菜单元件
private var theMenu:Sprite;

    // 透明层，显示菜单时使用，用来拦截舞台上其他鼠标事件
private var menuMask:Sprite;

private const MENU_HEIGHT:uint = 100;
    // 重写初始化方法
override protected function init():void
{
    // 设置所有组件的字体大小
    Style.fontSize = 14;

tip_txt = new Label();
    tip_txt.x = tip_txt.y = 30;
    tip_txt.text = "Click 'Menu' to show menu";
    addChild(tip_txt);

    // 创建菜单
    createMenu();

    // 默认菜单隐藏不可见
    menuMask.visible = false;
    theMenu.visible = false;

    // 添加键盘事件监听
NativeApplication.nativeApplication.addEventListener
        (KeyboardEvent.KEY_DOWN, onKeyDownHandler);
}

private function createMenu():void
{
    menuMask = new Sprite();
    var g:Graphics = menuMask.graphics;
    g.beginFill(0, 0);
    g.drawRect(0, 0, stage.stageWidth, stage.stageHeight);
```

```
        g.endFill();
        addChild(menuMask);

        theMenu = new Sprite();
        g = theMenu.graphics;
        g.lineStyle(2, 0x666666);
        g.moveTo(0, 0);
        g.lineTo(stage.stageWidth, 0);


        var labels:Array = new Array("delete", "settings", "about", "close");

        var item_width:int = stage.stageWidth / labels.length;
        // 根据动态数据创建按钮
        var item:IconButton;
        for ( var i:uint = 0, len:uint = labels.length; i < len; i++)
        {
            // 设置每个按钮的文本和图标，以及尺寸、位置
            var s:String = labels[i];
            item = new IconButton(s, this[s + "_ico"]);
            item.name = s;
            item.setSize(item_width, MENU_HEIGHT-1);
            item.x = i * item_width;
            item.y = 1;
            theMenu.addChild(item);
        }


        addChild(theMenu);
    }

    private function onKeyDownHandler(e:KeyboardEvent):void
    {
        // 检测是否是 Menu 键
        if ( e.keyCode == Keyboard.MENU )
        {
            // 根据可见性决定相应动作
            if ( theMenu.visible )
            {
                //hide menu
                hideMenu();
            }
            else
            {
                showMenu();
            }
        }
    }
    // 显示菜单
    private function showMenu():void
    {
```

```
    trace("showMenu");

    menuMask.visible = true;
    // 重置坐标，确保是从底部向上滑入
    theMenu.y = stage.stageHeight;
    theMenu.visible = true;
    // 添加鼠标事件，拦截鼠标行为
    stage.addEventListener(MouseEvent.MOUSE_DOWN, onMouseDown);
    // 执行动画
//TweenLite.to方法的第一个参数表示对象，第二个参数是动画的持续时间
// 第三个参数用来设置动画参数，包括坐标的起始值、回调函数等
    TweenLite.to(theMenu, 0.1, { y:stage.stageHeight - MENU_HEIGHT } );
}
// 处理鼠标事件
private function onMouseDown(e:MouseEvent):void
{
// 停止鼠标事件流，拦截屏幕上其他元件的鼠标事件
    e.stopImmediatePropagation();
    hideMenu();
    // 是否单击了按钮以内的元件
    if ( theMenu.hitTestPoint(mouseX, mouseY) == false )
    {
      // 单击菜单外的其他位置，仅仅关闭菜单
    }
    else
    {
      // 检测单击了菜单上的哪一个按钮
      if ( e.target is IconButton )
      {
        tip_txt.text = e.target.name + " menu item is clicked";
      }
    }
}

// 隐藏菜单
private function hideMenu():void
{
    trace("hideMenu");
    // 移除舞台的鼠标事件监听器
    stage.removeEventListener(MouseEvent.MOUSE_DOWN, onMouseDown);
// 滑出效果，并为动画完毕添加回调函数
    TweenLite.to(theMenu, 0.1, { y:stage.stageHeight, onComplete: hideComplete } );
}
// 滑出效果结束后，将菜单置为不可见
private function hideComplete():void
{
    theMenu.visible = false;
    menuMask.visible = false;
}
  }
}
```

当菜单可见时，这里放置了一个透明的遮罩层在菜单下面，读者可能会问：是否有必要这么做？这个遮罩层用来拦截舞台上其他元件的鼠标行为，避免出现误操作，这和 Android 系统菜单的工作方式也是吻合的。

使用 TweenLite 类时，可以在第三个参数中加入动画事件的回调函数，比如：

```
TweenLite.to(theMenu, 0.1, { y:stage.stageHeight, onComplete: hideComplete } );
```

动作执行完毕后，onComplete 回调函数即被执行。有关 Tweenlite 的更多用法请读者参阅其官方网站上的使用文档。

代码编写完毕后，发布到手机上看看最后的效果，如图 12-3 所示。

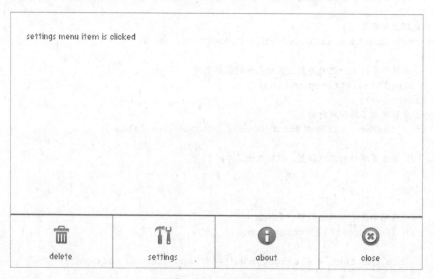

图 12-3　MenuEx 效果图

和 Android 系统菜单相比，我们创建的菜单已经像模像样了。不过在实际开发中，还要在细节处下工夫，比如按钮的背景色、文本字体等。同时，一些后续问题也同样值得思考，例如，菜单子项过多是否要分两行显示？如何根据每个页面的设置生成不一样的菜单？

另外，本节介绍的只是处理 Menu 键的方式之一，开发人员不要将思路限制在 Android 系统默认菜单风格上。丰富的交互性是 Flash 平台最大的特色，充分发挥 Flash 技术的优势，打造个性化和绚丽动画效果的菜单，往往能吸引用户的眼球。

## 12.3　Back 键的用法

Back 键的作用和 Word、Photoshop 等软件中的 undo 功能相似，所不同的是，Back 键仅限于页面导航，很少和程序内部的动作相关联。

和 Menu 键一样，Back 键的使用也很频繁，一些程序在脱离了 Back 键的情况下就无法顺畅地运转。和 Menu 键相比，Back 键的用法更简单，但对程序设计的要求也更高。因为页面导航往往是从全局上对程序进行操控，和程序的运行逻辑联系很紧密。因此，使用 Back 键导航时要特别小心，以免出现"帮倒忙"的现象，扰乱了程序正常的运行流程。

## 12.3.1 实战：使用 Back 键进行页面导航

本节以一个小例子来演示 Back 键的导航作用。实例中一共有 10 个页面，依次以 page_0、page_1、page_2…进行标记。程序将提供两种导航方式：界面上向前和向后的按钮；Back 键用来返回上一页。

Page 类用来代表页面，代码如下：

```
package
{
  import flash.display.Graphics;
  import flash.display.Sprite;
  import com.bit101.components.Label;

  public class Page extends Sprite
  {
    // 用来显示页面信息的标签
    private var _label:Label;

    public function Page( name:String, w:int, h:int )
    {
      // 画随机颜色填充的背景色
      var g:Graphics = this.graphics;
      g.beginFill(Math.random() * 10000);
      g.drawRect(0, 0, w, h);
      g.endFill();
      // 创建标签对象
      _label = new Label();
      _label.text = name;

      _label.x = (w - _label.width)/2;
      _label.y = (h - _label.height)/2;

      addChild(_label);
    }
  }
}
```

Page 类中的内容很简单，只有一个背景色和一个标签。为了便于区分页面，Page 类的背景使用了随机颜色填充。

由于主程序的逻辑并不复杂，因此就让我们直接来看主程序的代码吧，请看代码清单 12-5。

代码清单 12-5　BackEx 主程序

```
package
{

    import com.bit101.components.PushButton;
    import com.bit101.components.Style;
    import com.greensock.TweenLite;
    import flash.desktop.NativeApplication;
    import flash.events.KeyboardEvent;
    import flash.events.MouseEvent;
    import flash.ui.Keyboard;
    import flash.utils.Dictionary;

    public class Main extends AppBase
    {
      // 用来导航的两个按钮
      private var btn_prev:PushButton;
      private var btn_next:PushButton
      // 使用一个字典对象存放页面的引用
      private var pages:Dictionary = new Dicionary();
      // 记录当前页面的索引
      private var currentIndex:int = 0;
      // 页面的数量
      private var MAX:uint = 10;

      override protected function init():void
      {
        // 设置组件的字体，使用 Android 系统默认字体
        Style.embedFonts = false;
        Style.fontName = "Droid";
        Style.fontSize = 18;

        // 创建 Page
        var page:Page;
        for ( var i:uint = 0; i < MAX; i++ )
        {
          page = new Page("page " + i, stage.stageWidth, stage.stageHeight);
          // 默认不可见
          page.visible = false;
          addChild(page);
          // 使用字典对象保存各个页面的引用
          pages["page_" + i] = page;
        }
        // 初始化后显示第一张
        pages["page_0"].visible = true;
        // 创建两个导航按钮
        btn_prev = new PushButton();
        btn_prev.label = "<-";
        btn_prev.height = 48;
```

```
addChild(btn_prev);
// 添加单击事件监听器
btn_prev.addEventListener(MouseEvent.CLICK, btnClickHandler);

btn_prev.x = 15;
btn_prev.y = stage.stageHeight - btn_prev.height - 15;
// 另一个按钮
btn_next = new PushButton();
btn_next.label = "->";
btn_next.height = 48;
addChild(btn_next);
btn_next.addEventListener(MouseEvent.CLICK, btnClickHandler);

btn_next.x = stage.stageWidth - btn_prev.width - 15;
btn_next.y = stage.stageHeight - btn_prev.height - 15;


// 这里很关键，用来监听按键事件
NativeApplication.nativeApplication.addEventListener
        (KeyboardEvent.KEY_DOWN, onKeyDownHandler);
}
// 两个导航按钮的事件处理
private function btnClickHandler(e:MouseEvent):void
{
  // 下一张
  if ( e.target == btn_next )
  {
    nextPage();
  }
  else
  {
    // 上一张
    prevPage();
  }
}
// 按键事件处理
private function onKeyDownHandler(e:KeyboardEvent):void
{
  if ( e.keyCode == Keyboard.BACK )
  {
    // 判断是否可以返回上一张
    if ( currentIndex > 0 )
    {
      prevPage();
      // 关键代码，取消按键的默认行为
      e.preventDefault();
    }
  }
}
// 下一张
private function nextPage():void
```

```
{
  // 是否已经是最后一张
  if ( currentIndex >= MAX )
  {
    return;
  }

  showPage(currentIndex, true);
}
// 上一张
private function prevPage():void
{
  // 是否已经是第一张
  if ( currentIndex <= 0 )
  {
    return;
  }

  showPage(currentIndex, false);
}
// 切换页面的方法，moveOn 代表切换方向
private function showPage(id:int, moveOn:Boolean = true):void
{
  var currPage:Page = pages["page_" + currentIndex];
  // 判断方向
  if ( moveOn )
  {
    currentIndex++;
  }
  else
  {
    currentIndex--;
  }
  var newPage:Page = pages["page_" + currentIndex];

  var w:int = stage.stageWidth;
  // 添加页面切换的动画效果
  // 如果是下一页，动画从右向左
  if ( moveOn )
  {
    // 让当前页面向屏幕左边滑出
    TweenLite.to(currPage, .2, { x:-w } );
    // 将新页面从屏幕右边滑入
    newPage.x = w;
    TweenLite.to(newPage, .2, { x:0 } );
  }
  else
  {
    // 让当前页面向屏幕右边滑出
    TweenLite.to(currPage, .2, { x: w } );
```

```
        newPage.x = -w;
        TweenLite.to(newPage, .2, { x:0 } );
      }
      newPage.visible = true;

    }
  }
}
```

在程序中使用了一个全局变量 currentIndex 来记录当前页面的索引号，之后所有的导航行为都围绕这个值来进行。

如果当前页面是第一张，即 currentIndex = 0，此时按 Back 键会有什么事情发生？

```
// 判断是否可以返回上一张
if ( currentIndex > 0 )
{
  prevPage();
  // 这句代码是使用 Back 键实现程序内部导航的关键
    e.preventDefault();
}
```

当无法向上返回时，这时候不用再取消按键的默认行为，Back 键的动作由系统来接手，返回到上一个运行过的程序，而 AIR 程序则转入后台运行。

程序在手机上的运行效果如图 12-4 所示。

图 12-4  BackEx 程序运行效果

这里的例子比较简单，实际开发中界面的切换往往要更复杂。如果页面的切换不是连续性的，而是跳跃进行的，本例的这种方式是否合适？比如说，在第一页上新加一个按钮，单击后要求程序直接显示第七张，然后按 Back 键要求能够退回到上一个页面。显然本例无法处理这种情况。

原则上讲，在设计 Back 键的导航功能时，页面间的切换必须是单向进行的。举个例子，从 page_A 跳转至 page_B，再跳转至 page_C，此时要进入 A 页面，比较合理的逻辑是按两次 Back 键。如果从 C 页面可以直接切换到 A 页面，那么就破坏了页面间的行进关系。如果将用户的操作记录看做一个堆栈，遵从先进先出的原则，那么用 Back 键来导航就变得格外容易。

## 12.3.2　通过 Back 键自动关闭程序

当程序内部的页面无法向上返回时，这时按 Back 键，将使用系统默认行为来处理，即返回到上一级界面，同时当前程序转入到后台运行。针对这种情况，在 Android 平台上还有一种比较流行的做法，即自动关闭程序。

以 12.3.1 节的例子为例，如果当前页面索引为 0，再次按 Back 键后程序"自杀"。如下所示：

```
// 判断是否可以返回上一张
if ( currentIndex > 0 )
{
  prevPage();
  // 这句代码是使用 Back 键实现程序内部导航的关键
  e.preventDefault();
}
else
{
  // 关闭程序
  NativeApplication.nativeApplication.exit();
}
```

在 Android 系统上，如果用户不主动关闭程序，程序可能会一直处于开启状态。虽然程序在后台运行已经释放了不必要的资源，但某些执著的用户依然希望关闭那些不再使用的程序。对这部分用户而言，程序的"自杀"是一件让人省心的事。

也有更人性化一点的做法，当用户按 Back 键时，如果是第一次按，则提示用户："如果再次按 Back 键，程序将退出。"如果用户在一段时间内（比如 2 秒）再次按 Back 键，程序"自杀"，否则继续运行。这种做法的优点是将选择权完全交给用户，避免了可能存在的误操作。

---

**提示**　任何方式都不是绝对的，需要根据应用程序的具体情况而定。有的应用程序需要在后台执行，自动关闭就不适用；有的应用程序仅仅在界面上提供了显示的关闭按钮，这也是一种选择。

## 12.4　本章小结

　　Android 平台有自己的特色，功能键便是其中之一。本章介绍了在 AIR 中这些功能键的编程方式，并对 Menu 键和 Back 键进行了实例讲解。虽然 Android 的功能键很简单，但在小小的按键中也会有大智慧。只因为每个移动平台都有自己的一套理念，只有那些融合了平台特色的应用程序，才能符合用户的使用习惯，为用户所接收。

# 第 13 章 性 能 优 化

　　性能是衡量程序质量的关键因素之一，只有优异的性能才能给用户带来更流畅更舒适的用户体验。和计算机相比，移动设备在软硬件上都有较大差异，所以对程序性能提出了更高的要求，这意味着，移动开发的性能优化会扮演更重要的角色。

　　本章将介绍 AIR 移动开发中性能优化的相关内容，主要围绕 ActionScript 3.0 的代码优化展开，并结合一些实例进行分析说明，包括以下内容：

　　❑ ActionScript 3.0 的运行机制
　　❑ 性能优化的思路
　　❑ 常见性能优化工具和代码库的使用
　　❑ 实战经验分享

　　性能优化并不是一个单独的课题，涉及程序开发的方方面面，由诸多细节和技巧组成，本章的内容有限，只是希望起到抛砖引玉的作用。

## 13.1　了解 ActionScript 3.0 的运行机制

　　为什么要了解 ActionScript 3.0 的运行机制？或许有的读者觉得自己对 ActionScript 的运作完全一无所知，但并不妨碍编程。确实，只要掌握了 ActionScript 的语言和必备的程序开发知识，编写出数万行的代码完全不是问题。但如果读者有过程序性能优化的工作经历（不管是使用哪一种语言），我想你都会赞同一点：深入了解语言的特性包括底层的运行机制，对性能优化工作者绝对是一门必修课。

　　举一个更近的例子。很多初次接触 Flex 框架的开发者都会喜欢上 Flex 开发，因为它极大地简化了开发工作，明显提高了开发效率。毫不夸张地说，一个新手在短时间内就可以开发出较复杂的应用。但是，如果要在 Flex 框架上实现一些个性化的功能，比如扩展组件、修改组件的样式、自定义程序的启动画面等，就需要深入了解 Flex 框架、Flex 程序的运行机制、组件的基本构造、生命周期等知识。

　　同理，如果想提升程序的性能，就有必要了解程序的运行机制，包括代码在编译、执行过程中的存在形式，以及代码的组织方式与程序运行性能之间的联系，从而指导具体的编程工作，让代码编写工作效率最大化。

### 13.1.1　ActionScript 3.0 的特点

　　从诞生至今，ActionScript 经历了一段较为复杂的发展历程。早期的 ActionScript 1.0 只是一种辅助性的动画脚本，2.0 版本之后逐渐向流行的高级语言发展。今天的 3.0 版本已经成长为一门成熟的面向对象编程语言。Action Script 3.0 有以下 4 个特点。

（1）ActionScript 是一种解释型编程语言

按执行方式，程序语言可分为解释型和编译型两种。我们知道，计算机无法直接理解程序语言，只能理解机器语言，即由 0 和 1 组成的原始代码。任何一种语言都要翻译成机器语言才能被计算机理解并执行，而翻译的方式有两种：一种是编译，一种是解释。两者区别如下：

❑ 编译型语言在执行之前经过编译直接转成为机器语言，所以可以直接执行，比如 C、C++、Pascal 等。

❑ 解释型语言在运行过程中由专门的程序（习惯称为解释器）翻译为机器语言并执行，目前很多流行的编程语言都属于这一类，比如 JavaScript、Java、VBScript、Perl、Python、Ruby 等。

这两种类型的语言各有特点，总的来说，编译型语言不需要中间的翻译过程，所以执行速度更快；而解释型语言对平台的依赖性较低，所以移植性更强，适合做跨平台开发。

解释型语言依赖于解释器，在 Flash 平台上扮演解释器角色的是两种运行时程序：Flash Player 和 AIR。

❑ Flash Player 是用于客户端的运行时播放器，是 Flash 技术平台的核心，网页上常见的 Flash 文件就是由它来解释执行的。

❑ AIR 用于桌面开发，可看做是 Flash Player 的桌面增强版，它包括了 Flash Player 播放器，同时增加了对桌面系统的访问和交互能力。

**和一般的解释型语言不同，ActionScript 也需要编译。**当使用 Flash Builder、Flash CS5 等开发工具发布程序时，不管是 Web 开发还是桌面开发，最终都会编译生成 SWF 文件。**SWF 是 Flash 平台上唯一的可执行文件格式**[⊖]，可以内嵌任何格式的资源文件，包括图像、视频等。最重要的一点，SWF 文件包括了可执行代码。在 SWF 文件中，经过编译后的 ActionScript 以字节码（ActionScript Byte Code，ABC）的形式存在。也就是说，Flash 播放器实际上执行是 ABC 码，而不是 ActionScript 源代码。

ABC 码是一种介于机器码和文本的中间码，以二进制格式存放。由于 SWF 文件格式已经开放，网络上已经出现了很多第三方的 SWF 反编译器和工具包，利用这些工具，我们可以了解 SWF 文件格式和 ABC 码的组织形式，进一步了解代码的执行流程。同时也可使开发者对源代码保护有更深的理解。

这里推荐一款开源的 SWF 反编译工具 SWFWire Inspector（http://www.swfwire.com/inspector）。SWFWire Inspector 本身使用 AIR 技术开发，可以浏览 SWF 文件结构，解析 ABC 码。不管是工具自身的功能，还是开放的源代码，对开发者来说，都是绝好的学习资源。

（2）由 Flash Player 中的虚拟机来执行

Flash Player 是一个构造复杂的运行时，包含了虚拟机、平台基础模块、网络通信层、

---

⊖ Adobe 已经开放了 SWF 文件格式，可以在官方网站 http://www.adobe.com/devnet/swf.html 上获取更多资料。

多媒体处理模块等若干部件,其中虚拟机(ActionScript Virtual Machine , AVM)负责解释执行 ActionScript 代码。

Flash Player 9.0 及更高版本共包含两个虚拟机:AVM1 和 AVM2。AVM1 负责执行 ActionScript 1.0 和 2.0 脚本,以兼容老版本的内容;AVM2 则是为 ActionScript 3.0 专门设计的新一代虚拟机。与 AVM1 相比,AVM2 最大的不同点在于它支持即时编译<sup>⊖</sup>,在运行时将 ABC 码编译成机器码;而 AVM1 只是将 ActionScript 源代码翻译为机器码,这也是 ActionScript 3.0 性能得以成倍提升的主要原因。

Adobe 已经将 AVM2 项目开源,并将源码赠送给 Mozilla 的 Tamarin 项目,网站地址是 http://www.mozilla.org/projects/tamarin/。网站提供了整个项目的源代码,其中 AVM2 部分,除了显示层渲染相关的功能外,其他的代码都可以免费获取。

Adobe 宣布 AVM2 开源的消息曾轰动一时,Flash 平台第一次对开发者揭开了它的神秘面纱,使每个开发者都有机会了解 AVM2 虚拟机的原理和 ActionScript 3.0 的底层实现。事实上,AVM2 的开源影响极其深远,不管是 Flash 开发者,还是希望对 Flash Player 进行扩展的第三方人员,都从中受益。另外,Adobe 加入 Tamarin 项目后也促进了 ECMAScript 脚本语言规范(ActionScript 和 JavaScript 都遵从该规范)的发展。

(3)基于帧的运行模型

如果读者使用过 Flash Professional CS5 或其他的动画制作工具,对帧和时间轴一定不会陌生。时间轴是 Flash 开发环境的核心,所有的元素,包括矢量图形、声音、视频和 ActionScript 等,都依附在时间轴的帧上。与 Flash CS5 相比,Flex 开发要单纯得多,MXML 和 ActionScript 构成了程序的主体。但事实上,Flex 程序编译后生成的 SWF 文件和 Flash 动画并没有什么本质的区别。

在 Flash 平台中,帧是无处不在的,即便是由纯 ActionScript 编写而成的程序,依然是以帧为单位来运行的。为了更清楚地说明这一点,笔者尝试用如下伪代码来描述 Flash 程序:

```
TP = 设定每帧花费的时间, 由帧率获得;
While(true)
{
  t0 = 初始时间;
  执行帧上代码并渲染;
  t(执行帧所花费的时间) = 现在时间 - t0;
  // 如果比预设的时间短, 则等到时间足够长了再继续
  if ( t < TP )
    sleep(TP -t);
}
下一帧;
```

---

⊖ 即时编译(Just-In-Time Compilation, JIT 编译)又称为动态翻译,是一种提高程序运行效率的方法。通常,程序有两种运行方式:静态编译与动态直译。静态编译的程序在执行前全部被翻译为机器码,而直译执行的则是一句一句边运行边翻译。即时编译器则混合了这二者,一句一句编译源代码,但是会将翻译过的代码缓存起来以降低性能损耗。——维基百科

```
}
```

简单地说，Flash 程序可看做是一个反复执行的循环体，帧是其中的一个基本单位。当然，Flash Player 内部的构造肯定比这个模型要复杂得多，只是希望借这个模型来说明帧在程序执行过程中的作用和意义。

在帧模型中，帧率扮演着重要的角色，它控制了代码的执行频率，和程序的性能表现息息相关。从上面的模型可以看出，**我们为程序预设的帧率其实是一个理想值**，因为程序的实际帧率永远都不可能超过预设的帧率，只会尽可能地靠近。如果执行 1 帧花费的时间超过了预期，则帧率会变小，从而影响了代码的执行频率，甚至界面的刷新。

说到帧执行模型，不能不提 Flash Player 中著名的 Elastic Racetrack（弹性跑道）模型。在弹性跑道模型中，Flash Player 执行一个帧周期的过程被分为两部分，前一部分时间用于执行代码，剩余时间用于渲染显示列表中的对象，代码执行和帧渲染这两者之间相互影响，形成平衡的制约关系。弹性跑道理论从设计角度解释了 ActionScript 的执行原理，特别是事件机制的运行原理，对 ActionScript 编程和代码优化有指导意义，感兴趣的读者可以参阅 Adobe 官网上的相关文章，网址：http://blogs.adobe.com/xwlin/tag/race-track。

**（4）不支持多线程**

所谓多线程，即在同一时刻可以做多件事。从 1.0 到现在的 3.0，ActionScript 一直只支持单线程。Flash Player 本身是一个基于多线程的程序，在其内部运行着多个线程，比如有的解释执行 ActionScript，有的负责网络通信，只不过没有提供多线程编程的 ActionScript API。随着 ActionScript 的不断发展和进化，极有可能在以后引入多线程编程。

和多线程相比，单线程最明显的一个特点是，脚本始终是顺序执行的。在一个帧周期中，Flash Player 需要执行每帧的动作，之后再更新界面。在执行动作时，当遇到执行时间过长的操作，后面的其他任务都只能等待，整个任务队列就会被阻塞住，导致出现界面更新延迟、用户交互动作没有及时响应等情况，即出现了性能问题。

明白了程序性能问题的根源所在，我们就可以在实际开发中采用合理的方法来解决这些问题。一个最行之有效的方法是**利用异步事件分解复杂的任务**，将执行时间长的操作拆为更小的单元，分配在多个帧周期中多次执行，降低每个帧周期的压力，保证整体的顺畅。虽然 ActionScript 不支持多线程，但利用异步事件的特性可以让代码尽量在帧周期的空闲时间内执行，也可达到类似的效果。本章的 13.4.3 节正是使用这种方法的一个典型实例。

当然，ActionScript 的特点远不只上述 4 点，这里仅仅是从编程语言的角度来阐述了 ActionScript 语言的主要特点和运行原理，为程序优化打下理论基础。

## 13.1.2　关于垃圾回收机制

从 Flash Player 9 开始，垃圾回收（Garbage Collection，GC）机制发生了重大变化，从某种程度上说，这些改变给开发带来了更大的挑战。因为过去很多由 Flash Player 自动完成的事情，现在开发者必须自己负责处理。比如，调用 unload 方法就可以将加载的 SWF 文件资源全部释放，移除舞台上的 MovieClip 对象时，所包含的子对象也会被自动清除，所有的代码也会被中止，这些看似理所当然的功能现在变得格外复杂，一不小心就会造成内存泄露，影响程序性能。因此，我们有必要了解垃圾回收机制的工作方式，参照其中的规律优化代码。

在 Flash Player 中，垃圾回收器好比是一个在后台不间断运行的服务，负责回收死亡对象所占用的内存。简单地说，垃圾回收器的工作可分为两个步骤：

1）确定对象已经死亡，即对象不再被程序使用。

2）回收死亡对象占用的内存。

从逻辑上看，第 1 步无疑是垃圾回收工作的关键所在。如何确定对象已经死亡？这就得从 ActionScript 的数据引用说起。

在 ActionScript 中，除了元数据类型（Boolean、String、Number、uint、int）之外，使用其他对象时仅仅是持有对象的引用（Reference），而不是值本身。请看下面一段代码：

```
// 创建 int 型变量 i
var i:int = 5;
// 创建 j 并赋值
var j:int = i;
j++;
// 查看现在 i 和 j 的值
trace("i:"+i);              //i:5
trace("j:"+j);              //j:6

// 创建对象 ref，添加属性 name
var ref:Object = {name:"xiaowang"};
// 创建变量 ref2，并指向 ref
var ref2:Object = ref;
// 更改变量 ref2 的 name 属性
ref2.name = "xiaobai";
// 现在再看看 ref 是否有什么变化
trace(ref.name);           //xiaobai
```

从运行结果可以看出，变量 i 和 j 并不指向同一对象，而 ref 和 ref2 虽然是不同变量，但始终指向同一个对象。如果要销毁元数据类型对象，直接将值置为 null 即可。但对于非元数据类型的对象，将变量值置为 null 仅仅只是清除了对对象的一个引用，而不会删除对象本身。垃圾回收器正是通过计算引用数量来确认一个对象的状态的，如果程序内部对某个对象的引用为 0，则可确认对象已经死亡，可以回收了。

引用计数法是一种简单有效的方法，但还不能解决全部问题，因为实际开发中对象的引用往往是错综复杂的，面对嵌套引用这种方法就有缺陷了。请看下面的代码：

```
var ref:Object = { name:"obj" };
// 创建 ref2，并添加属性 obj 指向 ref
var ref2:Object = { obj:ref };
// 给 ref 添加属性 obj 并指向 ref2
```

```
ref.obj = ref2;
// 删除两个变量
ref = null;
ref2 = null;
```

在这段代码中，两个对象 ref 和 ref2 相互引用，使得引用数都为 2。当删除变量时，都仅仅只是删除了一个引用，但是程序已经无法再找到操作这两个对象的方法，从逻辑上看，这两个对象可以被回收了，但各自的引用数却为 1。

**为了解决类似问题，垃圾回收器还要执行引用计数的后续步骤：标记清除**（Mark Sweeping）。在这个过程中，垃圾回收器从程序的根集合开始层层扫描，对所有存活的对象进行标记，扫描完毕后，再统计所有未标记的对象，并进行回收。有关垃圾回收的详细说明请参阅 Adobe 的官方文档：http://www.adobe.com/devnet/flashplayer/articles/garbage_collection.html。

**注意**　引用计数时，弱引用是不被计算在内的，因此，在添加事件监听器时，推荐使用弱引用，也就是将 addEventListener 的第 5 个参数值修改为 true。

既然垃圾回收机器可以做好"清洁卫生工作"，那开发者是不是就可以高枕无忧了？答案显然是否定的。

首先，执行 GC 也是有成本的，不建议直接执行。

Flash 程序中没有直接执行 GC 的 API，播放器只会在必要的时候执行 GC，我们无法获取任何相关的信息。最典型的场景是遇到了内存瓶颈，播放器通过执行 GC 回收不再被使用的内存，或者向系统申请更多的内存。在 AIR 程序中，可以通过 flash.system.System 的 gc 方法强制执行 GC。

不管是在哪种应用中，有一点相同，即执行 GC 会耗费系统资源，程序规模越大，结构越复杂，执行 GC 的成本也越大。在程序运行期间强制执行 GC，很有可能会影响程序的正常运行。播放器在执行 GC 任务时，往往选择在系统较空间的时间段，而且会分段完成。

**小技巧**　在 Flash 程序中没有 API 来执行 GC，但一些开发者经过研究后发现了 Flash Player 的"漏洞"：一些特殊的异常代码可以强制执行 GC。

请看下面这段众所周知的代码：

```
try{
    new LocalConnection().connect("foo");
    new LocalConnection().connect("foo");
}catch(e)
{
}
```

执行这段代码后 Flash Player 就会立即执行 GC。虽然在实际开发中这段代码的意义并不大，但进行性能测试时非常有用，在 13.2.2 节将列举相关的例子。

其次，垃圾回收机制的作用是有限的，如果编写的代码不严谨，垃圾回收机制也无能为力。

前面讲过了，对象被回收是有条件的，如果没有按照垃圾回收机制的规则来操作，理应被销毁的对象将不会被回收，这也就是常说"内存泄露"。内存泄露达到一定的规模，就会影响程序的正常运行，甚至陷入假死状态。

因此，在编写代码时一定要注意，严格按照垃圾回收的规范来做，如果确定对象不再使用，则一定要手动清除相关的引用，养成主动管理资源的好习惯。

## 13.2 从编程细节处看优化

说到性能优化，很多开发者都觉得是真正的"技术活"，很有难度，似乎只有高手才能胜任。确实，这种想法有一定道理，因为优化工作要求开发者对编程语言、程序设计和算法等各方面都有深入的研究，但是性能问题不一定就是有难度的技术问题，绝大部分情况下，大问题是由众多的小问题引发的。如果我们不能真正认识到细节在编程中的重要性，那么就很难编写出高质量的代码。

本节试图从编程细节来谈谈优化工作。当然，文中提到的细节并不是纯粹的技术点，而是结合程序开发的基本原则来展开的，希望这个新的角度能给读者引起不一样的思考。

### 13.2.1 使用最合适的数据类型和 API

ActionScript 3.0 已经包含了大量实用的类和方法，足以满足日常的开发需求。所以在使用这些数据类型和 API 时，一定要物尽其用。

**1. 使用内置数据类型的原则**

使用 ActionScript 3.0 内置的数据类型时，应遵循以下两个原则：

**原则 1　避免使用 Object 动态类型。**

如果程序中多次使用某种固定的数据结构，则要创建一个类，而不应使用 Object 类型来存放这些数据。将对象定义为 Object 类型看上去很方便，编译器也不会抛出任何问题，但过多地使用动态类型会降低程序的性能，因为运行时在执行代码时要花费更多的时间来解读这些数据。

动态类型还有一个缺点，就是在编辑时无法提供代码提示的功能，即使出现了拼写错误，编译器也无法发现，从而给程序的调试带来额外的工作。

**原则 2　尽量使用小尺寸的数据类型。**

很多类的作用和功能相似，如果不仔细区分，很容易造成资源浪费。比如在 ActionScript 3.0 中常见的显示对象有 MovieClip、Sprite、Shape、Bitmap 等几种。一些开发者习惯使用 Sprite，因为 Sprite 类既支持动态绘制，也可以存放子对象。实际上，如果一个显示对象仅仅只是用来绘制动态图形，则用 Shape 更加合适。这一个小小的改动可以节省的内存数可以通过以下代码计算出来：

```
// 导入 sampler 包中的 getSize 方法
import flash.sampler.getSize;
// 将 4 种显示对象耗费的资源打印出来
trace("MovieClip:" + getSize(new MovieClip())); //456
trace("Sprite:" + getSize(new Sprite()));        //420
trace("Shape:" + getSize(new Shape()));          //228
trace("Bitmap:" + getSize(new Bitmap()));        //228
```

从结果可以看出，Sprite 比 Shape 使用了更多的资源；MovieClip 比 Sprite 多了一个时间轴动画，花费了更多的资源；相比之下，Shape 和 Bitmap 节省得多。

**小知识** flash.sampler 包中包括了用于性能调试的方法和类，可以对程序的内存使用进行详细的数据分析。在调试版的 SWF 文件中包括了一个使用 sampler 包的内置客户端，Flash Builder 中的 Profiler 工具正是结合其中的客户端程序来实现全面的性能测试。

getSize 是一个很好用的小工具，使用方便而且直接，是性能优化必备之利器。

有时候我们需要在程序中定义一些常量，比如文件下载的状态、游戏进行状态等。一般人习惯用字符串来描述状态，比如：

```
// 定义了 3 个常量，分别表示：正在下载、暂停、出错
const DOWNLOADING:String = "downloading";
const PAUSED:String = "paused";
const ERROR:String = "error";
```

如果状态种类很多，就需要定义大量的常量，如果改用整型会比较好。比如：

```
// 定义了 3 个常量，分别表示：正在下载、暂停、出错
const DOWNLOADING:uint = 1;
const PAUSED:uint = 2;
const ERROR:uint = 3;
```

和字符串相比，整型数据消耗的内存资源几乎可以忽略不计。

### 2. 使用 Flash Player 和 AIR 的新特性

每次 Flash Player 和 AIR 发布新版时，都会增加一些新的功能特性，包括一些新的 API。这些新特性往往是对现有技术的有力补充，用来帮助提升性能，所以在开发针对新版运行时的程序时，应该及时更新知识库，而不能一味使用老的编码方式。

例如一些开发者到目前为止依然使用 Array 来完成所有数组相关的操作，完全没有注意到从 Flash Player 10 开始新增的 Vector 类。Vector 类和 Array 类的功能完全相同，唯一的区别是 Vector 类只能存放相同类型的数据，也就是 C++、Java 语言中的"泛型"数组。当操作一组元素类型相同的数组时，使用 Vector 不仅运行速度更快，而且会让编码工作变得更方便。

截至 AIR 3.1, ActionScript 3.0 中又增加了一些使用的类和方法, 笔者挑选了值得关注的几点, 说明如下。

（1）removeChildren 方法

该方法可以一步将显示容器中的子对象全部删除, 也可以只删除固定索引范围内的子对象。在此之前, 需要编写如下循环语句才能实现同样的功能：

```
while(container.numChildren>0)
{
    container.removeChildAt(0);
}
```

（2）支持对图片的异步解码

这是 Flash Player 11（对应 AIR 3.1）中新增加的功能, 对于移动程序尤其有用。在早期的版本中, 使用 Loader 对象加载外部图片时, 图片数据的加载过程是异步方式, 但将图片数据转换为 ActionScript 3.0 中的显示对象的解码过程是同步的。当图片尺寸很大时, 解码过程中大量的计算量很容易让程序陷入将死状态, 如果连续加载多张图片那更是雪上加霜。

为了解决这个问题, 可以使用新的异步解码方式, 示例如下：

```
import flash.system.ImageDecodingPolicy;
// 使用 loader 加载图片
var loader:Loader = new Loader();
var url:String = "http://www.example.com/image.jpg";
var loaderContext:LoaderContext=new LoaderContext();
// 将默认值 ON_DEMAND 更改为 ON_LOAD
loaderContext.imageDecodingPolicy = ImageDecodingPolicy.ON_LOAD;
// 开始加载图片
loader.load(new URLRequest(url),loaderContext);
```

更改 LoaderContext 对象的 imageDecodingPolicy 属性, 将默认值 ON_DEMAND 改为 ON_LOAD, 其他代码保持不变。

（3）新增 JSON 类, 支持 JSON 格式的数据读写

JSON（JavaScript Object Notation）是一种轻量级的数据格式, 便于解析和传送, 在各种流行的编程语言中都得到广泛应用。在 AIR 3.0 之前, 必须使用第三方的类库才能解析 JSON 格式的数据。AIR 3.0 发布后, ActionScript 3.0 中新增加了一个 JSON 类, 提供了读写 JSON 数据的方法。

JSON 类的用法很方便, 要生成一段 JSON 字符串, 可以使用 JSON 类的静态方法 stringify, 比如：

```
var items:Array = ["item 1", 2, 3, 4];
// 将数组转换为 JSON 格式的数据
trace(JSON.stringify(items));
// 输出 : ["item 1",2,3,4]
```

AIR 3.1 新增加的功能还有很多, 这里就不一一介绍了, 请读者参阅 Adobe 官网的文档

和 AIR 的发行说明，获取更加详细的资料。

## 13.2.2 资源的回收和释放

13.1.2 节介绍了垃圾回收机制，相信读者已经有了基本的了解。垃圾回收机制好比是一把双刃剑，有利有弊，使用不当很容易造成内存泄露。有一些 Flash 平台开发者对程序开发中的资源管理了解不足或不够谨慎，导致发布到网络上的 Flash 应用存在性能问题，给浏览器用户造成不好的印象，这也是为什么一些用户质疑 Flash 技术的原因。希望每个 Flash 技术人员都能重视程序的性能，让 Flash 技术得到公正的待遇。

有了理论知识做基础，下面介绍一些具体的技术要点，讲解如何用代码来实现资源的回收和释放。

### 1. 如何才能销毁一个对象

其实这种说法不够准确，因为在 ActionScript 3.0 中并不能直接销毁一个对象（这里指的是非原生类型的对象），而只将对象的引用计数清零。当对象的引用计数为零时，它就可以被垃圾回收器回收。从某种角度来说，它已经处于"死亡"状态。

清除对象引用的方法很简单，将变量置为 null 即可。如果是显示对象，还要先从显示列表将其移除，然后再置为 null。比如：

```
// 将舞台上的按钮 btn 从父容器中移除
btn.parent.removeChild(btn);
// 清除引用
btn = null;
```

ActionScript 3.0 中还有一个操作符 delete，是否也可以用来清除对象的引用呢？答案是否定的。和 AS2 中的 delete 不同，ActionScript 3.0 中的 delete 只能删除动态对象的属性，比如：

```
var obj:Object = {button:btn};
// 删除名为 button 的属性
delete obj["button"];
```

为了简化代码，在创建自定义类时，可以专门定义一个用来销毁引用的方法 destroy，在删除对象时就随手调用一次，这是一种严谨的编码风格。

### 2. 手动移除不必要的事件监听器

在 ActionScript 3.0 中，事件监听器的使用很广泛，也很容易引发内存泄露。当在一个对象上添加事件监听时，对象就会持有监听器所在对象的引用。例如：

```
var obj_a:ClassA = new ClassA();
var obj_b:ClassB = new ClassB();
// 给 obj_a 对象添加事件监听，并指定 obj_b 的某个方法为响应函数
obj_a.addEventListener("one event", obj_b.eventHandler);
```

在 ActionScript 3.0 的事件机制中，添加事件监听时，响应函数会保留原有的上下文环境，也就是说，obj_a 将一直持有 obj_b 对象的引用，除非使用 removeEventListener 方法移除了监听器，否则 obj_b 的引用计数将一直无法清零。

在实际开发中，代码中的事件监听器往往很多，因此处理起来要格外小心。当已经不再需要一个监听器时，一定要手动移除掉；如果无法确认监听器的工作时间，可以使用弱引用的方式，即在调用 addEventListener 方法时，将第 5 个参数设为 true。例如：

```
obj_a. addEventListener ( "one event", obj_b.eventHandler, false,0 , true);
```

在计算对象的引用数目时，弱引用是忽略不计的，不会影响垃圾回收工作，推荐使用。

### 3. 外部 SWF 文件是内存泄露的一大杀手

从外部加载 SWF 文件，特别是包含代码的 SWF 文件，这种情况下的资源管理机制会更加复杂，需要格外注意。

先来看一个应用场景：a.swf 中包含一段代码，会在程序启动时播放音乐。主程序使用 Loader 对象将 a.swf 文件加载进来，音乐开始播放。用户单击界面上的某个按钮，希望结束播放。于是开发人员在按钮的单击事件中添加如下一段代码：

```
// 卸载 SWF 文件
loader.unload();
// 移除所有的事件监听
loader.contentLoaderInfo.removeEventListener(Event.COMPLETE, onLoadComplete);
...
// 从显示列表删除
removeChild(loader);
loader = null;
```

看上去该做的都做了，但问题是，音乐会停止吗？

答案是**不会**。希望不要让你吃惊，如果不相信不妨亲自去验证。如果 a.swf 中有显示对象，从舞台上已经看不到这些对象了，但是音乐还在后台播放，像个幽灵一样。

当使用 Loader 对象的 unload 方法卸载 SWF 文件时，如果想当然地以为播放器会为我们作清扫工作那就大错特所了。实际上，播放器仅仅只是移除被加载文件的根显示对象，至于程序内部是否引用了它，或者内部还有哪些对象在工作，它都不会理会。

解决方案有两个：

（1）使用 unloadAndStop 方法而不是 unload 方法。

Loader 类的 unloadAndStop 是 Flash Player 10 以后新增的方法，专门用来解决动态加载所带来的性能问题。从文档中可以看到，该方法有一个可选参数 gc，默认为 true。

```
public function unloadAndStop(gc:Boolean = true):void
```

如果参数 gc 为 true，则播放器将会执行垃圾回收，包括停止播放声音、移除对根舞台的事件监听、移除 enterframe 相关的帧事件监听、停止 Timer 计时器、移除对 Camera 和 Microphone 的占用等。简单地说，在大部分情况下使用 unloadAndStop 都可以避免内存泄露问题。

（2）被加载的程序自己管理资源的回收和释放。

unloadAndStop 虽然很好用，但不一定能百分百解决问题，因为每个应用程序的情况都不同，对于一些复杂应用，仍然可能会造成内存泄露，更好的方式是程序自我管理资源。

在被加载的 SWF 文件中，可以监听 unload 事件。

```
this.loaderInfo.addEventListener(Event.UNLOAD, onUnLoaded, false, 0 , true);

private function onUnloaded(e:Event):void
{
    // 关闭声音，移除所有事件，销毁所有对象
}
```

当调用 Loader 对象的 unload 方法时，被加载的 SWF 文件就可以响应事件，主动释放资源。

**4. 特殊对象特殊对待**

在 ActionScript 3.0 中，还有一些对象在使用和管理资源时的方法比较特别，需要特殊对待。

（1）BitmapData 类

BitmapData 类提供了对位图数据进行像素级别操作的能力，在图像处理中的使用很频繁，位图操作往往涉及较大的计算量和内存占用。当位图数据使用完毕后，一定要记得先使用 dispose 方法释放耗费的内存，然后再删除对象本身。比如：

```
bd.dispose();
bd = null;
```

调用 dispose 方法后，BitmapData 对象存放像素的资源会马上得以释放，但不会销毁对象本身，因此还要再置为 null。

（2）XML 对象

虽然 XML 的使用无处不在，但如何销毁 XML 对象？这个问题一直没得到良好解决。和其他对象相比，XML 比较特殊，在树型结构中，根节点和子节点有互相引用的关系，这让垃圾回收器很难管理 XML 对象。不过在 Flash Player 10.1 发布后就再也不用为此担心了。

flash.system.System 类新增加了一个静态方法 disposeXML，专门用来销毁 XML 对象。这个方法的位置看上去有点奇怪，但确实挺管用。

除了上面介绍的技术点，ActionScript 3.0 中还有很多值得总结和分享的内容，这些只是形式不同，其实都在做同一件事，即配合垃圾回收机制管理资源。

## 13.2.3  实例：一段代码的优化历程

本节主要讲述一段代码的优化历程，其中提到的技术点非常普通，但都是一些容易被忽略的细节。之所以写这个例子，主要因为这是笔者工作中的真实经历，正是这次经历让我对

性能优化有了深一层的体会。在学习编程的过程中，每当自己经过一番琢磨亲手解决了某个难题时，往往印象深刻，并由此收获新的感悟，打开通往更高层次的大门。希望在分享心得的同时，也能起到抛砖引玉的作用。

下面这段 ActionScript 2.0 代码截取自一个 FlashLite 2.0 的项目，运行平台也是移动设备。

---

**提示** FlashLite 是 Adobe 为早期移动设备开发的 Flash 播放器。和今天的 AIR 移动版相比，FlashLite 支持更低硬件配置的设备，主要是安装了 Nokia 的 Symbian 系统或微软的 Windows Mobile 系统的手机，还包括一些嵌入式设备。

---

如果读者接触过 FlashLite，就会知道早期那些运行 FlashLite 的移动设备硬件配置很低，远远不能和今天的智能手机相提并论，对程序性能的要求相当苛刻。

```
var i:Number = 0;
//messages 数组用来记录所有的聊天信息，一个元素代表一条信息
var len:Number = messages.length;
txtField.text = "";
while( i < len )
{
        txtField.text += messages[i]+"/n";
        i++;
}
```

这段代码的作用是将数组 messages 中的聊天信息显示在屏幕上，其中 txtField 对象是一个 TextField 类型的文本框。

初看，代码并没有什么问题。整个程序开发完毕后，在计算机上调试时也都正常，但是放在真机上测试时，程序总是报错并意外关闭。经过一番跟踪调试，发现问题出在上面这段代码上，是由于某些不合适的操作导致资源消耗过多所致。

仔细分析代码后，发现了以下两个问题：

❑ 数组数据量太大，消耗内存，并增加了代码执行时间。

❑ 在循环体内部更改了显示对象的属性。在 while 循环中输出文本，意味着播放器要重新绘制文本，事实上播放器不会仅仅只更新舞台的局部，而是重新渲染整个舞台。显然，这是一个很不合理的处理方式。

发现问题后，就修改代码，反复调试，最后找到了解决方法。改动后的代码如下：

```
// 当存在一条信息后，检查数组长度
//MAX_LINE 是一个常量，值为 200
if( messages.length > MAX_LINE )
{
    // 如果保存的信息超过了最大值，则删除老的记录
    messages.shift();
}
......
```

```
// 记录当前时间点
var t:Number = getTimer();

var i:Number = 0;
var len:Number = messages.length;
// 使用一个临时变量存放文本信息
var output:String = "";
while( i < len )
{
        output+= messages[i]+"/n";
        i ++;
}
txtField.text = output;
//
trace("运行时间为 " + getTimer()-t);
```

和之前的代码相比，新的代码主要做了两处修改：

❑ 限制聊天历史记录的长度。程序始终只保留一定数量（200 条）的记录，当超过长度时，删除老的记录。这样不仅减少了内存消耗，也避免了大数量级别的运算。

❑ 避免在循环体中修改文本，而是使用一个临时变量来存放文本信息，对显示对象的操作数变为了一次，最大限度地降低了系统开销。

为了检测实际效果，使用 getTimer 方法计算出代码块的执行时间，进行前后对比。经过两处改动后，性能明显提高，在计算机上调试可以看到打印出来的运行时间成倍降低。重新发布程序到真机上运行，之前的异常情况再也没出现过，状态良好，问题得以解决。

从这个例子可以看出细节的重要性，仅仅稍微改变代码的结构和顺序，结果就截然不同。虽然现在的硬件条件提高了，但是用户对性能的要求也提高了，一定数量的小错误累积起来仍然会带来严重后果。

---

**思考** 如果使用 ActionScript 3.0 来编写上面这段代码，还有哪些地方是可以改进的？

---

## 13.3 常用工具和代码库

在性能优化工作中，分析是关键的一步。在分析过程中，所有的结果都必须以数据形式呈现出来，比如代码的执行时长、对象消耗的内存大小、程序消耗的内存总量等。数据量化是性能工作的基础，通过检测数据的变化，就能清楚地看到哪些地方得到了改进。当然，因为问题的不同，使用的方法也会不同，但在大部分情况下，优化工作会比较烦琐。因此，配合使用一些工具可以避免重复劳动，提高工作效率。

本节将介绍几款常见的性能优化工具和代码库，这些工具各有侧重点，其中有的用来优化代码质量，有的是专业的性能测试工具，请读者根据具体的应用场景选择使用。

## 13.3.1 使用 FlexPMD 优化代码

FlexPMD 是 Adobe 的技术人员开发的一款代码审查工具，可以帮助开发者分析 ActionScript 和 MXML 代码，快速找到代码的缺陷和不足，并给出优化建议。该项目的官方 网址：http://opensource.adobe.com/wiki/display/flexpmd/FlexPMD。

### 1. 安装和配置

FlexPMD 本身是一套 Java 库，可以单独使用，即通过命令行方式来调用，也可以很方 便地和其他开发环境整合使用，比如 Flash Builder、FlashDevelop 等。

从 4.0 版本以后，FlashDevelop 就集成了 FlexPMD，不需进行任何配置就可以直接用了。 FlashDevelop 的安装目录下有一个 tools 目录，放置了所有集合的第三方工具库，其中就包 含了 FlexPMD。如果读者使用 Flash Builder，可以安装针对 Eclipse 的插件，步骤也很简单， 具体请参阅官网上的说明文档。

### 2. 使用方法

FlexPMD 在工作时，会按照预设的编码规则对目标代码进行模式匹配，找到不合乎规则 的代码，并生成一份详尽的报告，配合开发环境，报告将以可视化方式呈现，并将信息和相 关代码关联起来，方便开发者修改和调试。

在 FlashDevelop 中，依次单击顶部菜单条的 Tools → Flash Tools → Analyze Project Source Code，在底部的状态条即可看到 "Flex PMD Running" 的字样，表明 FlexPMD 已经 在执行了。执行过程中，FlexPMD 将会分析项目中所有的 ActionScript 和 MXML 代码，生 成报告显示在 Results 面板。

以下是 ch13/FlexPMDEx 例子中的代码：

```
package
{
  public class Main extends AppBase
  {

    override protected function init():void
    {
      var ref:Object = { name:"xiaowang" };

      var ref2:Object = ref;

      ref2.name = "xiaobai";
    }
  }
}
```

使用 FlexPMD 分析代码后，Results 面板输出结果如图 13-1 所示。

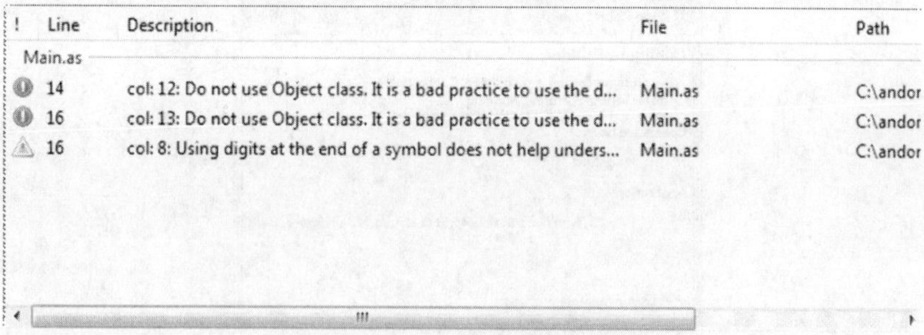

图 13-1　Results 面板输出结果

其中，第一条信息表示在 Main.as 的 14 行使用了 Object 动态类型，这种方式不可取，建议使用自定义类型来取代动态类型；第三条信息表示变量 ref2 的命名不够好，使用数字的变量名往往让人不明白具体的用途。

双击 Results 面板中的任意一条信息，FD 会自动在编辑区打开对应的文件，并定位到有问题的代码行。

FlexPMD 内置的编码规则包括了大量官方推荐的编码最佳实践方案，但并不是说里面的每条建议都是最好的，必须完全遵照，读者还是要按照个人习惯来进行舍取。总的说来，其中的很多意见对改善代码质量很有帮助。在团队协同开发中，还可以利用 FlexPMD 来确立统一的代码风格，让代码易于维护和管理。

## 13.3.2　Flash Builder 的性能调试工具 Profiler

Flash Builder 内置的性能调试工具 Profiler 功能非常强大，而且简单易用，是一款专业级别的性能优化工具。一些读者可能使用 Flash Builder 作为开发工具，因此这里也对这一工具的用法简单介绍。

Profiler 可以用来调试 Flex 项目和 ActionScript 项目，包括 Web 应用和 AIR 桌面应用，如果是移动项目，只能在桌面上使用，不支持远程调试。使用 Profiler 时，要确保项目是 Debug 版本，Profiler 需要 Debug 版程序中的工具库配合才能工作。

在 Flash Builder 中，单击工具栏上的 图标，或者顶部菜单 Run → Profile，就会进入 Profile 调试模式，并弹出如图 13-2 所示的设置窗口。

如图所示，设置窗口有以下两组选项：

❏ Enable memory profiling：表示开启内存分析。其中包括两个子项，Watch live memory data（实时监测内存数据）和 Generate object allocation stack traces（跟踪记录对象创建的过程）。

❏ Enable performance profiling：表示开启 CPU 性能分析。

如果没有特殊情况，全部选中后，单击 Resume 按钮，Flash Builder 切换到 Profile 工作模式，如图 13-3 所示。

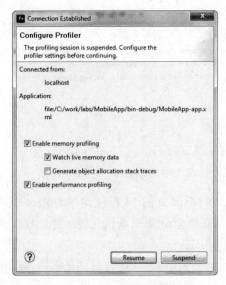

图 13-2 Profile 工具设置窗口

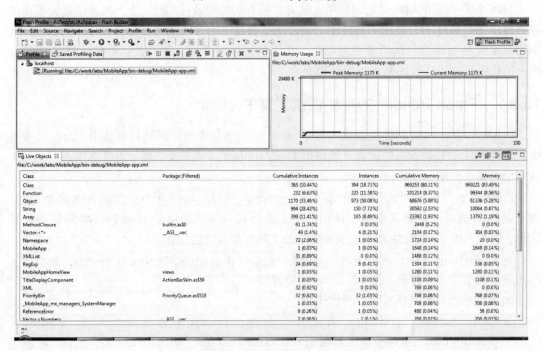

图 13-3 Profile 模式效果

在 Profile 模式下，整个界面分为 3 个区域，左上部分是控制区，右上部分是实时内存检测图，下面是详细列表区。默认显示了 Live Objects 标记，即内存分布列表，包括每个类的类型、数量、当前实例数量、总共创建的实例数量、占用的内存数量等。通过 Live Objects

列表可以很清楚地看到每个对象的生存状态。

默认情况下，Live Objects 列表隐藏了 flash、mx 和 spark 包下的类。如果想全部显示，可以单击 Live Objects 面板右边的 图标，删除默认的过滤器。

在控制区面板上还提供了一系列的工具按钮，如图 13-4 所示。

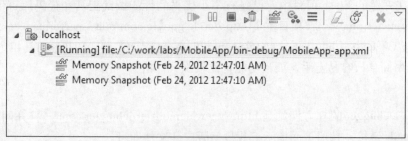

图 13-4 Profile 控制面板

在面板的右上方，前 3 个按钮用来控制 Profiler 的任务行为，依次表示继续、暂停、结束；第 4 个按钮表示执行垃圾回收；第 5 个按钮用来制作内存快照，即将当前状态保存为一个样本，第 6 个和第 7 个都是和内存快照有关的功能，用来对比两个快照，找出其中的区别；后面的两个按钮是针对性能分析的，第 8 个按钮是清空分析数据，第 9 个按钮用来取得当前的性能快照。

这些工具都非常有用，为了更形象地说明它们的用法，下面列举两个具体的应用场景。

（1）确认一个对象是否被销毁

最简单的方法是：先在 Live Objects 面板找到对象所属类当前的实例总数，记录下来；然后执行销毁对象的代码；单击 Profile 控制面板上执行垃圾回收的按钮，此时 Live Objects 列表将刷新；观测当前的实例总数是否有变化。如果数量减少，则表示垃圾回收器起作用了，反之则没有被销毁。

如果要一次性观测多个对象的回收情况，则可以将前后数据制成快照，然后对比两个快照，分析其中的差异。

（2）获取某个方法的执行时间

单击 Profile 面板上的 按钮，生成性能快照（Performance Profile），在控制面板双击生成的快照，屏幕下方的显示区将添加一个名为 Performance Profile 的标记窗口，根据方法名（Method）列出了所有方法的详细数据，包括调用次数、累计执行时间、方法自身执行时间等。双击列表中的任意一行数据，还可以看到该方法的详细调用过程，以及每个步骤花费的时间。

借助 Performance Profile 表，可以准确定位到任意类的任意方法，找到运行时间长的方法，也就找到了问题的根源。

看过这两个例子，相信读者对 Profile 工具有了更多的了解。Profiler 工具是 Flash Builder 的亮点之一，非常实用。如果能好好利用，绝对是如虎添翼。

### 13.3.3 第三方调试工具 Monster Debugger

在做性能调试时，除了常规的开发工具比如 Flash Builder、FlashDevelop 等，有些时候在运行期间的调试也很重要，这里推荐一款名叫 MonsterDebugger 的开源调试工具。

目前，在开源的 Flash 项目中，已经有不少优秀的性能调试工具和代码库可供选择，比如 As3 performance analyzer（项目主页 http://code.google.com/p/as3-performances-analyzer/）、Flash-console（项目主页 http://code.google.com/p/flash-console/）等。和其他工具相比，Monster Debugger 使用简单，容易上手，而且功能也比较强大，值得一用。

**1. 安装**

Monster Debugger 的官方网站是 http://www.demonsterdebugger.com/，打开网站主页后，单击 Downloads 链接，按照页面提示下载最新版安装文件即可。

MonsterDebugger 程序使用 AIR 技术开发，下载所得的文件正是后缀为 .air 的标准 AIR 程序，可以同时运行于 Windows 和 Mac 平台。文件下载完毕后，直接双击安装，如果系统没有安装 AIR 运行时，也会一并安装。

**2. 使用**

Monster Debugger 的安装程序已经自带了所有的 ActionScript 代码库，使用时首先启动程序，然后单击顶部的菜单 File → Export SWC/Export Mobile SWC，将 SWC 文件保存下来备用。前者用在 Web 开发和桌面开发中，后者用于移动开发。

将用于移动开发的包 MonsterDebuggerMobile.swc 复制到 Flash Develop 项目中的 lib 目录下，在 Project 面板展开 lib 目录，右键单击该文件，确保"Add To Library"选项处于选中状态，操作完毕后就可以在 FD 项目中使用 SWC 中的类了。

在最新版的 MonsterDebugger 中，还可以按照程序的帮助向导来完成上面的步骤。启动 MonsterDebugger 后，单击程序左侧 Start 标题下的 Include the Monster Debugger in your project 链接，进入向导界面，如图 13-5 所示。

按照提示，依次选择好开发平台后，导出 SWC 文件，同时程序自动生成了示例代码。回到 FD，编辑主程序，在初始化函数中加入以下代码：

```
Package
{
  import com.demonsters.debugger.Monster Debugger;

  public class Main extends AppBase
  {
    override protected function init():void
    {
      // 最关键的一行代码，初始化 MonsterDebugger
      MonsterDebugger.initialize(this);
      // 输出第一行调试语句
      MonsterDebugger.trace(this, "start running");
```

```
        // 添加其他代码
    }
  }
}
```

使用 Monster Debugger 代码库时，只需在最开始调用 initialize 方法进行初始化，程序就会自动连接到运行在桌面系统上的 Monster Debugger 程序。当然，必须确保 Monster Debugger 程序处于运行状态。Monster Debugger 程序会在桌面建立一个 Socket 服务器，被调试的程序则好比客户端，会连接服务器并向服务器发送信息。

在 Flash Develop 中按 F5 键在桌面调试程序，此时 Monster Debugger 程序就会接收到客户端信息，并显示出客户端的信息，效果如图 13-6 所示。

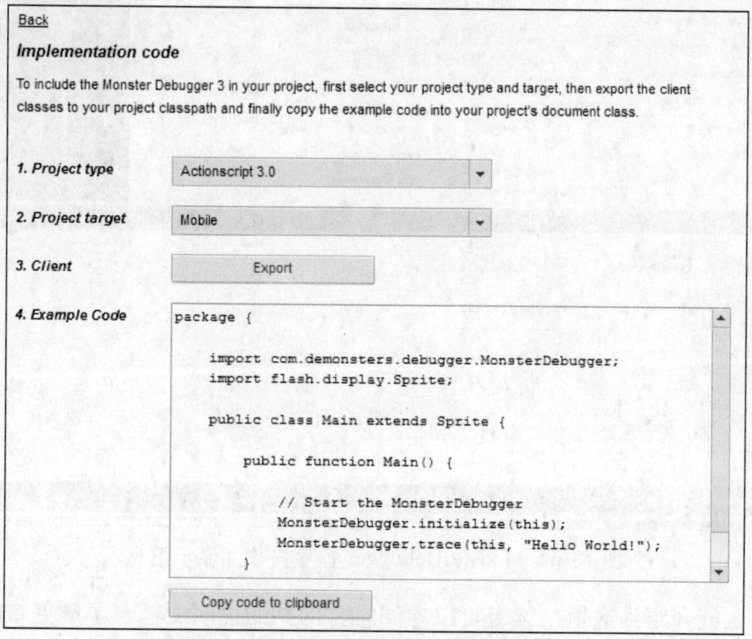

图 13-5   程序提供的向导界面

在 Monster Debugger 程序中自动为客户端程序创建了一个新的标记窗口。

窗口左上侧是客户端程序的显示列表属性图，列出了每个对象的详细属性。选中树型列表中任一对象，右边会显示该对象的属性和方法，同时，在客户端中该对象会被一个黄色方框框住，高亮显示。

窗口右上侧是调试控制按钮，以及帧率和内存值的实时线性图。

窗口下方是 Traces 面板，所有使用 MonsterDebugger.trace 方法的信息都会打印在这里。和 ActionScript 3.0 的 traces 相比，这个 traces 具有增强功能，可以直接输出数组、XML 等。

Monster Debugger 控制台还有一个很实用的功能，即动态修改对象属性。有时候我们为了追求最佳视觉效果，需要反复修改代码中的一个属性，然后编译，运行查看效果，再调整，再编译，再运行查看。在 Monster Debugger 中，选中对象后，可以直接在图 13-6 所示的 Properties 列表中修改对象的属性，比如 width、height 等，客户端能够马上体现出效果来，非常直观、方便。

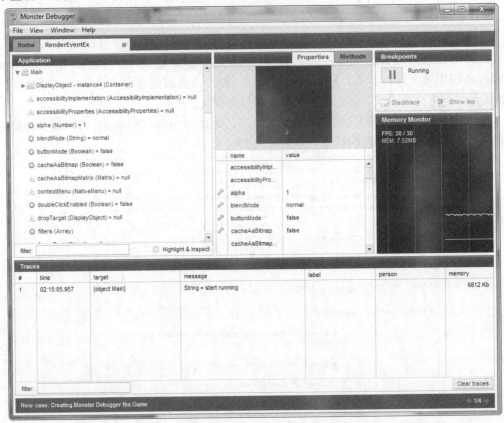

图 13-6 MonsterDebugger 程序接收并显示信息

基本的用法就介绍到这里，读者可以参阅官方网站的说明文档，了解更多的用法。

## 13.4 优化技巧实战案例

本节介绍 3 个实战中经常使用的优化技巧，其中涉及 ActionScript 3.0 的技术细节，但主要还是侧重于分享笔者在程序设计方面的心得。

### 13.4.1 运用 render 事件减少代码执行

render 事件是针对显示对象的一个全局事件，在播放器将要更新和呈现显示列表时触发。

在每个帧周期中，render 事件只会发生一次，而且是在播放器执行渲染动作前。在此之前，所有其他事件都已经处理完毕，包括 enterframe 事件、鼠标事件、Timer 计时器事件及各种自定义事件等。如果将一个帧周期看做是由各种事件和相应监听器组成的队列，那么 render 事件总是在这个队列的末尾。利用 render 事件的这个特性，可以对显示对象的操作进行优化处理，减少代码执行。

为了更清楚地说明 render 事件的用法，这里以 list 组件为例。如图 13-7 所示，舞台上有一个 list 组件，同一时间内程序中触发了 A 事件和 B 事件，响应 A 事件时会修改 list 组件的高度，响应 B 事件时会向 list 组件添加一条数据。

图 13-7　帧周期事件队列效果

不管是 A 事件还是 B 事件，都修改了 list 组件的显示属性，组件内部会更新布局，包括重新绘制皮肤、刷新子元素的列表、重新计算滚动条位置等。假设控制布局的方法叫做 layout，那么在这个帧周期中，layout 方法会被执行 2 次。显然，这样做的效率不高，layout 方法的工作量很大，应该尽量减少执行。那么能不能只在 B 事件后才执行 layout 呢？

由于 A、B 两个事件的顺序是不可预知的，在 B 事件后可能还有其他的事情也要执行 layout。这个时候，render 事件可以派上用场了。在 A 事件发生时，将执行 layout 的请求用一个延时列表记录下来，之后如果还有类似的请求，重复的忽略，新的请求也记录在延时列表中，然后等到 render 事件发生时，再运行延时列表中的方法。

整个运行流程描述如下：

1）A 事件，要求执行 layout，将 layout 存入延时列表 callLaterList 中，同时开始监听 render 事件。

2）B 事件，要求执行 layout，callLaterList 中已有 layout 方法，于是什么也不用做。

3）依次处理 C、D、E…事件。

4）render 事件发生，执行 callLaterList 中的方法，并清空列表。

下面用一个容器类 Container 实现了上述流程，虽然并不是 list 组件，但所表现的是完全相同的技术要点，见代码清单 13-1。

代码清单 13-1　实例程序 RenderEventEx/Container.as

```
package
{
  import flash.display.Graphics;
  import flash.display.Sprite;
  import flash.events.Event;
  import flash.utils.Dictionary;

  public class Container extends Sprite
  {
    // 用一个字典来保存延时方法列表
```

```actionscript
private var callLaterList:Dictionary = new Dictionary(true);
// 记录当前列表的状态
private var inCallLaterPhase:Boolean = false;
// 背景填充色
private var _backgroundColor:uint = 0x006699;
// 记录宽和高
private var _width:uint = 10;
private var _height:uint = 10;

public function Container()
{
  draw();
}

override public function set width( value:Number):void
{
  _width = value;
  // 延时执行 draw
  callLater(draw);
}

override public function get width():Number
{
  return _width;
}

override public function set height(value:Number):void
{
  _height = value;
  // 延时执行 draw
  callLater(draw);
}

override public function get height():Number
{
  return _height;
}
// 绘制背景色
private function draw():void
{
  trace("draw");
  var g:Graphics = graphics;
  g.clear();
  g.beginFill(_backgroundColor);
  // 绘制背景
  g.drawRect(0, 0, width, height);
  g.endFill();
}
// 关键方法，用来调用其他方法的接口
public function callLater(fn:Function):void
```

```
{
    // 如果正在执行延时列表则返回
    if (inCallLaterPhase) { return; }
    // 保存方法，如果已经有了则覆盖，确保不会有重复数据
    callLaterList[fn] = true;
    // 如果对象在显示列表上
    if (stage != null)
    {

        // 监听 render 事件
            stage.addEventListener(Event.RENDER,
              callLaterDispatcher,false,0,true);
        // 强制播放器派发 render 事件
        stage.invalidate();
    } else
    {
        // 如果对象不在显示列表上，则不用马上刷新界面，等加入显示列表时再处理
      addEventListener(Event.ADDED_TO_STAGE,
                callLaterDispatcher,false,0,true);
    }
}
// 响应 add_to_stage 和 render 事件
private function callLaterDispatcher(event:Event):void
{
    // 如果加入显示列表，则刷新界面
    if (event.type == Event.ADDED_TO_STAGE)
    {
        removeEventListener(Event.ADDED_TO_STAGE,callLaterDispatcher);
        //
        stage.addEventListener(Event.RENDER,
                        callLaterDispatcher,false,0,true);
        stage.invalidate();

        return;
    }
    else
    {
        // 移除 render 事件监听
          event.target.removeEventListener(Event.RENDER,callLaterDispatcher);
        // 收到了 render 事件，但对象已经不在显示列表上了，因此没必要更新界面了
        if (stage == null)
        {
            // 等到加入显示列表时再处理
            addEventListener(Event.ADDED_TO_STAGE,
                  callLaterDispatcher,false,0,true);
            return;
        }
    }
    // 如果对象在显示列表上，而且收到了 render 事件，则继续执行
```

```
        inCallLaterPhase = true;
        // 执行延时列表中的方法，执行完后清空列表
        for (var method:Object in callLaterList)
        {
          method();
          delete callLaterList[method];
        }
        inCallLaterPhase = false;
    }
  }
}
```

在 Container 类中，callLater 方法是关键，它相当于一个接口，每次要执行 draw 时都通过 callLater 来调用，而不是直接执行。

默认情况下，播放器并不会派发 render 事件，而是需要先执行 stage 对象的 invalidate 方法才能捕获到 render 事件。另外，如果显示对象的 stage 属性为 null，表示对象已经不再显示列表上，也就没有必要更新对象的外观了，相关的操作可以等到对象添加到显示列表时再执行。这样处理的好处是最大限度地减少了对显示对象的操作，提高了渲染效率。

为了验证效果，可以在主程序中加入一段代码用来测试。RenderEventEx/Main.as 代码如下：

```
package
{
  public class Main extends AppBase
  {
    // 定义 container 对象
    private var container:Container;

    override protected function init():void
    {
      container = new Container();
      addChild(container);
      // 定位
      container.x = 100;
      container.y = 100;
      // 修改宽和高
      container.width = 50;
      container.height = 100;

      container.width = 200;
      container.height = 200;
    }
  }
}
```

在主程序中，最后 4 行代码全都修改 container 的宽和高。如果每次都执行 draw 方法，则会执行 4 次，而调试程序时，在控制面板只打出了两行 draw。排除初始化时执行的一次，

表明该方法只执行了一次，render 事件确实起作用了。

在上面的例子中，callLater 方法的实现参考了 Flex SDK 中的代码。如果读者阅读过 Flex SDK 中 UI 组件的代码，就会看到在 UI 组件中很多地方都使用了 callLater 方法。在移动开发中，如果读者需要自己动手编写一些 UI 组件，希望能参照本例中的代码。

## 13.4.2　构建对象池重用对象：动态小球实例

对象池（Object Pool）是存放对象的容器。在许多关于面向对象设计模式的书籍中，经常会提到一些类似的概念，比如线程池、数据库连接池等。对象池也是一种设计模式，目的在于优化资源的使用，提高运行效率。

为什么要使用对象池？或者说，使用对象池有什么好处？

按照常规做法，使用 new 关键字来创建一个类的实例对象。当不再需要这个对象时，清除对象的引用，并置为 null，让垃圾回收器将它销毁。在一般情况下，这种做法并没有什么问题。但如果不断地执行创建和销毁动作，就会带来性能损耗。一方面，创建对象的动作会消耗内存；另一方面，之前回收的内存并不会马上重用，还可能产生很多内存碎片。操作越多，消耗的内存也越多。

当使用对象池时，不直接创建对象，而是从对象池中取出来，用完后再还给对象池。对象池始终保存一定数量的对象，确保资源得到最大化重用。这样，减少了创建对象和销毁对象的操作，让内存占用保持在一个合理的范围内，从而在总体上提高了程序的性能。

### 1. 哪种情况下适合使用对象池

对象池的优点是优化了资源分配，提高了运行速度；缺点是存放了一些对象，需要消耗一定的内存空间。如果程序中的某种对象会被反复使用，而且对象的数量可以被控制在一定的范围内，那么对象池就是一个很好的选择。

例如，在射击游戏中，会频繁地发射子弹，一场游戏下来，可能要发射成千上万颗子弹。如果按照一般做法，不停地创建和销毁子弹，显然不可取。仔细思考下，就会发现同一时间内屏幕范围内呈现的子弹数量并不多，假如可以将飞出屏幕外的子弹重复使用，子弹对象的数量就能保持在较小的范围。这种情况下使用对象池来管理子弹就再合适不过了。

### 2. 如何实现对象池

对象池的关键是让对象得到最大限度的重用，其实现方式很灵活，应用场景不同，技术细节可能有差异，但总的来说，以下两点是相同的：

❑ 对象池向外部提供获取对象的接口。

❑ 对象池向外部提供回收对象的接口。

有了这两个方法后，对象池就可以把对象的创建和管理工作全部独立出来。

下面是一个运用对象池的实例程序 ObjectPoolEx。在舞台上，每隔一段时间就放出若干个小球，让小球向屏幕下方运动。由于同一时间内在屏幕范围内出现的小球数量是有限的，所以这里用一个对象池来管理小球对象，见代码清单 13-2。

代码清单 13-2　实例程序 ObjectPoolEx/BallPoll.as

```
package
{
  // 管理 Ball 对象的对象池
  public class BallPool
  {
    // 存放闲置对象的数组
    private var pool:Vector.<Ball> = new Vector.<Ball>();

    /**
     * 获取对象
     *
     * @return
     */
    public function getBall():Ball
    {
      // 检测池中是否有空闲对象
      if ( pool.length > 0 )
      {
        return pool.shift();
      }
      // 创建新对象
      return new Ball();
    }


    /**
     * 归还对象
     *
     * @param  ball
     */
    public function returnBall(ball:Ball):Boolean
    {
      // 检测对象是否在数组中
      var index:int = pool.indexOf(ball);
      // 如果不在，则保存下来
      if ( index == -1 )
      {
        ball.reset();
        pool.push(ball);
        return true;
      }
      return false;
    }
  }
}
```

　　BallPool 类的代码很简单，主要是实现了对象池的两个方法：获取对象和归还对象。和一般对象池模型稍有区别的是，这里并没有预先创建一组对象，而是根据需求在运行期间创建。在第一次获取对象时，还是会使用 new 关键字，等到对象归还后，下次就可以直接使用了。因此，归还对象的步骤是不可省略的。

　　Ball 类表示小球，是一个显示对象，使用动态绘制方法来绘制一个实心圆，代码如代码清单 13-3 所示。

代码清单 13-3　实例程序 ObjectPoolEx/Ball.as

```
package
{
  import flash.display.Graphics;
  import flash.display.Sprite;

  public class Ball extends Sprite
  {
    // 使用两个变量保存颜色值和半径
    private var _color:uint = 0x006699;

    private var _radius:uint = 10;

    // 记录球在水平和垂直方向的速度
    public var vx:Number;
    public var vy:Number;

    // 静态变量，用来检测 Ball 类的实例化数量
    public static var count:int = 0;

    public function Ball()
    {
      // 记录类的实例个数，查看对象池的运行状态
      count ++;
      trace("created ball:" + count);

      draw();
    }

    // 设置球的属性：颜色和半径
    public function setParams(color:uint, radius:uint):void
    {
      _color = color;
      _radius = radius;

      draw();
    }
    // 重置速度属性，在球被归还到对象池时调用
    public function reset():void
    {
      vx = 0;
      vy = 0;
    }
```

```
    // 绘制图形
    private function draw():void
    {
      var g:Graphics = graphics;
      g.clear();
      g.beginFill(_color);
      // 画圆，并保证 Sprite 的注册点在原点
      g.drawCircle(_radius, _radius, _radius);
      g.endFill();
    }
  }
}
```

Ball 类主要负责绘制图形和保存自身的一些属性，包括颜色值、运动速度等。

接下来看看主程序中 ObjectPool 类的具体用法，见代码清单 13-4。

代码清单 13-4 实例程序 ObjectPoolEx/Main.as

```
package
{
  import flash.events.Event;
  import flash.events.TimerEvent;
  import flash.utils.Timer;
  import flash.desktop.NativeApplication;
  //
  public class Main extends AppBase
  {
    //BallPool 对象
    private var pool:BallPool = new BallPool();
    // 计时器，用来控制球的发射动作
    private var t:Timer;
    // 常量，表示球的半径
    private const RADIUS:uint = 10;

    // 初始化
    override protected function init():void
    {
      // 使用计时器控制小球数量，每 500 毫秒发射一轮小球
      t = new Timer(500);
      t.addEventListener(TimerEvent.TIMER, onTimer);
      t.start();
      // 监听 enterframe 事件，让小球动起来
      addEventListener(Event.ENTER_FRAME, onEnterFrame);
      // 监听 deactivate 事件
      addEventListener(Event.DEACTIVATE, deactivate);
    }
    // 程序进入后台运行状态时自动关闭
    private function deactivate(e:Event):void
    {
      // 自动关闭程序
```

```
            NativeApplication.nativeApplication.exit();
        }
        // 响应 Timer 事件，发射小球
        private function onTimer(e:TimerEvent):void
        {
            var b:Ball;
            // 每次发射 5 个小球
            for ( var i:uint = 0; i < 5; i++)
            {
                // 关键处，从 BallPool 对象获取小球
                b = pool.getBall();
                // 更新小球属性，设置随机填充颜色
                b.setParams(Math.floor(Math.random() * 999999), RADIUS);
                // 设置小球起点，从屏幕底部中心开始向上运动
                b.x = stage.stageWidth / 2;
                b.y = 0;
                // 设置随机的初始速度
                b.vx = 20 * Math.random() - 10;
                b.vy = 15 * Math.random() + 5;
                // 添加到舞台上
                addChild(b);
            }
        }
        //enterframe 事件响应方法
        private function onEnterFrame(e:Event):void
        {
            var b:Ball;
            // 循环移动小球
            for ( var i:uint = 0, len:uint = this.numChildren; i < len; i++)
            {
                b = getChildAt(i) as Ball;
                // 在两个方向移动小球
                b.x += b.vx;
                b.y += b.vy;

                // 判断球是否飞出了界
                if ( b.y > (stage.stageHeight + RADIUS) || b.x < -1*RADIUS || b.x > (stage.
stageWidth + RADIUS))
                {
                    // 如果球已经出界，则归还小球
                    removeChild(b);
                    pool.returnBall(b);

                    len--;
                    i--;
                }
            }
        }
    }
}
```

在主程序中，使用了一个 Timer 计时器来控制小球的数量，每隔 500 毫秒就发射一轮。另外，通过响应 enterframe 事件，不断移动屏幕上的小球。由于每个小球的初始速度都不同，因此飞出屏幕的时间也有先有后。

运行的效果如图 13-8 所示。运行一段时间后，从调试面板打印出的信息可以看到，当小球对象的数量达到一个定值后，就不再创建新的 Ball 对象了，对象池中的数量已经足以应付所有的需求了。

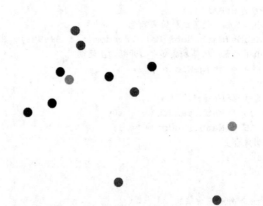

图 13-8　小球实例运行的效果

在 Nexus One 上运行程序，小球的数量始终在 30 以内，而视觉上给人的感觉是好像有无数个球在动。即便运行一段较长的时间，程序的画面看上去依然很流畅，而且消耗的内存量也不会增长。

### 13.4.3　异步事件的使用：搜索 SD 卡

前面在介绍 Flash Player 的帧模型时曾提到一点：利用异步事件来分解复杂的操作是提升性能的一个好方法。

使用异步事件的目的是把耗费资源的长操作拆开，分散到多帧去执行。出于这个考虑，ActionScript 3.0 中有部分 API 提供了异步版本，比如用于文件读写的 FileStream 类、管理 SQLite 数据库的 SQLConnection 类及在 13.2.1 节中提到的 Loader 对象的异步解码等。如果程序中遇到这类问题，也可以用同样的思路来优化代码，避免性能不良问题。本节讲述的正是一个这样的例子。

**功能需求**：搜索 SD 卡，找到所有后缀为 ".jpg" 的图片。

**常规做法**：使用 File 类对目标文件夹进行嵌套搜索，如果发现了文件就判断是否是 JPG 文件；如果发现了文件夹则继续进行搜索，一直到所有的文件夹搜索完毕为止。

按照上面的思路，开始编写代码，很快第一个版本就出来了，如代码清单 13-5 所示。

代码清单 13-5　搜索 SD 卡实例程序 SearchImage/Main.as

```
package
{
  import flash.events.FileListEvent;
  import flash.filesystem.File;
  //
  public class Main extends AppBase
  {
    // 用数组记录目标文件
    private var images:Vector.<String> = new Vector.<String>();
    // 重写 init 方法
    override protected function init():void
    {
      // 在 Android 系统上，File.userDirectory 表示 SD 卡
      var f:File = File.userDirectory;

      // 监听 DIRECTORY_LISTING 事件
       f.addEventListener(FileListEvent.DIRECTORY_LISTING, onFileListing, false,
          0 , true);
      // 使用异步方式获取文件夹的文件列表
      f.getDirectoryListingAsync();
    }

    private function onFileListing(e:FileListEvent):void
    {
      // 移除事件监听
       e.target.removeEventListener(FileListEvent.DIRECTORY_LISTING,
          onFileListing);
      // 对文件列表进行删选
      var files:Array = e.files;

      if ( files != null && files.length > 0 )
      {
        var tempFile:File;
        for ( var i:uint = 0, len:uint = files.length; i < len; i++)
        {
          // 数组中每个元素都是一个 File 对象
          tempFile = files[i] as File;
          // 如果文件不存在或者是隐藏文件就跳过
          if ( tempFile.exists == false || tempFile.isHidden ) continue;
          // 如果是文件夹则获取列表
          if ( tempFile.isDirectory )
          {
            tempFile.addEventListener(FileListEvent.DIRECTORY_LISTING,
                onFileListing, false, 0 ,true);
            tempFile.getDirectoryListingAsync();
          }
          else if (tempFile.isHidden == false && isJPG(tempFile.extension))
          {
```

```
                    trace(" 找到一张图片: :" + tempFile.nativePath);
                    // 记录下文件地址
                    images.push(tempFile.nativePath);
                }
            }
        }
    }
    // 根据文件后缀判断是否是 JPG 文件
    private function isJPG(ext:String):Boolean
    {
        if ( ext == null ) return false;

        ext = ext.toLowerCase();
        if ( ext == "jpg" )
        {
            return true;
        }
        return false;
    }
}
```

　　如果在桌面上调试程序，并不会发现什么问题。即便"我的文档"目录中有大量的文件，文件夹的搜索工作依然能很快完成，在 FD 调试面板上，所有的 JPG 文件都被找出来了。但是如果将程序发布到手机上运行，问题就出来了，我们会发现程序运行起来很慢，有时候甚至直接就崩溃了。这是什么原因？

　　仔细分析代码会发现：程序会同时搜索多个文件夹。虽然这里使用了 getDirectoryListing 的异步方式来处理文件夹的读取工作，但如果有很多个操作同时进行，性能就会受到影响。从程序执行的角度看，文件的读取一向都是最慢的操作，操作存储设备与操作内存，本来就不在一个级别上。更何况在移动设备上，读取 SD 卡的操作和在计算机上的硬盘操作相比也要慢不少。因此，这里要想办法避免同时读取多个文件夹。

　　经过分析后对代码做了修改，如代码清单 13-6 所示。

代码清单 13-6　修改后的实例程序

```
// 用来记录文件夹数据
private var dirs:Vector.<File> = new Vector.<File>();

private function onFileListing(e:FileListEvent):void
{
    ......

    if ( tempFile.isDirectory )
    {
        // 重点在这里，先记录下文件夹地址
        dirs.push(tempFile);
```

```
    }
    ......

    // 在方法末尾加上一句
    // 待一个文件夹分析完毕，再分析下一个
    nextDirectory();
}
// 新加入的方法
// 如果数组中还有数据，就继续分析下一个文件夹
private function nextDirectory():void
{
    if ( dirs.length == 0 )
    {
        trace(" 搜索结束了 :" + images.length);
        return;
    }
    // 取出第一条数据并从数组中移除
    var tempFile:File = dirs.shift();
    tempFile.addEventListener(FileListEvent.DIRECTORY_LISTING, onFileListing,
        false, 0 ,true);
    tempFile.getDirectoryListingAsync();
}
```

观察新代码，最重要的变动在于：遍历文件列表时，发现了文件夹并不是马上就去处理，而是先记录下来，等当前文件夹处理完毕后再读取，运行流程如图 13-9 所示。

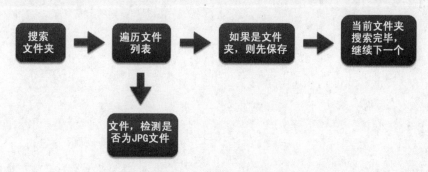

图 13-9　修改后的流程图

经过修改后，程序在运行时同一时间内始终只分析一个文件夹，CPU 的负担得到减轻。使用这个方式还有一个好处，就是检测出搜索动作完毕事件。在实际开发中，可以先显示一个 loading 提示框，等搜索完毕后再移除，这样会让用户感觉更友好。

将修改后的程序再次发布到手机上运行，发现代码执行得很顺畅。如果使用其他工具监测程序的帧率，前后对比，更能清楚地看到性能确实得到了很大改善。

## 13.5 本章小结

本章全面介绍了性能优化相关的内容，包括原理方面的内容、性能优化的基础知识、相关工具和代码库的使用。最后还分享了笔者在实际工作中的经验和心得，希望读者能对性能优化有所了解，在 ActionScript 3.0 程序开发水平上有所提升。

第四篇

实 战 篇

第 14 章　迷宫游戏的准备阶段
第 15 章　迷宫游戏的实现

# 第14章 迷宫游戏的准备阶段

经过前面的学习，大家对 AIR Android 开发已经有了足够的了解。在学习新技术时，不能忘了在桌面开发中积累的经验。为了更直观地展示 AIR 的能力，从本章开始一起来编写一个更复杂的迷宫游戏。

开发这个游戏，一方面是学以致用，运用前面介绍的知识点；另一方面则是重温 Flash 桌面开发中的技术经验，使新旧知识融合。

## 14.1 需求分析

按照项目开发的常规做法，一般是先进行需求分析，将需求转换为开发人员熟悉的语言，再列出功能模块，然后对照功能找出其中的技术难点，进行可行性分析。

所谓游戏的需求，也就是游戏规则，简单地说就是游戏的玩法。一旦确定了游戏规则，我们就可以大概罗列出其中的功能模块，分析其技术要点。

### 14.1.1 游戏规则

迷宫作为一款经典的休闲益智类游戏，一直颇受玩家的喜爱。由于玩法简单，还能开发智力，尤其受小孩子欢迎。

迷宫游戏的特点要求玩家找到从入口到出口的路，虽然玩家的任务相同，但由于地图场景、障碍物等因素的变化，又可以演变出很多新奇的玩法。我们要做的其实是一个最普通不过的迷宫游戏，如图 14-1 所示。

图 14-1　迷宫游戏地图

地图由若干个小方格组成，游戏规则是：玩家只要将小球从点 A 处移动到点 B 处，即可获胜。

图 14-1 展示的是一个最简单的游戏场景，白色区域为行走区域，其他区域是墙。玩家要做的就是将小球从图上的 A 点移动到 B 点。当然，为了增加难度和趣味性，我们还会在地图上设置障碍物，让游戏更具挑战性。

## 14.1.2　游戏功能的实现

和常见的迷宫游戏不同的是，这里不会使用键盘或者鼠标来操作小球的运动。很显然，在移动设备上使用键盘或触摸方式并不合适。如果玩过手机上一些赛车类游戏，你一定会从中受到启发，是的，使用加速计来控制赛车的行进方向，同样也可以用来控制小球的移动。

还记得第 4 章的重力小球小程序吗？使用加速计模拟重力来控制，这可以说是我们能想到的最佳体验。当小球在迷宫中运动时，玩家改变手机的朝向，利用加速计控制小球的运动方向。当小球和墙体发生碰撞后，还会产生反弹。

在添加了障碍物的地图上，玩家必须很小心地控制手机的朝向，让小球不要撞到行走区域中的危险物体（可以将这些物体看做地雷），否则任务失败，如图 14-2 所示。

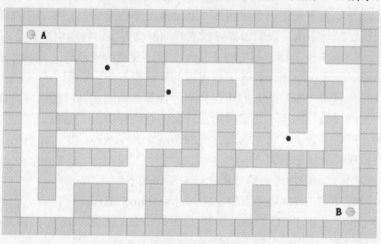

图 14-2　添加障碍物后的地图

同时，游戏还设有多道关卡，每道关卡的地图都随机生成，且越往后地图越复杂，障碍物也越多，游戏难度自然也越大。

游戏的规则简单明了。从玩家的角度看，这个游戏的创意或许有些乏味，但从开发者的角度看，其中所用到的编程技术很有参考价值。

## 14.2　技术要点分析

明白了游戏的功能需求后，下面就让我们开始技术分析。依照要求，程序必须实现以下功能：

  ❑ 程序动态生成地图，包括地图中的障碍物。
  ❑ 模拟重力场，控制小球的移动。
  ❑ 必须保证小球始终在可移动区域内。
  ❑ 模拟小球与墙体的碰撞效果。
  ❑ 检测小球与障碍物的碰撞。

对以上几点进行归纳总结，其实只有两个问题：如何实现物理效果，以及如何生成地图。其中物理效果是整个游戏的关键。

## 14.2.1  如何实现物理效果

如果将迷宫看成一个物理世界，那么小球在其中的所有动作都必须遵循物理原理，包括在重力作用下的加速和减速、与墙体的碰撞、与障碍物的碰撞等。

在重力小球的例子中，舞台的四周被视为墙，当小球与墙发生碰撞时，加上反弹效果，一个像模像样的物理世界就被模拟出来了。和重力小球相比，迷宫游戏的场景要更复杂。在迷宫中所有的非白色区域都是墙，如果要保证小球只能在白色区域活动，那么就需要处理小球和所有墙体的碰撞。由于墙体的数量很多，且地图是随机生成，在重力小球例子中用来检测墙体碰撞的方法已经行不通，我们需要寻找更好的解决方案，物理引擎正是不二选择。

物理引擎是专门用来模拟物理环境的工具库，通过集成物理原理，为物体赋予真实的物理属性，比如质量、速度、摩擦因数等。在虚拟的物理世界中，利用力学原理，物理引擎可以处理各种力（比如重力、摩擦力）的相互作用，计算物理的运动、碰撞或旋转，开发者只需要关注程序的逻辑设计，而不用花费时间在底层的物理运算上。物理引擎在游戏领域应用很广泛，特别是在移动平台上，使用物理特效的游戏尤其受欢迎，像"愤怒的小鸟"、"水果忍者"这些知名游戏就是最好的例子。

Flash 平台有大量开源的物理引擎可供选择，举例如下。

  ❑ Box2D：功能丰富的 2D 物理引擎（http://www.box2dflash.org）
  ❑ WOW-Engine：注重于 3D 的物理引擎（http://code.google.com/p/wow-engine/）
  ❑ APE：轻量级的 2D 物理引擎（http://www.cove.org/ape/）

每个物理引擎都有各自的侧重点，依照用户的热度和维护状况，笔者选择了 Box2D 这个老牌引擎。Box2D 原本使用 C++ 语言编写而成，由于性能突出、扩展性强，得到众多开发者的认可，现已被移植到多个平台上，包括 Flash、Java、C#、Python、JavaScript 等。

引进物理引擎后，和物理效果相关的问题就迎刃而解了，包括模拟重力控制小球的移动、处理小球和墙体的碰撞、检测小球和障碍物的碰撞等。现在我们可以大大地松一口气了。

### 14.2.2　如何生成地图

制作地图有两种方式：手工设计和编程实现。

由于本游戏要求能够随机生成地图，因此前者并不合适。如何动态生成地图？看上去很难实现。因为我们不仅要能够动态生成地图，还必须将地图添加到物理环境中，这确实是一个很有挑战的技术难题，但并不是不可能的任务。

生成迷宫地图属于游戏开发中的人工智能（Artificial Intelligence）问题，和常见的寻路问题有几分相似。在 RPG（Role Playing Game，角色扮演）游戏中，经常可以看到寻路算法的应用，当玩家使用鼠标操作人物移动时，人物一般选择最短的行进路线。

如图 14-3 所示，将地图划分为若干个方格，寻路算法是寻找两点之间的最短距离，而迷宫地图则是要保证两点之间至少存在一条可以通行的路径，不要求是最短的，因此，原则上生成迷宫的算法要简单一些，计算量也要小一些。

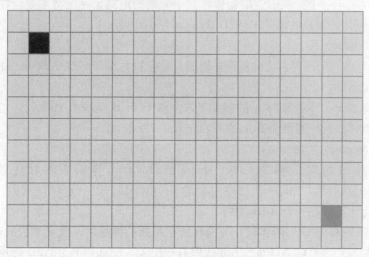

图 14-3　地图效果图

在有关数据结构的书籍中，迷宫问题是一个被反复引用的经典案例，有很多成熟的算法可供选择，在 14.3 节将详细介绍其中的一种：回溯法。

到这里，游戏中的两个大问题都已经找到了解决方向。可能读者还在担心一个问题：如何将地图和物理引擎结合起来？阅读完后面的两节内容，这个问题自然就有了答案。

## 14.3　Box2D 物理引擎

Box2D 是一个非常强大的 2D 物理引擎，原本使用 C++ 编写，现已被移植为多语言版本，其中包括 ActionScript 3.0 版本。Box2D 被广泛应用在游戏领域，著名的手机"游戏愤怒的小鸟"就是典型代表。

Box2D 的 Flash 版本名为 Box2DFlash，主页 http://www.box2dflash.org 提供了最新版本 2.1a 的下载链接。下载完毕后，解压得到 ZIP 文件，将其中 source 目录下的 Box2D 文件夹整体复制到 Flash Develop 的 global classpath 目录中，也就是 library 目录。

和 2.0.x 相比，新版在结构上进行了小范围改动，性能也更加优异，我们将使用这一版本进行开发。本节将通过一个小例子来展示如何将地图和物理效果整合起来。这里不会涉及 Box2D 的实现原理，只是介绍 Box2D 引擎的用法，如果读者对 Box2D 的底层感兴趣，可以到 Box2D 的官方网站（http://www.box2d.org）查阅相关文档。

### 14.3.1　Box2D 中的基本概念

在使用 Box2D 之前，首先了解 Box2D 中的几个重要概念：

（1）刚体（rigid body）

顾名思义，表示一个形状固定的物体，其中元素的距离始终保持不变。在代码中，习惯用 body 来表示刚体，对应的类为 Box2D.Dynamics.b2Body。

（2）图形（shape）

依附于 body 的几何图形，比如圆形或矩形。对应的类为 Box2D.Collision.Shapes.b2Shape。

（3）夹具（fixture）

fixture 是把 shape 绑定到 body 的辅助类，能够为 shape 添加物理属性，包括密度、摩擦系数、弹性系数等。对应的类为 Box2D.Dynamics.b2Fixture。

（4）世界（world）

Box2D 创建的物理世界由 body、shape 和 constraint 等组成。对应的类为 Box2D.Dynamics.b2World。可以在同一个程序中创建多个 world，但不建议这么做。一般情况下，我们将所有的物体都放在一个 world 中。

Box2DFlash 在移植 C++ 版本时，完全保留了原版的风格，从类名和包的命名可以看到，这些命名规则和我们常见的 ActionScript 代码有些出入，比如包名 Box2D 使用大写字母而不是小写，类名以小写的 b2 开头而不是大写。在后面的代码中还会看到，类的实例方法都以大写字母开头。不过这也带来一个好处，如果读者使用过 Box2D 的其他版本，看上去会觉得很亲切，能迅速上手。

### 14.3.2　示例程序 HelloBox2D

使用 Box2D 时，不管程序规模有多大，都是按照图 14-4 所示的流程来进行的。

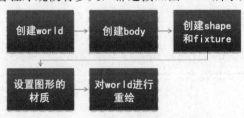

图 14-4　构建物理世界的流程图

按照上面的流程，让我们来一步步编写一个 HelloWorld 级别的示例程序 HelloBox2D。

## 1. 创建 world

创建 world 时要定义两个参数：重力和休眠模式。

重力是一个矢量类型，分为水平和垂直两个方向。我们可以改变重力的方向，比如转动屏幕让重力朝向侧面。这不并难，加速计正好可以做到。好了，我们先继续这个例子，加速计的应用你马上就能看到。

休眠模式是一个很有用的参数，当为 true 时，表示对 world 中停止运动的物体进行休眠处理。休眠的物体会失去物理特效，这样做可以提高程序的性能。不过我们必须根据应用场景来决定是否开启休眠模式，比如在迷宫游戏中就不能开启休眠模式，因为迷宫游戏要求小球时刻都能够根据重力的改变而动起来。代码如下所示：

```
var world:b2World;
// 定义重力参数，垂直向下
var gravity:b2Vec2 = new b2Vec2(0, 10.0);
// 是否开启休眠模式
var doSleep:Boolean = true;
// 创建 b2World 实例
world = new b2World(gravity, doSleep);
```

## 2. 创建 body

创建 body 是通过 world 对象的 CreateBody 方法来进行的，我们要做的是构建一个 b2BodyDef 对象来描述 body 的属性。代码如下：

```
var ballBodyDef:b2BodyDef = new b2BodyDef();
// 设置 body 为可以运动的动态类型
ballBodyDef.type = b2Body.b2_dynamicBody;
// 设置坐标
ballBodyDef.position.Set(300 / PIXELS_TO_METER, 100 / PIXELS_TO_METER);
// 使用 world 对象的 CreateBody 方法创建 body
var ballBody:b2Body = world.CreateBody(ballBodyDef);
```

body 默认的类型为 b2Body. b2_staticBody，即固定不变的物体，不受力影响。修改为 b2_dynamicBody 后，body 就具备了移动能力。

---

**注意**　Box2D 引擎中采用的计量单位为米（meter），和 Flash 中的像素的换算关系为：1 米 = 30 像素。为此，这里定义了一个常数 PIXELS_TO_METER:int = 30，要转换坐标时，只需除以 PIXELS_TO_METER 就可以了。

---

创建 body 时，没有使用构造函数，而是将对象的创建过程封装为一个方法，这是典型的工厂设计模式（factory design pattern）。这么做的好处是简化对象的实例化过程，增强程序的扩展性。在 Box2D 中，这种设计方式的应用很多，在下面的代码中我们还能看到类似的例子。

### 3. 创建 shape 和 fixture

shape 和 fixture 总是在同时出现，shape 需要借助 fixture 对象才能绑定到 body 上。代码如下：

```
// 创建圆
var ball:b2CircleShape = new b2CircleShape();
// 设置半径为 30 像素
ball.SetRadius(30 / PIXELS_TO_METER);
// 创建 fixtureDef
var ballFixtureDef:b2FixtureDef = new b2FixtureDef();
// 物体密度，物体越大质量也越大
ballFixtureDef.density = 1;
// 摩擦系数
ballFixtureDef.friction = 0.3;
// 关联 shape
ballFixtureDef.shape = ball;
// 创建 Fixture
ballBody.CreateFixture(ballFixtureDef);
```

在 Box2D 中，所有的对象默认都以原点为中心点。在设置 shape 的尺寸时，传入的数值都是一半，比如要画个直径为 100 的圆，传入 50 即可；要画个 100×100 的矩形，只要传入（50,50）即可。

创建 fixture 的过程和创建 body 的过程很相似，不同的是要先创建 b2FixtureDef 对象。

### 4. 设置图形的材质

事实上，前面已经完成了物理世界的创建工作，但那些仅仅是供引擎运算的数据，看不见摸不着，还要将数据表现为图像。Box2D 提供了一种调试绘制方式，可以让我们非常方便地实现数据的可视化工作，即下面代码中的 b2DebugDraw 类：

```
// 创建 sprite 作为图形的绘制容器
var canvas:Sprite = new Sprite();
addChild(canvas);
var debugDraw:b2DebugDraw = new b2DebugDraw();
// 关联 sprite
debugDraw.SetSprite(canvas);
// 设置缩放比，默认为 1
debugDraw.SetDrawScale(PIXELS_TO_METER);
// 设置填充透明度
debugDraw.SetFillAlpha(0.6);
// 设置线条粗细
debugDraw.SetLineThickness(1);
// 设置绘制选项
debugDraw.SetFlags(b2DebugDraw.e_shapeBit);
// 设置 world 的调试绘制对象
.SetDebugDraw(debugDraw);
```

当然，以后可以为每个刚体都设置自定义的外观，此处就不需要调试显示对象了。

### 5. 对 World 进行重绘

最后，添加一个 enterframe 事件监听器，对物理世界进行反复的更新，形成交互动画。代码如下：

```
addEventListener(Event.ENTER_FRAME, update);
//…

private function update(e:Event):void
{
  var timeStep:Number = 1 / 30;
  var velocityIterations:int = 6;
  var positionIterations:int = 2;

  world.Step(timeStep, velocityIterations, positionIterations);
  // 清除力，以提高效率
  world.ClearForces();
  // 重新绘制调试图形
world.DrawDebugData();
}
```

我们调用 world 对象的 Step 方法来更新物理世界，Step 方法接受以下 3 个参数：

❑ timeStep：时间间隔，一般和帧率相当，数字太小则执行介绍频繁，影响性能。

❑ velocityIterations：速度计算层级。

❑ positionIterations：位置计算层级。

Step 方法的作用是对 world 进行物理运算，包括碰撞检测、更新速度等。每次调用 Step 后，物体的属性和状态都可能发生变化，因此要进行重绘。

到这里，第一个 Box2D 实例就编写完毕了，估计你已经迫不及待地要看看程序的运行效果了。程序的完整代码如清单 14-1 所示（包含 ch14/Maze 项目中），大家可以在 Flash Develop 中运行一下。

代码清单 14-1　HelloBox2D.as

```
package
{
  import Box2D.Collision.Shapes.b2CircleShape;
  import Box2D.Common.Math.b2Vec2;
  import Box2D.Dynamics.b2Body;
  import Box2D.Dynamics.b2BodyDef;
  import Box2D.Dynamics.b2DebugDraw;
  import Box2D.Dynamics.b2FixtureDef;
  import Box2D.Dynamics.b2World;
  import flash.events.Event;
  public class HelloBox2D extends AppBase
  {
    private var world:b2World;
    //
```

```
private const PIXELS_TO_METER:int = 30;

override protected function init():void
{
    //重力
    var gravity:b2Vec2 = new b2Vec2(0, 10.0);
    var doSleep:Boolean = true;
    world = new b2World(gravity, doSleep);
    //创建bodyDef，设置属性
    ballBodyDef.type = b2Body.b2_dynamicBody;
    //设置坐标
    ballBodyDef.position.Set(300 / PIXELS_TO_METER, 100 / PIXELS_TO_METER);
    //创建body
    var ballBody:b2Body = world.CreateBody(ballBodyDef);

    //创建shape
    var ball:b2CircleShape = new b2CircleShape();
    //设置半径
    ball.SetRadius(30 / PIXELS_TO_METER);
    //创建fixtureDef
    var ballFixtureDef:b2FixtureDef = new b2FixtureDef();
    //设置shape密度
    ballFixtureDef.density = 1;
    ballFixtureDef.shape = ball;
    //创建Fixture
    ballBody.CreateFixture(ballFixtureDef);

    var canvas:Sprite = new Sprite();
    addChild(canvas);
    var debugDraw:b2DebugDraw = new b2DebugDraw();
    debugDraw.SetSprite(canvas);
    debugDraw.SetDrawScale(PIXELS_TO_METER);
    debugDraw.SetFillAlpha(1);
    debugDraw.SetLineThickness(1);
    debugDraw.SetFlags(b2DebugDraw.e_shapeBit);
    world.SetDebugDraw(debugDraw);
    //添加enterframe事件监听，刷新屏幕
    addEventListener(Event.ENTER_FRAME, update);

private function update(e:Event):void
{
    var timeStep:Number = 1 / 30;
    var velocityIterations:int = 6;
    var positionIterations:int = 2;

    world.Step(timeStep, velocityIterations, positionIterations);

    world.ClearForces();
    world.DrawDebugData();
}
```

```
    }
}
```

在 FlashDevelop 中按 F5 键在桌面上运行程序，效果如图 14-5 所示。

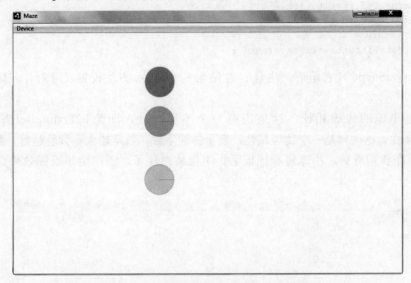

图 14-5　HelloBox2D 示例程序运行效果

程序运行后，小球即向下做自由落体运动，很快就掉出屏幕范围了。

## 14.3.3　实现碰撞效果

上一节创建了一个做自由落体的小球，可初步感受到 Box2D 的物理特性了，不过还远远不够。碰撞是物理引擎中最关键的技术点，也是最吸引人的地方，本节在小球下面添加一块地板，看看能不能把自由落体的小球拦住。

这里只是在 HelloBox2D 类添加了下面的代码块，为了前后对比，新的类文件保存为 HelloBox2D2.as。修改如下：

```
// 前面是创建小球的代码
// 添加地板
// 创建地板的 body，默认为静态类型
var wallDef:b2BodyDef = new b2BodyDef();
// 设置坐标，放在小球下面
wallDef.position.Set(360 / PIXELS_TO_METER, 360 / PIXELS_TO_METER);
var wall:b2Body = world.CreateBody(wallDef);

// 创建矩形
var wallShape:b2PolygonShape = new b2PolygonShape();
// 设置尺寸，只需传入值的一半
wallShape.SetAsBox(360 / PIXELS_TO_METER, 10 / PIXELS_TO_METER);
```

```
// 创建 fixtureDef
var wallFixtureDef:b2FixtureDef = new b2FixtureDef();
// 设置 shape 密度
// 设置弹性系数
wallFixtureDef.restitution = 0.6;
wallFixtureDef.shape = wallShape;
// 创建 Fixture
wall.CreateFixture(wallFixtureDef);
```

b2PolygonShape 代表矩形，注意：在使用 SetAsBox 方法设置尺寸时，只需传入值的一半。

和创建小球的代码相比，这里还有一个不同之处，即为 b2FixtureDef 对象设置了 restitution 属性。这同样是一个物理属性，表示弹性系数，数字越大则弹性越好，默认为 0。

运行程序我们看到，小球碰到地板后，不仅被拦住了，还产生了反弹效果，如图 14-6 所示。

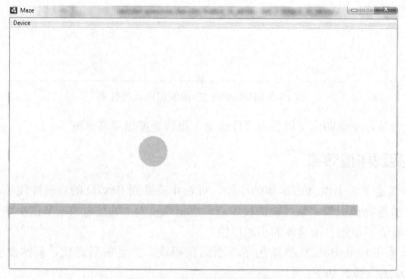

图 14-6　弹性小球运行效果

经过反复几次的反弹后，小球最终停了下来。如果将 restitution 属性设置为 1 或大于 1 会有什么情况发生？这个时候 friction 摩擦系数并没有起作用，因为小球仅仅只是和地板碰撞（模拟的物理世界中不存在空气阻力），所以小球会一直在地板上弹跳，停不下来。

**思考**　如果在舞台四周都添加地板，只给小球留下有限的空间，那么小球就只能在限定的区域活动。这不正是我们想要的迷宫吗？

## 14.4　迷宫地图算法

经过上一节对 Box2D 引擎的学习，一个迷宫已初具雏形了，物理效果的问题解决了。本节再来看另一个棘手的问题：迷宫地图算法。

### 14.4.1　问题分析

随机生成的迷宫是由规则的方形格子组成的一张大图，如图 14-7 所示是一个 9×9 的迷宫。

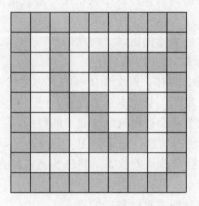

图 14-7　9×9 的迷宫

这张图可以用一个二维矩阵 maze（对应 ActionScript 中的数组）来表示，其中 1 表示墙体，0 表示通道，如图 14-8 所示。

$$
\begin{pmatrix}
1 & 1 & 1 & 1 & 1 & 1 & 1 & 1 & 1 \\
1 & 0 & 1 & 0 & 0 & 0 & 0 & 0 & 1 \\
1 & 0 & 1 & 0 & 1 & 1 & 1 & 1 & 1 \\
1 & 0 & 1 & 0 & 0 & 0 & 0 & 0 & 1 \\
1 & 0 & 1 & 1 & 1 & 0 & 1 & 0 & 1 \\
1 & 0 & 0 & 0 & 1 & 0 & 1 & 0 & 1 \\
1 & 1 & 1 & 0 & 1 & 1 & 1 & 0 & 1 \\
1 & 0 & 0 & 0 & 0 & 0 & 0 & 0 & 1 \\
1 & 1 & 1 & 1 & 1 & 1 & 1 & 1 & 1
\end{pmatrix}
$$

图 14-8　用二维矩阵描述迷宫

使用二维数组可以很清楚地描述整张图，比如 maze [1][1]，对应的就是矩阵中第 2 行第 2 列的点，maze [1] 即第 2 行的数组。

生成迷宫其实就是要构建图 14-8 所示的二维矩阵，矩阵中的每个点代表一个方格。在我们的算法中，最开始地图上所有的点都是可行走的。地图的入口在左上角，也就是

maze[1][1] 的位置，终点在右下角，即 maze[7][7]，四条边都是墙体。从起始点开始，要使用回溯法遍历整张图，按照预设的规则，找到所有可以达到的点，将这些点标识为通道，其余的点则是墙体，遍历结束后，就会产生一张如图 14-7 所示的地图来。

## 14.4.2 回溯法详解

回溯法也称为试探法，是一种选优搜索法，按选优条件向前搜索，以达到目标。但当探索到某一步时，发现原先选择并达不到目标时，就退回上一步重新选择，直到达到目标为止。当一个问题有多种解集，而需要条件找出其中某个解或最佳解时，往往使用回溯法。迷宫就是这类问题的代表。

在对算法进行详细说明时，请先记住以下两点：

❑ 地图的格子数必须是奇数。

❑ 最终生成的地图上，除去墙体，四个角所在的点总是在通道上。

这是由我们采用的算法决定的。看完本节的内容，就会明白其中原由了。

在遍历地图时，使用了以下两个数组来保存必要的数据：

❑ 二维数组 maze，存放地图信息，记录地图上每个点的状态。数组中每个点默认值为 true，在遍历过程中，会修改点的状态，将作为通道的点改为 false。遍历结束后，就得到了最终的地图。

❑ 一维数组 walkList，存放所有可以移动的点。

下面逐步介绍整个算法的执行过程，共分 3 个部分。

### 1. 从起始点开始

如图 14-9 所示，圆点所在位置为起始点，记作 P(1,1)，第一个坐标表示行，第二个表示列。将 P(1,1) 放入 walkList 列表。

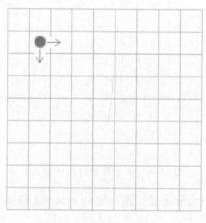

图 14-9 遍历图的第一步

在迷宫中，我们希望 4 条边都作为墙体，这样可以保证小球不会越界，所以起始点不是

P(0,0)。

检测 P(1,1) 的相邻 4 个方向是否可以通过。图 14-9 中已经用箭头标出了 P(1,1) 可能通过的方向：向下和向右。从所有可能通过的方向中随机选择一个方向作为行进路线。**随机取行进方向，这就是随机生成迷宫的关键所在！**

假设选择向下，则要将下面两个方格都标识为通道，如图 14-10 所示。

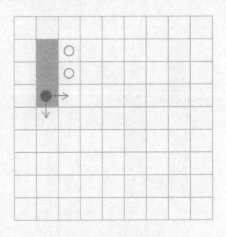

图 14-10　遍历图的第二步

为什么一次要移动两格？**这就是生成墙体的奥秘所在**。观察图 14-10，从 P(1,1) 移动到 P(3,1) 后，按照一次移动两格的规则，那么就不可能再移动到点 P(1,2) 和点 P(2,2)，这样，右边就形成了一个墙体。同理，左边自然也是墙体。

选定移动方向后，修改 maze 数组，将点 P(2,1) 和 P(3,1) 的状态修改为 false，即标识为通道。同时，把 P(3,1) 放入 walkList 中。

经过一轮后，数据状态如下：

❏ walkList 有两个数据，P(1,1) 和 P(3,1)。
❏ maze 数组中点 P(1,1)、P(2,1) 和 P(3,1) 的值变为 false。

**2. 随机选择方向行进**

选定上次的行进点 P(3,1) 作为检测点，同样，找到所有可能的移动方向，并随机选择其中一个。在检测行进方向时，必须满足以下条件：

❏ 不超出地图范围。
❏ 该方向上连续两个点都没有走过，即不是通道。
❏ 不能走到地图边界，因为要把 4 条边留作墙。

由于一次移动 2 格，且 4 条边不能通行，**则地图的长和宽格数必然是奇数**，比如 9×9、15×19。

### 3. 当无法前进时，后退，直到找到新的行进方向

在前进过程中，如果发现前面没有路了，就要回退，重新寻找新的点作为检测点。

如图 14-11 所示，当走到 P(5,1) 时，前面已经无路可走了。这时候将 P(5,1) 从 walkList 移除，从 walkList 取出上一个检测点，即 P(7,1)，对点 P(7,1) 进行检测。如果有，重复步骤 2；如果没有，则继续回退。

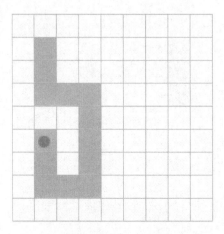

图 14-11　无法前进的情况

在最开始，每次只是随机取了一个行进方向，因此还有其他方向没有走过，在回退过程中，不断地递归，最终所有可能通过的点都会被遍历到。

如果回退到最后，也就是当 walkList 列表为空，依然无法移动时，那意味着搜索结束，已经找到了想要的答案。

也许读者还有一个疑问：怎么确定起始点和终点一定相通？是的，自始至终都没有谈到终点。其实不难解释，因为地图的四个角必须是可通行的。在遍历过程中，必然会走过 P(1,1)、P(7,1)、P(1,7) 和 P(7,7) 这 4 个点。

由于地图长宽皆为奇数，从 P(1,1) 到 P(7,1) 的距离为 6，总是偶数，不管中间的方向如何改变，必须会遍历到该点。同理，也必须存在从点 p(1,1) 到点 P(7,7) 的路，而这正是迷宫的答案。

## 14.4.3　代码实现

经过一番分析，我们对迷宫算法有了大致了解，应该说，整体思路已经很清晰了，下面就开始动手写代码，把想法转化为程序语言。

为了提高代码的重用性，这里创建了 Maze 类专门负责生成迷宫地图数据，见代码清单 14-2。

```
package
{
  import flash.geom.Point;

  public class Maze
  {
    //directions
    private const UP        : String = "U";
    private const DOWN      : String = "D";
    private const LEFT      : String = "L";
    private const RIGHT     : String = "R";

    // 地图矩阵的尺寸
    private var _width     : uint;
    private var _height    : uint;

    // 地图矩阵
    private var _maze      : Array;

    // 存放搜索点的队列
    private var _walkList    : Array;

    // 起点和终点
    private var _start     : Point;

    /**
     * 生成新的地图矩阵
     *
     * @param  column  列数
     * @param  row     行数
     * @return
     */
    public function getMapData(column:int, row:int):Array
    {
      // 保存尺寸信息
      _width  = column;
      _height = row;
      // 开始点总是在左上角
      _start = new Point(1, 1);
      // 重置所有数据
      _initMaze();
      // 生成新的数组
      _createMaze();
      return _maze;
    }

    // 初始化地图矩阵
    private function _initMaze () : void
```

```
{
  _maze  = new Array();

  // 生成新的地图矩阵
  for ( var row : int = 0; row < _height; row++ )
  {
    // 一行
    _maze[row]  = new Array();
    // 一列
    for ( var column : int = 0; column < _width; column++ )
    {
      _maze[row][column] = true;
    }
  }

  _maze[_start.x][_start.y] = false;
}

private function _createMaze () : void
{
  var back         : Point;
  var move         : int;
  var possibleDirections  : String;

  // 起始点
  var pos          : Point = _start.clone();

  _walkList = new Array();
  // 将起点加入队列中
  _walkList.push(pos.clone());
  // 如果队列中还有要检测的点，则一直循环下去，直到所有的点都已经都已经走过了
  while ( _walkList.length )
  {
    // 检测当前位置所有可以移动的方向
    possibleDirections = "";
    // 向下的方向
    // 下方可以行走的条件是下面两格都不是墙，且当前不在倒数两行
    if((pos.x + 2 < _height ) && (_maze[pos.x + 2][pos.y] == true) && (pos.x + 2 != 0)
      && (pos.x + 2 != _height - 1) )
    {
      possibleDirections += DOWN;
    }
    // 向上的方向
    // 上方可以行走的条件是上面两格都不是墙，且当前不在前面两行
    if ((pos.x - 2 >= 0 ) && (_maze[pos.x - 2][pos.y] == true) && (pos.x - 2 != 0)
       && (pos.x - 2 != _height - 1) )
    {
      possibleDirections += UP;
    }
    // 向左的方向
```

```
if ((pos.y - 2 >= 0 ) && (_maze[pos.x][pos.y - 2] == true) && (pos.y - 2 !=
  0) && (pos.y - 2 != _width - 1) )
{
  possibleDirections += LEFT;
}
// 向右的方向
if ((pos.y + 2 < _width ) && (_maze[pos.x][pos.y + 2] == true) && (pos.y +
  2 != 0) && (pos.y + 2 != _width - 1) )
{
  possibleDirections += RIGHT;
}
// 如果可以移动
if ( possibleDirections.length > 0 )
{
  // 随机取一个方向
  move = _randInt(0, (possibleDirections.length - 1));

  switch ( possibleDirections.charAt(move) )
  {
    case UP:
      // 向上走，上面两格标记为行走区域
      _maze[pos.x - 2][pos.y] = false;
      _maze[pos.x - 1][pos.y] = false;
      // 并将当前位置移动到新的点
      pos.x -=2;
      break;

    case DOWN:
      // 向下走，下面两格标记为行走区域
      _maze[pos.x + 2][pos.y] = false;
      _maze[pos.x + 1][pos.y] = false;
      pos.x +=2;
      break;

    case LEFT:
      // 向左走，左面两格标记为行走区域
      _maze[pos.x][pos.y - 2] = false;
      _maze[pos.x][pos.y - 1] = false;
      pos.y -=2;
      break;

    case RIGHT:
      // 向右走，右面两格标记为行走区域
      _maze[pos.x][pos.y + 2] = false;
      _maze[pos.x][pos.y + 1] = false;
      pos.y +=2;
      break;
  }
  // 把新的位置点存放在队列中
  _walkList.push(pos.clone());
```

```
            }
            else
            {
              // 如果当前位置已经不能移动了，则后退，直到找到可移动的位置为止
              back = _walkList.pop() as Point;
              pos.x = back.x;
              pos.y = back.y;
            }
          }
        }
        // 依照取值范围取出随机数
        private function _randInt ( min : int, max : int ) : int
        {
          return int((Math.random() * (max - min + 1)) + min);
        }
      }
    }
```

在 Maze 类中，定义了如下公共方法 getMapData：

```
public function getMapData(column:int, row:int):Array
```

该方法接受两个参数：column 和 row，分别表示地图的宽和高。再次提醒读者，**这两个值都必须是奇数**。

在遍历地图时，上面使用了 Point 对象来检测点的信息。和我们常见的坐标数据不同，Point 对象的 x 属性表示点在地图的行，而 y 属性则是列，请读者不要弄混淆了。

调用 getMapData 方法后，获取的是一个二维数组。二维数组中，如果元素的值为 true，表示是墙体，反之是通道。

为了验证我们的算法，最好能够将数据呈现出来，眼见为实。代码清单 14-3 用十几行把生成的地图绘制出来。

代码清单 14-3　ch14/Main.as

```
package
{
  import flash.display.Graphics;
  import flash.events.Event;
  import flash.events.MouseEvent;
  //
  public class Main extends AppBase
  {
    //Maze 对象
    private var maze:Maze;

    override protected function init():void
    {
      maze = new Maze();
```

```
    // 监听舞台的单击事件
    stage.addEventListener(MouseEvent.CLICK, onClick);
}
// 每次单击舞台时，都生成新的地图
private function onClick(e:Event):void
{
    // 生成15×9的地图
    var mapWidth:int = 15;
    var mapHeight:int = 9;
    // 每个单元格的尺寸
    var tile_size:int = 30;
    // 获取新的地图数据
    var map:Array = maze.getMapData(mapWidth, mapHeight);
    // 获取舞台的绘制对象
    var g:Graphics = this.graphics;
    g.clear();
    g.lineStyle(1, 0x81CE81);
    g.beginFill(0xDADADA);
    // 临时变量
    var row:Array;
    for ( var i:uint = 0, rowLen:int = map.length; i < rowLen; i++ )
    {
        // 地图每一行的数据
        row = map[i] as Array;

        for ( var j:uint = 0, columnLen:int = row.length; j < columnLen; j++)
        {
            // 如果为true，即为墙
            if ( row[j] == true )
            {
                g.beginFill(0xCCF5CC);
            }
            else
            {
                g.beginFill(0xEFEFEF);
            }
            // 依照在二维数组中的位置定位
            g.drawRect(20 + j * tile_size, 20 + i * tile_size, tile_size, tile_size);
        }
    }
    g.endFill();
}
}
}
```

在绘制图形时，代表墙和通道的方格分别使用了不同的填充颜色。根据数据在二维数组中的索引号，可以很轻松地对方格进行定位。

在 FlashDevelop 中运行程序，每次在舞台上单击鼠标，都会马上绘制出新的地图，效果如图 14-12 所示。

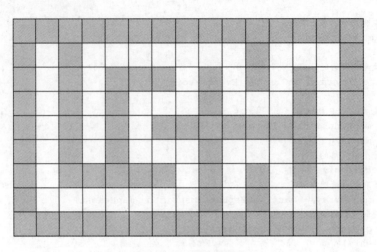

图 14-12 地图效果

## 14.5 本章小结

本章对迷宫游戏的需求和技术要点进行了分析。迷宫游戏的规则很简单，主要存在两个技术难点：物理效果和地图的生成。针对前者引入了 Box2D 物理引擎来模拟物理世界，并专门用一节介绍了 Box2D 的用法；至于动态生成地图的算法，介绍了常见的回溯法。

总的说来，我们的准备工作很充分，所有的技术难点都得到了较好的解决，第 15 章可以迅速进入开发流程。

# 第 15 章   迷宫游戏的实现

经过第 14 章的努力，我们顺利地解决了迷宫游戏的两个技术难点：物理效果和地图生成算法。现在可以按照正常的开发流程，将技术解决方案整合到游戏中。

14.1.2 节对程序进行了功能分析，本章将依次对各个功能模块的技术实现进行详细介绍，比如在第一步生成地图时，会运用回溯法，并结合 Box2D 引擎为地图添加物理属性。最后，加入游戏逻辑，形成一个完整的游戏。

## 15.1   制作迷宫地图

地图是迷宫游戏的基础，也是最核心的功能模块。上一章我们已经用回溯法编写了一个简单有效的地图生成算法，下面要做的是将地图算法和 Box2D 引擎结合起来，把地图融入模拟的物理世界中。

### 15.1.1   绘制带有物理属性的地图

第 14 章已经用代码将生成的二维地图数据绘制出来了，只不过没有使用物理引擎来处理，现在要做的，就是用 Box2D 引擎提供的 API 来绘制地图。

在 Box2D 中，所有的图形都依附于刚体对象。在第 14 章的例子中，小球和地板每个对象都是独立的刚体，每个刚体只包含了一个图形。其实一个刚体可以包含更多的图形。如果把地图视为一个刚体，那么这个刚体中将包含多个矩形图形，从而形成了一个复杂的迷宫结构。

绘制地图的代码如代码清单 15-1 所示。

**代码清单 15-1　绘制地图**

```
// 获取新的地图数据，maze 对象是 Maze 类的实例
//mapSize 是 Point 类型，x 坐标表示列数，y 坐标则是行数
var mazeMap:Array = maze.getMapData(mapSize.x, mapSize.y);

//Fixture 对象
var fixture:b2Fixture;

// 移除旧地图
var temp:b2Fixture;
// 获取 body 中的第一个 fixture
fixture = mapBody.GetFixtureList();
while ( fixture != null )
```

```
{
  // 获取下一个
  temp = fixture.GetNext();
  // 移除 Fixture 对象
  mapBody.DestroyFixture(fixture);
  fixture = temp;
}

// 绘制新的地图，为方格定义统一的属性
var gridFixture
Def:b2FixtureDef = new b2FixtureDef();
gridFixtureDef.density = 1;
// 摩擦系数
gridFixtureDef.friction = 0.2;
// 弹性系数
gridFixtureDef.restitution = 0.3;
// 矩形图形
var gridShape:b2PolygonShape;
// 用来存放坐标
var gridCenter:b2Vec2;

// 记录所有可以通行的点的位置
var walkablePoints:Vector.<Point> = new Vector.<Point>();

// 循环整个二维数组
    for ( var i:int = 0; i < mapSize.y; i++)
    {
      for ( var j:int = 0; j < mapSize.x; j++)
      {
        // 如果是 false，表示通道，记录下来
        if ( mazeMap[i][j] == false )
        {
          // 去除起点和终点
          if ( i * j != 1 && i * j != (mapSize.y - 1) * (mapSize.x - 1) )
          {
            walkablePoints.push(new Point(i, j));
          }
          // 不绘制图形，继续循环
          continue;
        }
        // 创建图形对象
        gridShape = new b2PolygonShape();
        // 根据数据在二维数组中的索引，计算每个方格的坐标
        gridCenter = new b2Vec2((grid_width/2 +
              grid_width*j)/PIXELS_TO_METER, (grid_height/2 +
              grid_height*i)/PIXELS_TO_METER);
        // 设置方格的尺寸和坐标
        gridShape.SetAsOrientedBox((grid_width / 2) / PIXELS_TO_METER,
              (grid_height / 2) / PIXELS_TO_METER, gridCenter);
        gridFixtureDef.shape = gridShape;
```

```
      fixture = mapBody.CreateFixture(gridFixtureDef);

      // 将 fixture 对象保存下来
      mazeMapFixtures.push(fixture);
   }
}
```

　　mapBody 一个全局的 b2Body 对象，作为地图的容器。在绘制新的地图前，首先得移除 mapBody 中原有的图形，即移除旧的地图，相关代码如下：

```
// 获取 body 的第一个 b2Fixture 对象
fixture = mapBody.GetFixtureList();
while ( fixture != null )
{
  // 获取下一个，用一个临时变量过渡
  temp = fixture.GetNext();
  // 移除 Fixture 对象
  mapBody.DestroyFixture(fixture);
  fixture = temp;
}
```

　　b2Body 对象内部使用了一个链表储存所有的 Fixture 对象，只要获取了第一个 Fixture 对象，就可以通过 Fixture 的 GetNext 方法找到下一个。获取 Fixture 对象后，调用所属 body 的 DestroyFixture 方法销毁 Fixture 对象。依次循环下去，即可清空 body 内的所有图形。

　　绘制地图时，主要思路是使用 Maze 对象生成新的二维数组，然后用一个循环遍历数组中的每个元素，当值为 false 时，表示是通道，否则是墙，也就是要填充的单元格。

　　grid_width 和 grid_height 是两个全局属性，定义了单元格的长宽，由舞台的尺寸所决定。

```
// 单元格宽
grid_width = stage.stageWidth / mapSize.x;
// 单元格高
grid_height = stage.stageHeight / mapSize.y;
```

　　整个地图绘制完成后，始终能够占据整个屏幕。

　　在绘制单元格图形时，使用了 b2PolygonShape 对象的 SetAsOrientedBox 方法，而不是 14.2.2 节中的 SetAsBox 方法。和 SetAsBox 方法相比，SetAsOrientedBox 方法支持更多的参数，包括图形尺寸、坐标和旋转角度，很方便地实现了对单元格的布局控制。

---

**注意** 绘制图形时传入的尺寸为实际值的一半。在 Box2D 中，图形默认以原点为中点进行绘制，在计算坐标时，务必要考虑这一点。

---

　　在计算每个单元格的坐标时，根据每个点在二维数组中的索引，可得出如下计算公式：

x 坐标 = (grid_width/2 + grid_width*j)/PIXELS_TO_METER

y 坐标 = (grid_height/2 + grid_height*i)/PIXELS_TO_METER

　　在代码清单 15-1 中，有一个尚未起作用的数组 walkablePoints，它记录了所有可通行的点的位置。这个数组用什么作用呢？在下一节即可见分晓。

## 15.1.2 添加随机障碍物

添加随机障碍物时，要考虑以下两个因素：

❑ 障碍物必须在通道上。

❑ 障碍物的尺寸必须合适，要给小球留下足够的空间。

第 1 点不难实现，只要找到地图上所有可通行的点，然后从中随机取出若干个用来放置障碍物即可。至于第 2 点，我们已经计算出每个单元格的尺寸，就可以先确定小球的尺寸，剩下的事情就很好办了。

还记得在绘制地图时出现的 walkablePoints 数组吗？现在可以派上用场了。walkablePoints 数组记录了所有可通行的点的数据（起点和终点除外），只要从中随机取出数据来，然后在对应的位置放置障碍物即可。小球在行走过程中不能碰到障碍物，否则游戏结束。为了表述上更形象，下文将障碍物一律称为"地雷"。

和绘制地图一样，这里也只是用了一个刚体对象 bompBody 来放置所有的地雷，详细的代码如代码清单 15-2。

**代码清单 15-2 生成随机地雷**

```
// 定义地雷图形的属性
var bompFixtureDef:b2FixtureDef = new b2FixtureDef();
bompFixtureDef.density = 1;

// 障碍物尺寸不能过大，要允许小球通过通道
var radius:Number = Math.min( grid_width, grid_height ) / 4 - 2;

// 临时变量
var index:int;
var p:Point;
var ballShape:b2CircleShape;

//bompNum 是一个全局变量，定义了地雷的数量
for ( var k:int = 0; k < bompNum; k++)
{
  // 从数组中随机取出一个
  index = Math.random() * (walkablePoints.length - 1);
  p = walkablePoints[index] as Point;

  ballShape = new b2CircleShape();
  ballShape.SetRadius(radius/PIXELS_TO_METER);

  // 地雷在单元格的左上还是左下，默认在左上
  // 根据数据在二维数组中的索引，计算每个方格的坐标
  gridCenter = new b2Vec2((grid_width * p.y + radius) / PIXELS_TO_METER,
          (grid_height * p.x + radius) / PIXELS_TO_METER);
```

```
// 随机值决定地雷位置
if ( Math.random() >= 0.5 )
{
  // 左下，改变 y 坐标
  gridCenter.y = (grid_height * p.x + grid_height - radius) /
                 PIXELS_TO_METER;
}
// 设置地雷坐标
ballShape.SetLocalPosition(gridCenter);
bompFixtureDef.shape = ballShape;
fixture = bompBody.CreateFixture(bompFixtureDef);

// 将已布置地雷的点从数组中移除
walkablePoints.splice(index, 1);
}
```

地雷和小球都是圆形，因此两者的直径之和要小于单元格的边长。假设小球的直径为单元格较短边长的一半，那么地雷的直径就必须要比小球的小，如图 15-1 所示。

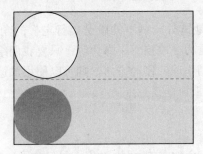

图 15-1　单元格内小球和地雷的尺寸比例

生成随机地雷的关键是地雷的位置，由于我们已经有了 walkablePoints 数组，用一行代码即可解决这个问题：

```
index = Math.random() * (walkablePoints.length - 1);
```

在数组中任意取一个索引，找到对应的数据，然后在该位置绘制出圆形地雷，并将地雷放置在单元格的左上角或者左下角。同样地，也是使用随机函数 Math.random 来决定地雷的位置：

```
if ( Math.random() >= 0.5 )
{
  // 左下，改变 y 坐标
  gridCenter.y = (grid_height * p.x + grid_height - radius) / PIXELS_TO_METER;
}
```

当然，也可以放置在单元格的右上角或右下角，读者可以试着添加代码来处理。

每次从 walkablePoints 数组中获取一条数据后，就将该数据移除，然后再次取随机值，直到生成的地雷数量已经达到目标为止。

在地图上放置地雷前要做一件事情，即清除之前的地雷。做法和清除地图相同，代码如下：

```
// 移除旧的地雷
fixture = bompBody.GetFixtureList();
while ( fixture != null )
{
  temp = fixture.GetNext();
  bompBody.DestroyFixture(fixture);
  fixture = temp;
}
```

**提示** 在 15.4 节整理代码时，我们会将所有清除旧图形的代码放在一起，生成地图和地雷的代码放在一起，将这些代码加起来，即实现了生成迷宫地图的功能。

## 15.2 加入可"行走"的角色

在迷宫中，除了地图和地雷外，剩下的就是"行走"的角色，也就是小球。在 Box2D 的物理世界中，已经模拟了重力、摩擦力、弹力等，只要我们给小球赋予一定的质量，小球就可以动起来。如果想要控制小球的移动方向，则可以使用加速计来改变物理世界的重力方向，从而改变小球的速度。

### 15.2.1 创建小球

在迷宫游戏中，小球是一个独立的 body 对象，只包含了一个图形对象，代码如下：

```
// 定义body
var ballDef:b2BodyDef = new b2BodyDef();
ballDef.type = b2Body.b2_dynamicBody;
// 创建body
ball = world.CreateBody(ballDef);
// 自定义数据，定义body的名称
ball.SetUserData(BALL_NAME);
// 创建图形
var shape:b2CircleShape = new b2CircleShape();
shape.SetRadius(1 / PIXELS_TO_METER);
// 定义图形
FixtureDef:b2FixtureDef = new b2FixtureDef();
ballFixtureDef.shape = shape;
// 考虑到小球的面积不大，因此这里设置了一个较大的密度，增强重力效果
ballFixtureDef.density = 200;
ball.CreateFixture(ballFixtureDef);
```

小球是游戏中唯一可以移动的物体，对应 body 的类型为 b2Body.b2_dynamicBody。另外，这里还只用了 b2Body 对象的 SetUserData 方法。借助 SetUserData 方法，可以让 body

对象携带任意类型的数据。在这个游戏中，所有的 body 对象都被赋予了统一格式的数据，代表各自的名称，比如 ball 对象的值是常量 BALL_NAME。**在进行碰撞检测时，将通过 body 对象携带的数据来分辨目标。**

除了小球之外，还专门创建一个矩形对象来代表出口，代码如下：

```
// 定义 body
var exitDef:b2BodyDef = new b2BodyDef();
exit = world.CreateBody(exitDef);
// 赋予不同的名称
exit.SetUserData(EXIT_NAME);

var exitShape:b2PolygonShape = new b2PolygonShape();
exitShape.SetAsBox(1 / PIXELS_TO_METER, 1 / PIXELS_TO_METER);
// 创建 Fixture
var exitFixtureDef:b2FixtureDef = new b2FixtureDef();
exitFixtureDef.shape = exitShape;
Fixture(exitFixtureDef);
```

这里单独使用一个 body 对象来代表出口，主要是为了便于检测游戏结果。

在迷宫游戏中，现在共有 4 个 body 对象，分别是：小球、出口、地图和地雷。游戏过程中小球会和其他 3 个对象发生碰撞。当小球碰到出口时，表示玩家成功通关；当碰到地雷时，任务失败。因此，**只要检测物理世界的碰撞行为，就能够控制游戏的状态。**

## 15.2.2　使用加速计控制小球的移动

在 Box2D 模拟的物理世界中，所有可以运动的物体都受重力的影响，如果重力发生了变化，物理的速度也会相应变化，这正是我们控制小球移动的关键。

在创建 b2World 对象时，构造函数接受两个参数：

```
new b2World(gravity:b2Vec2, doSleep:Boolean);
```

第一个参数 gravity 为 b2Vec2 类型，由两个方向的合力形成重力。同时，b2World 对象还提供了以下方法：

```
SetGravity(gravity:b2Vec2);
```

调用 SetGravity 方法后，物理世界的重力参数就会被修改，所有物体的速度都会受到影响。我们要做的，是将加速计提供的 X 轴和 Y 轴的参数转换为重力，Box2D 会自动完成其他的任务。

下面是详细的代码：

```
var accelerometer:Accelerometer = new Accelerometer();
if ( Accelerometer.isSupported )
{
  // 添加监听器
    accelerometer.removeEventListener(AccelerometerEvent.UPDATE, onAcceUpdate);
```

```
}

// 将加速计的数据转化为物理引擎的重力
private function onAcceUpdate(e:AccelerometerEvent = null):void
{
    //X 轴方向和坐标方向是相反的，所以要反向处理。详细介绍请参考第 4 章
    var gx:Number = -15 * e.accelerationX;
    var gy:Number = 15 * e.accelerationY;
    // 更新物理世界的重力
    world.SetGravity(new b2Vec2(gx, gy));
}
```

很难相信，只用不到 10 行的代码就实现这个看似复杂的功能，让人不得不感叹 Box2D 的强大和便捷。

***

**再次提醒** 在转换重力时，一定要对 X 轴参数进行反向处理，读者可以回顾 4.2 节。

***

## 15.2.3 碰撞检测

到目前为止，迷宫已经初具规模了，地图、小球和地雷等元素一应俱全，小球也可以"行走"了。现在还有一个问题没解决：如何检测小球和其他物体的碰撞？按照前面的构想，小球走到出口，任务完成；如果碰到地雷，任务失败。换句话说，碰撞检测的结果控制了游戏的状态。

碰撞检测是物理引擎的重要功能之一，Box2D 也不例外。在 Box2D 中，碰撞事件通过 b2ContactListener 对象来捕获。b2ContactListener 类是一个抽象类，定义了碰撞的几个行为，我们需要编写一个它的子类，重写其中的方法。常用的方法有以下两个：

1）BeginContact，表示碰撞开始。

```
function BeginContact(contact:b2Contact):void
```

b2Contact 对象包含了发生碰撞的两个物体的详细信息。如果多个物体参与了碰撞，则该事件会出发多次。

2）EndContact，表示碰撞结束。

```
function EndContact(contact:b2Contact):void
```

用法和 BeginContact 相似，只是发生的时间不同。

编写好自定义的碰撞监听类后，调用 world 对象的 setContactListener 方法，就可以监听到物理世界的所有碰撞行为。

ContactListener 类是为迷宫游戏编写的碰撞检测类，如代码清单 15-3 所示。

代码清单 15-3　ContactListener 类

```
package
{
  import Box2D.Dynamics.b2Body;
  import Box2D.Dynamics.b2ContactListener;
  import Box2D.Dynamics.Contacts.b2Contact;

  // 扩展基类 b2ContactListener
  public class ContactListener extends b2ContactListener
  {
    // 回调函数
    private var _callBack:Function;

    public function ContactListener( callBack:Function )
    {
      _callBack = callBack;
    }

    override public function BeginContact(contact:b2Contact):void
    {
      // 使用回调函数返回碰撞结果
      if ( _callBack != null )
      {
        // 获取两个物体对应的 body 对象
        var a:b2Body = contact.GetFixtureA().GetBody();
        var b:b2Body = contact.GetFixtureB().GetBody();
        // 执行回调函数
        _callBack.call(null, a, b);
      }
    }
  }
}
```

在迷宫游戏中，碰撞行为并不复杂，仅仅发生在小球和其他物体之间，所以在 ContactListener 类中，只重写 BeginContact 方法，就已经能够满足所有的需求了。

在创建 ContactListener 类时，需要传入一个回调函数。当碰撞发生时，我们从 b2Contact 对象中找到两个物体所对应的 body 对象，执行回调函数。使用回调函数的目的是简化数据的传输，当然，也可以通过自定义事件的方式来派发碰撞事件。

编写完 ContactListener 类后，还要在 world 对象上注册碰撞监听类。用法如下：

```
var contactListener:ContactLis = new ContactListener(ballContactListener);
// 注册碰撞监听类
world.SetContactListener(contactListener);

// 碰撞检测的回调函数
private function ballContactListener(a:b2Body, b:b2Body):void
{
  // 从 body 对象携带的数据中找到标识名称
  var aName:String = a.GetUserData() as String;
```

```
var bName:String = b.GetUserData() as String;
// 只要任意一方是出口，表示小球已经到达目的地
if ( (aName == EXIT_NAME) || (bName == EXIT_NAME) )
{
  // 小球到终点了，任务完成
}
// 如果有一方是地雷，则任务失败
if ( (aName == BOMP_NAME) || (bName == BOMP_NAME) )
{
  // 小球碰到地雷了，game over
}
}
```

在碰撞检测的回调函数中，首先会从 body 对象携带的数据中找出标识名，也就是通过 SetUserData 传入的名称。在创建每个 body 对象，包括小球、地图、地雷时，我们都会设置一个名称，设置名称的用意就在这里。

当检测到碰撞对象中有一方是出口，表示任务完成，可以进入下一关；如果有一方是地雷，则任务失败，玩家要重新来过。

## 15.3  游戏状态控制

在上一节，我们给物理世界添加了一个碰撞检测类，为游戏的胜负规则确立了基础。除了结果之外，程序运行过程中还有一些地方需要完善，比如程序进入后台运行时，如果游戏正在进行中，是否要停止游戏？或者自动暂停等待玩家重新进入游戏。在迷宫游戏中，我们还会添加关卡，每次任务完成后会进入下一关，越往后难度越大，地图的尺寸和地雷数量都会增加，这些又是如何控制的？

### 15.3.1  自动暂停和恢复

在游戏进行当中，如果玩家因为某些原因要临时离开游戏，希望程序能够自动保持当前的状态不变，等到重新激活程序后，能够继续前面的进度。也就是说，程序要实现自动暂停和恢复。

其实，在前面的一些实例程序中已经使用过类似的技巧，11.2 节对此有详细介绍。总的来说，就是通过监听舞台的 activate 和 deactivate 事件来实现整体的状态控制：

```
addEventListener(Event.ACTIVATE, appStatusHandler);
addEventListener(Event.DEACTIVATE, appStatusHandler);
```

代码清单 15-4 中包含了状态事件的处理函数，以及控制物理世界运行和暂停的关键代码。

**代码清单 15-4  状态控制的相关代码**

```
// 程序状态事件处理
private function appStatusHandler(e:Event):void
```

```
{
    if ( e.type == Event.ACTIVATE )
    {
        // 程序进入激活状态，判断是否需要自动重新开始
        if ( running == true && paused == true )
        {
            addGameListener();
            // 全局变量，记录状态
            paused = false;
        }
    }
    else
    {
        // 程序进入后台运行，判断是否要自动暂停
        if ( running == true && paused == false )
        {
            removeGameListener();
            paused = true;
        }
    }
}
// 为游戏添加必要的事件监听，让物理世界进入运行状态
// 添加加速计事件监听和 enterframe 事件监听
private function addGameListener():void
{
    // 判断系统是否支持加速计
    if ( Accelerometer.isSupported )
    {
        accelerometer.addEventListener(AccelerometerEvent.UPDATE,
                    onAcceUpdate);
    }
    //enterframe 监听器用来刷新整个物理世界
    addEventListener(Event.ENTER_FRAME, onFrameUpdate);
}
// 移除游戏必要的事件监听器，物理世界将进入静止状态
    if ( Accelerometer.isSupported )
    {
        accelerometer.removeEventListener(AccelerometerEvent.UPDATE,
                onAcceUpdate);
    }

    removeEventListener(Event.ENTER_FRAME, onFrameUpdate);
}

//enterframe 事件处理，刷新整个物理世界
private function onFrameUpdate(e:Event):void
{
    if ( running == false ) return;

    world.Step(1 / 30, 6, 2);
```

```
world.ClearForces();
// 重绘场景
world.DrawDebugData();
}
```

在程序中使用了以下两个全局变量来记录程序的状态。

❑ running：是否处于游戏场景中。和程序本身状态无关，只与游戏的场景相关。进入游戏场景，running 为 true，我们会生成新的地图，并添加加速计的事件监听，利用 enterframe 事件刷新物理世界；退出游戏场景后，即隐藏地图，同时移除必要的事件监听。

❑ paused：是否暂停。代表了程序在操作系统中的状态。当程序进入后台运行时，paused 为 true，只是移除必要的事件监听，保持当前状态不变。事实上，这样做也提高了程序的性能，避免了不必要的资源开销。

在控制游戏状态时，addGameListener 和 removeGameListener 两个方法起到了重要作用。对比两个方法的代码，不难看到其实起作用的只是两个事件监听器。为加速计 accelerometer 对象添加的事件监听器用来获取重力参数，控制小球的移动；enterframe 事件则用来刷新物理世界，是物理引擎运行的基础。控制了这两个事件，就等于控制了游戏的运行状态。

## 15.3.2　关卡设置

迷宫游戏中设定了若干关卡，每一关的地图尺寸和地雷数量都不同，从第一关开始，越往后地图尺寸越大，地图越复杂，地雷的数量也越多。

在主程序定义了一个全局变量 gameLevel 表示游戏关卡，初始值为 1，表示第一关。每关结束时，会更新游戏状态。下面是相关的代码片段：

```
//succeed 是布尔类型，顺利完成任务为 true，反之为 false
if ( succeed )
{
  // 下一关
  gameLevel++;
  // 共有 5 关
  if ( gameLevel >= 5 )
  {
    // 通关了，重新开始
    gameLevel = 1;
  }
  else
  {
    // 下一关
  }
}
else
{
  // 任务失败，重新开始
}
```

```
// 重新准备游戏，生成新的地图
```

每次在生成地图前，会根据当前关卡的值重新计算游戏参数，包括地图的尺寸，还有单元格的尺寸。代码如下：

```
// 单元格的列数
mapSize.x = 2 * (10 + gameLevel) + 1;
// 行数
mapSize.y = 2 * (6 + gameLevel ) + 1;
// 地雷数量
bompNum = 5 + gameLevel;

// 单元格宽
grid_width = stage.stageWidth / mapSize.x;
// 单元格高
grid_height = stage.stageHeight / mapSize.y;
```

再次说明，使用回溯算法时，单元格的数量必须为单数。这里设置的最大关数为 5，地图中单元格数量不宜太多，否则单元格尺寸太小，操作起来很困难。

## 15.4　游戏代码分析

前面三节依次对每个功能模块进行了详细讲解，本节对前面的内容做一个总结，同时把关键代码梳理一遍。

### 15.4.1　程序中的类

整个程序共包含以下 3 个类：

❑ Maze 类：地图生成类。

❑ ContactListener 类：碰撞检测类。

❑ Game 类：游戏主程序，实现所有的游戏逻辑。

Maze 和 ContactListener 两个类已经说明过了，下面主要分析游戏主程序。

主程序主要包含了本章前 3 节的功能，包括生成地图和地雷、创建小球、控制小球行走等。程序的运行流程如图 15-2 所示。

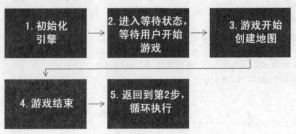

图 15-2　程序运行流程

每次游戏进入第 2 步，也就是等待用户开始游戏时，程序会切换到等待状态，running 变为 false，直到用户单击屏幕，开始游戏，running 变为 true。开始游戏时，会依次执行创建地图、更新小球位置和添加必要的事件监听等动作。

在图 15-2 中，并没有列出自动暂停和恢复这一块，程序在后台运行和激活两种状态的切换可能发生在任意一个环节，是全局事件，因此图中没有标识出。

## 15.4.2 主程序 Game 类详解

主程序 Game 类的完整代码如清单 15-5 所示。

**代码清单 15-5 游戏主程序 Game.as**

```
package {

    import Box2D.Collision.Shapes.b2CircleShape;
    import Box2D.Collision.Shapes.b2PolygonShape;
    import Box2D.Common.Math.b2Vec2;
    import Box2D.Dynamics.b2Body;
    import Box2D.Dynamics.b2BodyDef;
    import Box2D.Dynamics.b2DebugDraw;
    import Box2D.Dynamics.b2Fixture;
    import Box2D.Dynamics.b2FixtureDef;
    import Box2D.Dynamics.b2World;
    import flash.display.Sprite;
    import flash.events.AccelerometerEvent;
    import flash.events.Event;
    import flash.events.MouseEvent;
    import flash.geom.Point;
    import flash.sensors.Accelerometer;
    import flash.text.TextField;
    import flash.text.TextFormat;
    import flash.text.TextFormatAlign;

    [SWF(width="800", height="480")]
    public class Game extends AppBase
    {
        //world 对象
        private var world:b2World;
        //4 个 body 对象
        private var mapBody:b2Body;
        private var ball:b2Body;
        private var exit:b2Body;
        private var bompBody:b2Body;

        // 绘制物理世界的容器
        private var mapCanvas:Sprite;
        // 显示游戏状态的文本
        private var status_txt:TextField;
```

```actionscript
// 地图的尺寸
private var mapSize:Point = new Point();
// 单元格的尺寸
private var grid_width:Number = 30;
private var grid_height:Number = 30;
// 地雷数量
private var bompNum:int = 5;
// 当前关卡
private var gameLevel:int = 1;
// 是否运行
private var running:Boolean = false;
// 是否暂停
private var paused:Boolean = false;
// 生成地图数据的类
private var maze:Maze = new Maze();
// 加速计对象
private var accelerometer:Accelerometer;
// 常量，body 名称
private const MAP_NAME:String = "map";
private const BALL_NAME:String = "ball";
private const EXIT_NAME:String = "exit";
private const BOMP_NAME:String = "bomp";
// 常量，单元转换
private const PIXELS_TO_METER:int = 30;

override protected function init():void
{
  // 初始化引擎，创建所有的 body 对象
  initEngine();
  // 创建文本，显示游戏状态
  status_txt = new TextField();
  status_txt.width = stage.stageWidth;
  status_txt.y = 160;
  // 设置文本样式
  var tf:TextFormat = new TextFormat("Arial", 24, 0x666666);
  tf.align = TextFormatAlign.CENTER;
  status_txt.defaultTextFormat = tf;
  status_txt.text = "单击屏幕开始游戏";

  addChild(status_txt);
  // 准备好了，等待用户单击舞台开始游戏
  gameReady();
  // 监听程序状态
  addEventListener(Event.ACTIVATE, appStatusHandler);
  addEventListener(Event.DEACTIVATE, appStatusHandler);
}
// 初始化引擎，并创建 4 个 body 对象
private function initEngine():void
{
  var gravity:b2Vec2 = new b2Vec2(0.0, 10.0);
```

```
// 关闭睡眠模式, 因为运动过程中小球的速度可能为 0
var doSleep:Boolean = false;
// 创建 world
world = new b2World(gravity, doSleep);
// 创建地图 body
var bodyDef:b2BodyDef = new b2BodyDef();
bodyDef.position.Set(0, 0);
mapBody = world.CreateBody(bodyDef);
// 设置 body 名称
mapBody.SetUserData(MAP_NAME);
// 创建安放地雷的 body
bompBody = world.CreateBody(bodyDef);
bompBody.SetUserData(BOMP_NAME);

// 创建小球
var ballDef:b2BodyDef = new b2BodyDef();
ballDef.type = b2Body.b2_dynamicBody;
ball = world.CreateBody(ballDef);
ball.SetUserData(BALL_NAME);

var shape:b2CircleShape = new b2CircleShape();
shape.SetRadius(1 / PIXELS_TO_METER);

var ballFixtureDef:b2FixtureDef = new b2FixtureDef();
ballFixtureDef.shape = shape;
ballFixtureDef.density = 200;
ball.CreateFixture(ballFixtureDef);

// 出口
var exitDef:b2BodyDef = new b2BodyDef();
exit = world.CreateBody(exitDef);
exit.SetUserData(EXIT_NAME);

var exitShape:b2PolygonShape = new b2PolygonShape();
exitShape.SetAsBox(1 / PIXELS_TO_METER, 1 / PIXELS_TO_METER);

var exitFixtureDef:b2FixtureDef = new b2FixtureDef();
exitFixtureDef.shape = exitShape;
exit.CreateFixture(exitFixtureDef);
// 绘制图形的容器
mapCanvas = new Sprite();
addChild(mapCanvas);
// 设置调试绘制对象
var debugDraw:b2DebugDraw = new b2DebugDraw();
debugDraw.SetSprite(mapCanvas);
debugDraw.SetDrawScale(PIXELS_TO_METER);
debugDraw.SetLineThickness(1.0);
debugDraw.SetAlpha(1);
debugDraw.SetFillAlpha(0.4);
debugDraw.SetFlags(b2DebugDraw.e_shapeBit);
```

```
    world.SetDebugDraw(debugDraw);
    // 加速计
    accelerometer = new Accelerometer();
    // 碰撞检测
    var contactListener:ContactListener = new
               ContactListener(ballContactListener);
    world.SetContactListener(contactListener);
  }
  // 程序状态处理
  private function appStatusHandler(e:Event):void
  {
    if ( e.type == Event.ACTIVATE )
    {
      // 程序进入激活状态，判断是否需要自动重新开始
      if ( running == true && paused == true )
      {
        // 添加必要的事件监听器，游戏重新运行
        addGameListener();
        paused = false;
      }
    }
    else
    {
      // 程序进入后台运行，判断是否要自动暂停
      if ( running == true && paused == false )
      {
        // 移除监听器，物理世界进入静止状态
        removeGameListener();
        paused = true;
      }
    }
  }


  /**
   * 开始游戏
   */
  private function startGame():void
  {
    if ( running == true ) return;

    running = true;
    // 显示游戏场景
    mapCanvas.visible = true;
    // 隐藏文本
    status_txt.visible = false;
    // 更新游戏参数，包括地图尺寸、地雷数量等
    setGameParas();
    // 重新生成地图和地雷
    generateMap();
```

```
    // 更新小球和出口两个对象的位置
    refreshPlayers();
    // 添加监听器，运行物理世界
    addGameListener();
}
// 添加加速计和 enterframe 监听器
private function addGameListener():void
{
    if ( Accelerometer.isSupported )
    {
        accelerometer.addEventListener(AccelerometerEvent.UPDATE,
            onAcceUpdate);
    }
    // 刷新物理世界
    addEventListener(Event.ENTER_FRAME, onFrameUpdate);
}
// 移除监听器，停止物理世界的运行
private function removeGameListener():void
{
    if ( Accelerometer.isSupported )
    {
        accelerometer.removeEventListener(AccelerometerEvent.UPDATE,
                onAcceUpdate);
    }
    removeEventListener(Event.ENTER_FRAME, onFrameUpdate);
}

/**
 * 游戏结束，并显示对话窗口
 */
private function stopGame(succeed:Boolean = false):void
{
    if ( running == false) return;
    // 移除监听器
    removeGameListener();

    running = false;

    // 隐藏地图
    mapCanvas.visible = false;

    if ( succeed )
    {
        // 下一关
        gameLevel++;
        // 最多只有 5 关
        if ( gameLevel >= 5 )
        {
            // 通关了
            gameLevel = 1;
```

```
        status_txt.text = "太厉害了，你已经通关了！!\n单击屏幕开始第1关";
      }
      else
      {
        status_txt.text = "成功过关!\n单击屏幕开始下一关";
      }
    }
    else
    {
      status_txt.text = "很遗憾，任务失败!\n单击屏幕重新开始";
    }

    status_txt.visible = true;
    // 等待用户单击舞台开始游戏
    gameReady();
  }

  private function gameReady():void
  {
    // 显示是否要重新开始的对话框
    stage.addEventListener(MouseEvent.CLICK, onClickHandler);
  }
  // 单击舞台，开始游戏
  private function onClickHandler(e:MouseEvent):void
  {
    stage.removeEventListener(MouseEvent.CLICK, onClickHandler);
    // 开始
    startGame();
  }
  // 碰撞检测
  private function ballContactListener(a:b2Body, b:b2Body):void
  {
    var aName:String = a.GetUserData() as String;
    var bName:String = b.GetUserData() as String;

    if ( (aName == EXIT_NAME) || (bName == EXIT_NAME) )
    {
      // 小球到终点了, game over
      stopGame(true);
    }
    if ( (aName == BOMP_NAME) || (bName == BOMP_NAME) )
    {
      // 小球碰到地雷了, game over
      stopGame(false);
    }
  }

/**
 * 监听加速计事件
 * @param  e
```

```
  */
private function onAcceUpdate(e:AccelerometerEvent = null):void
{
  var gx:Number = -15 * e.accelerationX;
  var gy:Number = 15 * e.accelerationY;
  // 更新重力参数
  world.SetGravity(new b2Vec2(gx, gy));
}


/**
 * 响应 enterframe 事件，刷新物理世界
 * @param  e
 */
private function onFrameUpdate(e:Event):void
{
  if ( running == false ) return;
  // 刷新物理世界
  world.Step(1 / 30, 6, 2);
  world.ClearForces();
  // 重绘
  world.DrawDebugData();
}


/**
 * 设置游戏的关卡数据
 */
private function setGameParas():void
{
  // 地图单元格的列数
  mapSize.x = 2 * (10 + gameLevel) + 1;
  // 行数
  mapSize.y = 2 * (6 + gameLevel ) + 1;

  bompNum = 5 + gameLevel;

  // 单元格宽
  grid_width = stage.stageWidth / mapSize.x;
  // 单元格高
  grid_height = stage.stageHeight / mapSize.y;
}


/**
 * 更新小球和出口的坐标、尺寸
 */
private function refreshPlayers():void
{
  // 小球尺寸必须比方格要小，取最小尺寸的 1/2 作为半径
  var radius:Number = Math.min( grid_width, grid_height ) / 4;

  var fixture:b2Fixture = ball.GetFixtureList();
```

```
// 获取小球图形对象
var shape:b2CircleShape = fixture.GetShape() as b2CircleShape;
shape.SetRadius(radius / PIXELS_TO_METER);

fixture = exit.GetFixtureList();
var exitShape:b2PolygonShape = fixture.GetShape() as b2PolygonShape;
exitShape.SetAsBox(radius / PIXELS_TO_METER, radius /
        PIXELS_TO_METER);

// 让小球始终在左上角，终点在右下角
ball.SetPosition( new b2Vec2(grid_width * 1.5/PIXELS_TO_METER,
            grid_height * 1.5/PIXELS_TO_METER));
exit.SetPosition( new b2Vec2(grid_width *
        (mapSize.x - 1.5)/PIXELS_TO_METER, grid_height *
                (mapSize.y - 1.5)/PIXELS_TO_METER));
}

private function generateMap():void
{
  // 获取新的地图数据
  var mazeMap:Array = maze.getMapData(mapSize.x, mapSize.y);
  // 临时变量
  var fixture:b2Fixture;
  var temp:b2Fixture;

  // 移除旧地图
  fixture = mapBody.GetFixtureList();
  while ( fixture != null )
  {
    temp = fixture.GetNext();
    mapBody.DestroyFixture(fixture);
    fixture = temp;
  }

  // 移除旧的地雷
  fixture = bompBody.GetFixtureList();
  while ( fixture != null )
  {
    temp = fixture.GetNext();
    bompBody.DestroyFixture(fixture);
    fixture = temp;
  }

  // 绘制新的地图
  var gridFixtureDef:b2FixtureDef = new b2FixtureDef();
  gridFixtureDef.density = 1;
  gridFixtureDef.friction = 0.2;
  gridFixtureDef.restitution = 0.3;

  var gridShape:b2PolygonShape;
```

```
var gridCenter:b2Vec2;

var walkablePoints:Vector.<Point> = new Vector.<Point>();

for ( var i:int = 0; i < mapSize.y; i++)
{
  for ( var j:int = 0; j < mapSize.x; j++)
  {
    // 通道，记录下通道的点
    if ( mazeMap[i][j] == false )
    {
      // 去除起点和终点
      if ( i * j != 1 && i * j != (mapSize.y - 1) * (mapSize.x - 1) )
      {
        walkablePoints.push(new Point(i, j));
      }
      continue;
    }

    gridShape = new b2PolygonShape();
    // 根据数据在二维数组中的索引，计算每个方格的坐标
    gridCenter = new b2Vec2((grid_width/2 +
        grid_width*j)/PIXELS_TO_METER, (grid_height/2 +
                grid_height*i)/PIXELS_TO_METER);
    // 设置方格的尺寸和坐标
    gridShape.SetAsOrientedBox((grid_width / 2) / PIXELS_TO_METER,
        (grid_height / 2) / PIXELS_TO_METER, gridCenter);
    gridFixtureDef.shape = gridShape;
    fixture = mapBody.CreateFixture(gridFixtureDef);
  }
}

// 随机生成地雷
var bompFixtureDef:b2FixtureDef = new b2FixtureDef();
bompFixtureDef.density = 1;

// 地雷尺寸不能过大，要允许小球通过通道
var radius:Number = Math.min( grid_width, grid_height ) / 4 - 2;

var index:int;
var p:Point;
var ballShape:b2CircleShape;
for ( var k:int = 0; k < bompNum; k++)
{
  // 从数组中随机取出一个
  index = Math.random() * (walkablePoints.length - 1);
  p = walkablePoints[index] as Point;

  ballShape = new b2CircleShape();
  ballShape.SetRadius(radius / PIXELS_TO_METER);
```

```
    // 地雷在单元格的左上还是左下，默认在左上
    // 根据数据在二维数组中的索引，计算每个方格的坐标
    gridCenter = new b2Vec2((grid_width * p.y + radius) / PIXELS_TO_METER,
                (grid_height * p.x + radius) / PIXELS_TO_METER);

    if ( Math.random() >= 0.5 )
    {
      // 左下
      gridCenter.y = (grid_height * p.x + grid_height - radius) /
          PIXELS_TO_METER;
    }
    // 设置地雷坐标
    ballShape.SetLocalPosition(gridCenter);
    bompFixtureDef.shape = ballShape;
    fixture = bompBody.CreateFixture(bompFixtureDef);

    // 将已布置地雷的点从数组中移除
    walkablePoints.splice(index, 1);
      }
    }
  }
}
```

在主程序 Game 类中定义了十多个方法，有一些之前没有出现，下面是这些方法的描述。

❏ startGame：开始游戏。每次用户单击屏幕后，就调用这个方法。

❏ stopGame：游戏结束时调用，隐藏游戏场景、显示游戏结果，并将程序切换到等待状态。

❏ gameReady：每次游戏进入等待状态时执行该方法，用来监听舞台的单击事件。

❏ onClickHandler：在等待状态下的鼠标监听器，一旦响应后，即表示用户选择开始游戏。

❏ setGameParam：更新游戏参数，包括地图的尺寸、地雷数目和单元格尺寸等。

❏ refreshPlayers：每次游戏开始时执行，用来重置小球和出口的位置。

❏ generateMap：生成地图和地雷。

虽然以上方法名没有出现过，但其中包含的代码并不陌生，只是这里对代码的顺序和结构做了调整，看上去更符合逻辑，也更容易重用。

图 15-3 是在手机上运行游戏的效果。

程序中有很多参数，比如转换重力时的比例、墙的弹性系数，甚至包括地雷的数量，在不同尺寸的屏幕上，这些参数并不一定全部合适，读者可以对它们进行适当的修改，体会不同参数带来的感受。

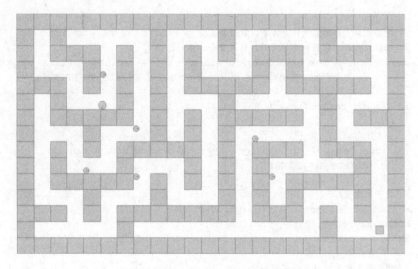

图 15-3　迷宫游戏运行效果

## 15.5　本章小结

　　本章在第 14 章的基础上，完成了迷宫游戏的整体开发，将 14 章的两个技术点，即地图生成算法和 Box2D 物理引擎整合起来。同时，使用了移动开发中的两个技术点：加速计和程序状态管理。总的来说，我们将移动开发技术和桌面开发技术完美地结合起来，既利用了桌面开发的经验，也发挥了移动设备的优势，是一个较好的开发案例。

　　在使用 Box2D 引擎时，仅仅使用了引擎内置的调试绘制方法来显示图形，所以迷宫游戏的界面比较简陋。事实上，Box2D 的功能很多，完全支持自定义图形材质，不过本书篇幅有限，没有对此做介绍。读者可以参阅 Box2D 官网上的文档，进行进一步学习引擎的用法，从而可以按照自己的想法来美化游戏界面。

第五篇

# 高 级 篇

第 16 章　AIR 本地扩展

# 第 16 章　AIR 本地扩展

AIR 本地扩展（AIR Native Extension，ANE）是 AIR 提供的一种扩展方式，允许开发者编写本地代码库来增强运行时的功能。ANE 最早出现在 AIR 2.5 中，但仅限于 TV 版本使用，AIR 3.0 之后，ANE 得到了全面推广，在桌面和移动平台上也能够使用这一特性。

本章将介绍 ANE 的功能特性，以及为 Android 平台开发 ANE 的流程和若干技术点。由于 Android 开发以 Java 为主，因此对 Java 语言的了解有助于阅读本章的内容。

## 16.1　ANE 的特点

一个产品的大版本更新往往意味着有一些重要的改变，对于 AIR 3.0 而言，本地扩展无疑是最重要的一点。ANE 为 AIR 程序的功能扩展带来了无限的可能性，使得 AIR 程序可以充分利用平台的资源。

本节将主要介绍 ANE 的技术特性，和针对 Android 平台的 ANE 开发环境，为下一节的实例开发做准备。

ANE 是一套面向平台的功能扩展方案。由于跨平台的特性，AIR 运行时无法兼容每个平台独有的功能。比如在 Android 平台上，我们无法在 AIR 程序中发送系统消息，不能在完成某个任务后振动手机来提示用户，ANE 的出现很好地解决了这些问题。使用 ANE 时，对于本地化功能，可以编写本地代码来完成，然后和 AIR 程序整合在一起，从而实现了对运行时的扩展。

一直以来，Adobe 都在努力为 Flash 平台的功能扩展提供更方便更强大的支持，比如 AIR 2.0 后新增了 flash.desktop.NativeProcess 类，支持调用外部程序；在 labs.adobe.com 上有一个 Alchemy 实验项目，可以将用 C 或 C++ 编写的代码直接编译成能够运行在 Flash 播放器中的代码库。和这些方案相比，ANE 有自己的特点，主要表现以下几方面：

（1）ANE 的功能扩展由本地语言实现

在不同平台上，ANE 支持的开发语言也不同。例如在 Android 平台使用 Java 和 C；在 iOS 平台上使用 Objective-C 和 C；在 Windows 平台上使用 C 和 C++；在 Mac OS X 上使用 Objective-c 和 C。同时，AIR 为不同平台提供了相同架构的开发包，保证 ActionScript 可以和不同的本地代码通信。

虽然功能扩展和平台相关，但 ANE 并不只针对某一个平台提供扩展，一个 ANE 包中也可以包含多个版本。比如在一个名为 Vibration 的 ANE 包中，含有 Android 和 iPhone 两个版本，分别使用 Java 和 Objective-C 开发，两个平台的本地扩展都提供了相同的外部接口。在 AIR 项目中使用该扩展包时，AIR 运行时会自动根据平台来选择对应的本地代码。

（2）ANE 不仅包含本地代码，还包含 ActionScript 代码

ANE 主要由两部分组成：本地代码（Native Code）和 ActionScript 代码。本地代码用来实现功能；ActionScript 代码则用来和本地代码库通信，并将对话过程封装起来，提供简单易用的接口。

和 ActionScript 代码不同，本地代码并不由 AIR 运行时来解析执行，而是和 AIR 运行时运行在同一个进程中。如图 16-1 所示是 ANE 的架构示意图。

图 16-1　ANE 架构示意图

（3）ANE 以文件包形式分步，可以重用

ANE 开发完毕，最后会生成一个后缀为 .ane 的文件包。ANE 包和 SWC 文件很相似，复制即可使用。

由于 ANE 文件便于使用，目前已经有不少开发者将自己开发的 ANE 包共享，在 Adobe 的官方网站 http://www.adobe.com/devnet/air/native-extensions-for-air.html 上，可以找到不少非常实用的 ANE 包。

## 16.2　一个简单的本地扩展

本节将着手编写一个简单的本地扩展，要实现的功能很简单，仅仅是 ActionScript 和本地代码的交互，主要目的是熟悉 ANE 的开发流程，为后续的提交打基础。

ANE 包括本地代码和 ActionScript 代码，开发时一般先编写本地代码，然后再编写 ActionScript 代码，最后打包成 ANE 文件，发布到项目中使用。本节要讲的例子正是按照这个顺序来进行的。

在动手开发 ANE 之前，第一步自然是搭建开发环境。

### 16.2.1　搭建开发环境

为 Android 平台开发 ANE 时，使用的开发环境和 Android 移动开发的环境相同，都是

使用 Eclipse IDE。除了 Android SDK，Android 平台还提供了一套 NDK（Native Development Kit），允许开发者使用 C 或 C++ 来开发应用程序。本书没有涉及 NDK 的使用，只介绍使用 Android SDK 的开发模式。搭建开发环境分以下 3 个步骤。

**步骤 1** 安装 Eclipse

打开 Eclipse 的下载页面 http://www.eclipse.org/downloads/，其中提供了多个版本，这里选择 Eclipse Classic（经典版）。

Eclipse 是一个绿色软件，下载完毕后，直接将得到的压缩文件解压即可。文件夹中的 eclipse.exe 是可执行文件，双击即可运行。

运行 Eclipse 需要先安装 JDK，另外开发 ANE 时还需要使用 Android SDK，在第 1 章已经介绍过 JDK 和 Android SDK 的安装步骤，因此这里不再详述。

---

**提示** Flash Builder 本身是基于 Eclipse 构建的开发环境，因此也可以作为 Android 开发的 IDE，且环境的配置步骤相同。

---

**步骤 2** 安装 Android 开发插件 ADT。

启动 Eclipse，单击菜单 Help → Install New Software，将弹出软件安装窗口，在窗口的 Work with 输入框中输入 ADT 的安装路径：https://dl-ssl.google.com/android/eclipse/，单击 Add 按钮将该站点添加到站点列表中，并命名为 Google ADT。

确认后，Eclipse 自动从远程站点获取可用的软件列表并下载软件，选择 Developer Tools 套件下的所有软件，包括 Android Development Tools 和 Android DDMS 等。安装过程中需要确认使用规范和权责申明等信息，直接单击确认安装即可。

安装完毕后，重新启动 Eclipse。

**步骤 3** 配置 Android SDK。

在 Eclipse 中单击菜单 Window → Preferences，打开设置窗口。单击并展开左侧列表中的 Android 项，在面板右边设置 SDK Location 的地址。

如图 16-2 所示，单击 Browse 按钮，找到 Android SDK 路径。确认后，Eclipse 将自动找到 SDK 包中已经安装的所有 API 列表和模拟器列表，将 SDK 和 IDE 整合起来。

至此，Android 开发环境搭建完毕。单击菜单 File → New，如果在弹出的列表中看到新的子项 Android Project，即表示一切已经准备就绪。

## 16.2.2 编写本地代码

搭建好了 Android 开发环境，下面就开始创建项目工程。

启动 Eclipse，单击菜单 File → New → Android Project，创建一个 Android 项目，命名为 FirstANE。选择 Build Target，也就是 Android 平台的版本，选择最常见的 Android 2.2 即可。

进入 Application Info 设置页面，依次填写 Application Name 和 Package Name，如图 16-3 所示。

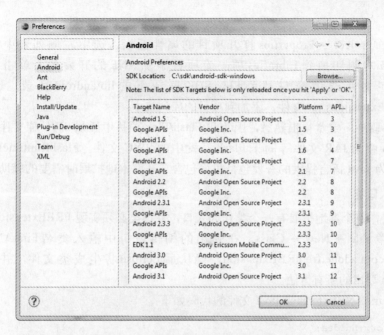

图 16-2　配置 Android SDK 路径

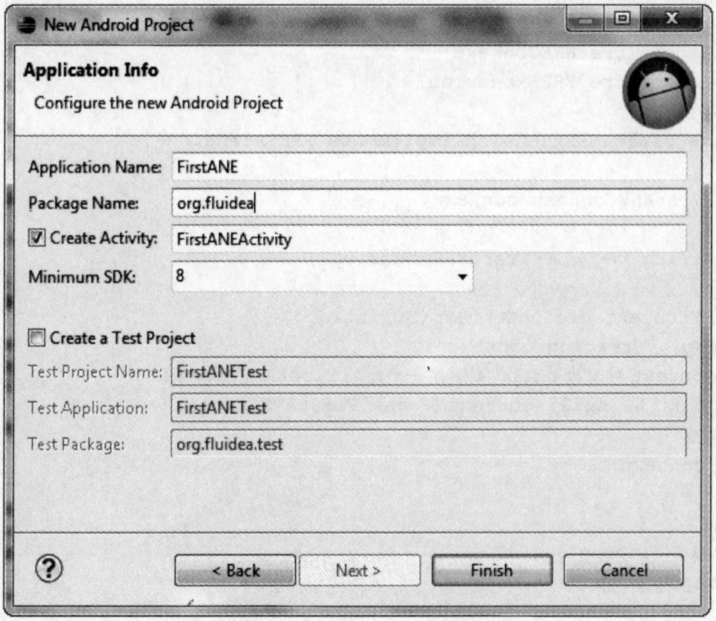

图 16-3　填写项目属性

　　项目创建完毕，在 src 目录不会自动生成一个名为 FirstANEActivity 的类文件，放置在 org.fluidea 包中。Activity 是 Android 程序中用来显示界面的组件，这个例子中不会用到它，直接删除。

通过菜单 Project → Properties 打开项目的属性面板，选中左侧列表中的 Java Build Path，在面板右侧切换到 Libraries 项，为项目添加 ANE 的开发包。单击 Add External Jars 按钮，在文件选中窗口找到 Flex SDK 目录下的 lib\android 目录，选中其中的 FlashRuntimeExtensions.jar 文件，添加到项目的库列表中。

对这个步骤你一定觉得很熟悉，因为和 Flash/Flex 项目中添加 SWC 库文件的方式相似。事实上，Java 中的 JAR 文件等同于 Flash 开发中的 SWC 文件。FlashRuntimeExtensions.jar 是 AIR SDK 为 Java 语言提供的开发包，里面包含了开发本地扩展时需要的辅助类。

## 1. 编写入口类

按照约定，每个本地扩展有一个类作为入口，且该类必须实现 FREExtension 接口。

单击菜单 File → New → Class，在弹出的编辑窗口中输入类名 FirstANEExtension，再添加接口 com.adobe.fre.FREExtension，确认后 Eclipse 将生成类文件，并自动生成了 FREExtension 要求的所有方法。

修改后 FirstANEExtension.java 文件的代码如下：

```java
package org.fluidea;

import android.util.Log;

import com.adobe.fre.FREContext;
import com.adobe.fre.FREExtension;

public class FirstANEExtension implements FREExtension {

  private FirstANEContext context;

  private String tag = "FirstANEExtension";
  @Override
  public FREContext createContext(String arg0) {
    Log.i(tag, "Creating context");
    // 如果 context 对象为 null，则创建一个新的 FirstANEContext
    if( context == null) context = new FirstANEContext();
    // 返回对象
    return context;
  }
  @Override
  public void dispose() {
    Log.i(tag, "dispose");
  }
  @Override
  public void initialize() {
    Log.i(tag, "initialize");
  }
}
```

FirstANEExtension 类的代码很简单，主要实现了 FREExtension 接口的 3 个方法。

（1）createContext 方法

这是入口类最重要的一个方法，ActionScript 与本地扩展开始对话时，AIR 运行时会调用 createContext() 方法，返回一个 FREContext 对象，供 AIR 程序使用。createContext 方法有一个字符串参数，是 ActionScript 传递过来的，用来创建不同的 FREContext 对象，一般不使用。

FirstANEContext 是本地扩展中第二个重要的类，定义了扩展的功能细节，包括和 ActionScript 通信的方式，稍后来分析它的代码。

---

**提示**　Log 类是 Android SDK 提供的日志辅助类，当我们在设备上调试程序时，Log 类输出的日志都可以用 DDMS 查看，后面在使用 ANE 时会讲到这一点。

---

（2）initialize 和 dispose 方法

由运行时自动调用，分别在初始化数据和清除资源时使用，并不是每个扩展都需要为这两个方法编写额外的代码，要根据具体情况而定。

和 ActionScript 不同的是，Java 在实现接口时也可以在函数定义前加上 Override 标记。

### 2. 扩展 FREContext 类

在一个本地扩展中，至少要有一个 FREContext 类的子类。FREContext 类主要用来定义扩展的上下文环境，包括 ActionScript 和本地代码通信的方法。和 FREExtension 接口以及其他的辅助类一样，FREContext 类也在 com.adobe.fre 包中。

在 FirstANEExtension 类中出现的 FirstANEContext 类就是 FREContext 类的子类，具体代码如下：

```
package org.fluidea;

import java.util.HashMap;
import java.util.Map;
import android.util.Log;
import com.adobe.fre.FREContext;
import com.adobe.fre.FREFunction;

public class FirstANEContext extends FREContext
{
  // 覆盖父类的同名方法
  @Override
    public void dispose() {
        Log.i("FirstANEContext", "Dispose context");
    }

    @Override
    public Map<String, FREFunction> getFunctions() {
        Log.i("FirstANEContext", "Creating function Map");
```

```
        Map<String, FREFunction> functionMap = new HashMap<String,
            FREFunction>();

        functionMap.put("sayHello", new SayHelloFunction() );
        return functionMap;
    }
}
```

FirstANEContext 类覆盖了 FREContext 定义的两个方法：getFunctions 和 dispose。

getFunctions 方法返回一个 Map 对象，其中的每个元素都相当于一条函数映射，将一个字符串和一个函数对象关联起来。比如以下代码：

```
functionMap.put("sayHello", new SayHelloFunction() );
```

字 符 串 sayHello 对 应 SayHelloFunction 对 象，ActionScript 在 使 用 本 地 扩 展 时，传入 sayHello 字符串，AIR 运行时就会调用 getFunctions 方法，从 Map 对象中找到对应的 SayHelloFunction 对象，并执行该对象提供的方法体。

### 3. 定义函数对象

在定义函数映射时，函数对象必须实现 FREFunction 接口，比如上文中使用的 SayHelloFunction 类。

```java
package org.fluidea;

import android.util.Log;
import com.adobe.fre.FREContext;
import com.adobe.fre.FREFunction;
import com.adobe.fre.FREObject;

public class SayHelloFunction implements FREFunction {
    @Override
    public FREObject call(FREContext arg0, FREObject[] arg1) {

        FREObject result = null;

        Log.i ("SayHelloFunction", "call");

        try {
            // 从参数数组中读取第一个参数
            FREObject msg = arg1[0];
            // 取出字符串
            String s = msg.getAsString();
            Log.i("SayHelloFunction", "String from AS: " + s);
            // 使用 FREObject 的静态方法创建返回对象
            result = FREObject.newObject("Response from Java:" + s);
        }
        catch (Exception e) {
            Log.i ("SayHelloFunction", e.getMessage());
```

```
        }
        return result;
    }
}
```

FREFunction 接口只定义了一个 call 方法，当 ActionScript 发送 sayHello 的执行命令时，AIR 运行时会找到 SayHelloFunction 对象，运行其中的 call 方法，并返回执行结果。

call 方法有两个参数，第一个是当前使用的 FREContext 对象，第二个则是 ActionScript 传递的参数，是一个数组。ActionScript 传递过来的是 ActionScript 类型数据，本地扩展会将这些参数转换为 FREObject 对象，比如：

```
//ActionScript 传递了一个参数，且类型为字符串
FREObject msg = arg1[0];
// 使用 getAsString 取出字符串
String s = msg.getAsString();
```

FREObject 还有 getAsInt、getAsBool 等方法，除了可以处理一些简单类型的数据外，Java 端还能支持和 ActionScript 传递数组、ByteArray 和 BitmapData 等复杂数据。

同样，Java 返回的也是 FREObject 类型，ActionScript 会将对象转换为 ActionScript 常用的类型。

---

**注意**　虽然 Java 中一致使用 FREObject 类型，但在读取参数时还是要预先确认参数的具体类型，比如是字符串还是整型。只有这样才能正确读取到原始数据。也就是说，ActionScript 传递过来的参数和 Java 返回的数据都要预先设置好。

---

SayHelloFunction 类的 call 方法接受的参数为一个字符串，收到字符串后，会在字符串前面加上 "Response from Java:" 字样，再返回给 ActionScript。

到这里，一个最简单的本地扩展就编写完毕了。单击菜单 Project → Build Project，如果在下方的 Problems 面板没有列出编译错误信息，则表示代码没有问题了。

单击菜单 File → Export，调出项目导出向导，选择 Java 目录下的 JAR file 项，导出 JAR 文件。在导出窗口，选择 src 目录下的 3 个 java 文件，如图 16-4 所示。

选好导出的文件列表，并设置好导出文件路径，单击 Finish 按钮，成功后即可在目标目录找到 JAR 文件。

至此，本地代码的工作完成了，实例代码存放在 ch16/ANE_Native 目录中。在打包 ANE 时会用到 JAR 文件，请先放置好备用。

## 16.2.3　编写 ActionScript 代码

在 ANE 中，ActionScript 主要负责封装和本地代码的交互接口，为用户提供更加友好易用的 ActionScript API。

依然使用 Flash Develop 作为开发环境，不过在开始之前要先给 FlashDevelop 安装一个

ExportSWC 插件。和本地代码相似，ActionScript 编写完毕后也要导出为 SWC 库文件，但 FlashDevelop 默认不支持直接导出为 SWC 文件，所以要安装一个插件。

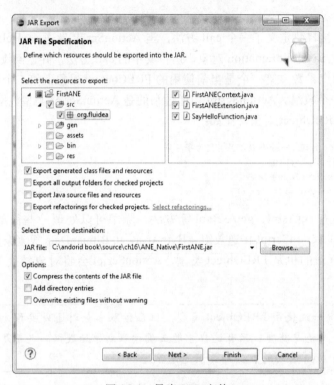

图 16-4 导出 JAR 文件

打开插件首页 http://sourceforge.net/projects/exportswc/，单击页面中的 Download 按钮，下载后缀为 .fdz 的文件。.fdz 是 FD 特定的插件安装包，双击直接安装。安装完毕后重新启动 FD，在顶部工具栏可以看到新增了一个 ■ · 按钮，单击按钮就可以将当前项目中所有的 ActionScript 类打包成 SWC 文件。

在 FD 中创建一个新的 AIR Mobile AS3 App 项目 FirstANE，对应的源码路径为 ch16/ANE_ActionScript。删除掉 src 目录下自动生成的 Main.as 文件，创建一个新的类文件，完整的名称为 org.fluidea.FirstANE。FirstANE 类将作为本地扩展中 ActionScript 的主类，代码如下：

```
package org.fluidea
{
  import flash.external.ExtensionContext;

  public class FirstANE
  {
    // 定义 ExtensionContext 对象
    private var context:ExtensionContext;
```

```
    public function FirstANE()
    {
      // 尝试创建ExtensionContext对象，第一个参数是extend id，与本地扩展描述文件中的id相匹配
      try
      {
        context = ExtensionContext.createExtensionContext("org.fluidea.FirstANE", null);
      }catch (e:Error)
      {

      }
    }
    // 判断当前平台是否支持
    public function isSupported():Boolean
    {
      return context != null;
    }

    // 封装更易用的方法
    public function sayHello(message:String):String
    {
      // 调用 sayHello 方法并获取返回值
      var retval:String = context.call("sayHello", message) as String;
      return retval;
    }
    // 销毁 ExtensionContext 对象
    public function dispose():void
    {
      context.dispose();
    }
  }
}
```

位于 flash.external 包中的 ExtensionContext 类是 ActionScript 用来和本地代码打交道的核心工具，这是一个只能在 AIR 环境下使用的类。借助 ExtensionContext 对象，我们可以调用本地代码中 FREContext 对象开放的所有方法，即在 16.2.1 节中 FirstANEContext 类的 getFunctions 方法返回的方法列表。

调用本地代码时，只需向 ExtensionContext 对象的 call 方法传递正确的参数，其中第一个参数表示方法名，后面的参数才是实际参数。如果有返回值，需要将返回的 Object 类型转换为正确的数据类型。

在使用 Extension 类的 createExtensionContext 方法时，上面的代码中加了一段 try…catch 的异常判断代码，主要是为了捕获运行时的错误，如果本地扩展无法加载或者平台不匹配，就会引发异常。后面添加的 isSupported 方法同样也是为了让代码更加严谨。如果本地扩展所使用的功能也需要对运行环境进行检测，也可以加上类似的验证机制。其实我们对这种方式并不陌生，在使用 AIR 的 CameraUI、CameraRoll 等移动开发专用的类库时也遵从了同样的流程。

ExtensionContext 对象的 dispose 方法在销毁对象时很有用，虽然可以省略，但还是建议保留。

---

**注意** 创建 ExtensionContext 对象时，是借助 ExtensionContext 类的静态方法 createExtension-Context 来完成的，该方法接受两个参数，第一个参数是 extend id，是本地扩展的唯一标识符，对应本地扩展描述文件中的 id 号（有关本地扩展描述文件的说明请阅读下一节的内容）；第二个参数为上下文类型，可以忽略。

---

编写完毕后，单击工具栏上的 ▦▾ 按钮，导出 SWC 文件。如果一切正常，bin 目录中会多出一个 FirstANE.swc 文件。

到这里，编码工作就全部完成了，接下来要做的是将所有素材打包成 ANE 文件发布出去。

## 16.2.4　打包和发布

本地扩展最后要以后缀为 ".ane" 的文件形式发布，这样其他开发者就可以很方便地使用本地代码中包含的新功能了。

一般来说，ANE 文件包括以下内容：

❑ ActionScript 库（SWC 文件）；
❑ 本地代码库（Java 平台对应为 JAR 文件）；
❑ 本地扩展描述文件（XML 文件）；
❑ 打包时的证书（可选）；
❑ 程序中要用到的外部资源（如图像）。

经过前面两节的准备，ActionScript 库和本地代码库都已经到位了，而且程序中也没有使用外部资源，除去可选的证书，唯一还缺少的是描述文件。

每个本地扩展都包括了一个描述文件，用来描述扩展的必要信息，包括 id、版本、支持的平台等信息，下面是我们为 FirstANE 创建的描述文件 extension.xml：

```
<extension xmlns="http://ns.adobe.com/air/extension/3.1">
    <id>org.fluidea.FirstANE</id>
    <versionNumber>0.0.1</versionNumber>
    <platforms>
        <platform name="Android-ARM">
            <applicationDeployment>
                <nativeLibrary>FirstANE.jar</nativeLibrary>
                <initializer>org.fluidea.FirstANEExtension</initializer>
            </applicationDeployment>
        </platform>
    </platforms>
</extension>
```

文件内容说明如下。

- ❑ id：表示本地扩展的唯一标识符。在 ActionScript 中使用 ExtensionContext.create-ExtensionContext 方法创建 ExtensionContext 对象时会用到这个值，一定要确保这个值的唯一性。
- ❑ versionNumber：版本号。
- ❑ platforms：表示扩展支持的平台。一个 platform 子节点代表一个平台，如果支持多个平台，可以插入多个子节点。Platform 节点的 name 属性表示平台名，其中 Android-ARM 对应 Android 设备，iPhone-ARM 对应 iOS 设备，Windows-x86 对应 Windows 设备。使用 ANE 时，AIR 运行时会根据平台名来寻找和当前平台匹配的本地扩展，因此 platform 节点的 name 属性一定要正确无误。
- ❑ nativeLibrary：本地扩展库文件。
- ❑ initializer：本地代码的初始化类。当使用 nativeLibrary 时，必须明确指定 initializer 元素。

为方便打包，把 extension.xml 文件移到 ActionScript 项目 FirstANE 的 bin 目录中，和 SWC 文件放在一起。

使用 ADT 打包 ANE 的命令格式如下：

```
adt -package <signing options> -target ane FirstANE.ane extension.xml -swc
FirstANE.swc
      -platform Android-ARM -C libs
```

其中 <signing options> 是签名的命令，可以省略。其他参数说明如下。
- ❑ -target：参数为 ane，表示要生成 ANE 包。后面依次接上 ANE 文件名和描述文件名。
- ❑ -swc：指明 ActionScript 库文件路径，指定的 SWC 文件会被包含在 ANE 中。
- ❑ -platform：指明 ANE 支持的平台，如果支持多个平台则要使用多个 -platform 指令。
- ❑ -C：指明资源文件夹路径。在 bin 目录中创建 libs 目录，将本地代码库 JAR 文件复制进去，同时使用 7-zip、WinRAR 等解压工具从 ActionScript 库文件 FirstANE.swc 中取出 library.swf 文件，也复制到 libs 目录中。

---

注意　ANE 包中会包含两个 library.swf 文件，在打包时，ADT 会从 –swc 命令指明的 SWC 文件中自动提取出 library.swf 文件。在使用 ANE 时，这个 library.swf 会被当做库文件供编译器使用，比如提供代码提示；libs 目录中的 library.swf 文件则是针对平台的，在本地扩展运行期间要使用其中的公共接口。

---

执行 ADT 时需要 Flex SDK 的配合，为此，我们编写了一个简单的批处理脚本 package_ane.bat，内容如下：

```
call "C:\sdk\flex_sdk_4.6.0.23201B\bin\adt" -package -target ane FirstANE.ane
extension.xml -swc FirstANE.swc -platform Android-ARM -C libs .

pause
```

**注意** 读者在运行前先修改 Flex SDK 的路径。-C 参数最后面的 "." 不可省略，否则打包程序无法找到当前路径的资源。

所有文件准备就绪后，在 FlashDevelop 中展开 bin 目录，文件结构如图 16-5 所示。

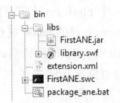

图 16-5　bin 目录

运行 package_ane.batt 批处理脚本，不出意外的话目录中会多出一个 FirstANE.ane 文件，第一个 ANE 文件就创建成功了。如果遇到问题也不要沮丧，仔细检查前面的每一个细节，看看有没有什么遗漏或误操作。

## 16.2.5　在程序中使用本地扩展

前面说过，ANE 文件和 SWC 文件的用法很相似，现在就用刚创建的 ANE 文件来编写一个小程序。

打开 FD，创建一个新的 AIR Mobile AS3 App 项目 ANEExample，对应的源码路径为 ch16/ANEExample。将创建好的 FirstANE.ane 文件复制到 lib 目录中，在 FD 的项目文件面板中，右键单击该文件，如图 16-6 所示。

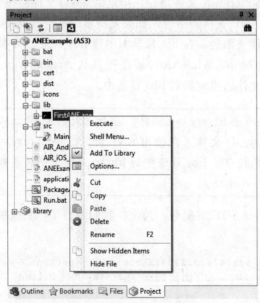

图 16-6　添加 ANE 库文件

勾选 Add to Library 选项，单击 Options 菜单项，在弹出的库类型选项中选择 External library（not included），将 ANE 文件作为外部库文件。

编辑 application.xml 文件，添加本地扩展信息如下：

```
<extensions>
    <extensionID>org.fluidea.FirstANE</extensionID>
</extensions>
```

extensions 节点用来描述本地扩展列表，每个 extensionID 节点代表一个扩展，节点的值对应本地扩展的 id 标识符，即本地扩展包中 extension.xml 文件的 id 属性。只有在程序描述文件中添加了本地扩展信息，AIR 运行时才能根据这些信息找到本地扩展。

最后，还要对 apk 打包命令做一个小小的改动。编辑 bat/Packager.bat 文件，定位到第 44 行处。

```
echo.
call adt -package -target %TYPE%%TARGET% %OPTIONS% %SIGNING_OPTIONS% "%OUTPUT%"
"%APP_XML%" %FILE_OR_DIR% -extdir lib
echo.
```

如上所示，在 adt 命令后添加了新的参数 -extdir lib。-extdir 参数用来指明本地扩展到路径，打包时程序需要从中提取资源文件，如果没有这个参数本地扩展就无法使用。本例中将 ANE 文件放置在 lib 目录下，因此对应的参数值为 lib，如果路径有多个，则需要添加多个参数。

设置完毕后，接下来就来编译代码，修改主程序 Main.as，代码如下：

```
package
{
  // 导入 ActionScript 类
  import org.fluidea.FirstANE;

  public class Main extends AppBase
  {
    //FirstANE 对象
    private var ane:FirstANE;

    // 初始化
    override protected function init():void
    {
      ane = new FirstANE();
      // 判断是否可以运行
      if ( ane.isSupported )
      {
        // 调用 sayHello 并输出返回值
        trace(ane.sayHello("Hi, Android"));
      }
    }
  }
}
```

```
}
```

这个例子中的代码再简明不过了，主要是为了验证 sayHello 方法的运行结果。

由于本地扩展和平台相关，因为只能在对应平台上运行，无法直接在桌面上调试，需要将程序发布到设备上运行。FD 中也可以直接将程序发布到设备上调试。修改 Run.bat 脚本，将调试类型改为 android-debug，如下所示：

```
:target
::goto desktop
goto android-debug
::goto android-test
::goto ios-debug
::goto ios-test
```

另外，还要确保 bat/SetupApplication.bat 中的 DEBUG_IP 的值对应为本机 IP 地址，在调试模式下，即工具栏上的模式为 ▷ Debug ▾，按 F5 键，启动调试流程。

当然，读者不要忘了先打开手机的 WI-FI，并用 USB 线将手机连上计算机。一切顺利的话，程序被上传到手机上并开始运行。在 FD 的调试面板，输出以下一长串信息：

```
...
obj\ANEExample634668524107667261 (1177 bytes)
(fcsh)Build succeeded
Done(0)
[Starting debug session with FDB]
Response from Java:Hi, Android
```

在输出面板底部，会看到 Response from Java:Hi, Android 的字样，即表示 sayHello 方法接收到了 Java 的返回信息，本地扩展编写成功！

为了更清楚地看到本地代码的执行过程，可以在调试前运行 Android SDK 中的 DDMS 工具，然后再调试程序。在 DDMS 的日志面板中，输出信息如图 16-7 所示。

| 16439 | FirstANEEx... | initialize |
| 16439 | FirstANEEx... | Creating context |
| 16439 | FirstANECo... | Creating function Map |
| 96 | ActivityMa... | Launch timeout has expired, giving up wake lock! |
| 96 | ActivityMa... | Activity idle timeout for HistoryRecord{4052a5a0 air.air.A} |
| 16439 | SayHelloFu... | call |
| 16439 | SayHelloFu... | String from AS: Hi, Android |
| 16439 | air.air.AN... | Response from Java:Hi, Android |

图 16-7　DDMS 日志面板截图

观察日志信息，可以清楚地看到 FirstANEExtension 类和 FirstANEContext 类中各个方法的运行顺序。

## 16.3　ANE 进阶实战技术

16.2 节中我们已经动手创建了第一个简单的本地扩展，并不难，对吧？确实，本地扩展绝非什么高级技术。当然，我们不能就此满足，毕竟这个例子的实用价值基本可以忽略不计，还应该继续努力，勇于接受挑战。本节带领大家研究一些实际中的应用。

### 16.3.1　Intent 机制：分享信息到社交网站

如果你现在还没有自己的微博账户，那你已经 OUT 了。在社交互联网时代，一切移动应用都想方设法和那些大的社交平台搭上关系。在很多站点上，包括个人博客上，随处可见的是"分享到…"的链接，只需要简单的一步，任何信息都能够迅速发布到流行的社交网站上，这已经成为不可阻挡的趋势，在移动平台上也是如此。

如何在 Android 平台实现一键分享信息到社交网站的功能呢？使用 AIR 就可以实现这个功能，即自己动手为某些网站开发客户端程序，像新浪微博、腾讯微博这些平台都为第三方开发者提供了 Flash 平台的 SDK。不过，开发一个客户端程序要花费很多时间，如果希望支持多个社交平台，那将是一个大工程。事实上我们完全没有必要这么做，因为 Android 已经提供了更简捷的方法。

留心观察 Android 平台上的社交应用，会发现很多应用程序都有一个类似"分享到…"的按钮，比如系统自带的相册中，在菜单上有一个分享按钮，单击后就会出现如图 16-8 所示的菜单列表。

图 16-8　分享菜单

在这个分享目标列表中，列出了系统目前支持的所有分享方式，单击其中任何一个选项，就可调用对应的应用程序。需要说明的是，这个列表的数据是动态生成的，比如其中的"分享到微博"的选项，只要安装了新浪微博客户端时才会出现。事实上，系统处理单击分享菜单这个动作的过程，和使用 CamereUI 调用相机拍照的过程完全相同，如图 16-9 所示。

图 16-9　执行分享动作的流程图

　　Android 系统定义了若干了命令，比如拍照、分享、浏览相册等，这些命令好比 ActionScript 中的事件，任何程序都可以注册事件监听器。当事件发生时，系统就会找到这些事件监听器，依照图 16-9 的流程来处理用户动作。因此，只需要在程序中放置一个按钮，当用户单击时，按照预定义的格式发送分享命令即可。当命令发出去之后，剩下的事情就全部由系统和外部程序来完成，至于信息怎么发送到社交网站上，这些都不要操心，交给那些社交网站的客户端来做就可以了。

　　由于 AIR 不支持直接发送 Android 系统的交互命令，因此我们要借助本地扩展来实现这一功能。在 FirstANE 项目中新建一个 ShareMessageFunction 类，并实现 FREFunction 接口，编写代码如下：

```
package org.fluidea;

import android.content.Intent;
import com.adobe.fre.FREContext;
import com.adobe.fre.FREFunction;
import com.adobe.fre.FREObject;
//
public class ShareMessageFunction implements FREFunction {

  @Override
  public FREObject call(FREContext context, FREObject[] args) {
    // 从 ActionScript 接收两个参数，表示标题和内容
    String title;
    String msg;
    // 读取参数
    try {
      title = args[0].getAsString();
      msg = args[1].getAsString();
    } catch (Exception e) {

      return null;
    }
```

```
    // 创建 Intent 对象, 标明 Action 类型
    Intent intent = new Intent("android.intent.action.SEND");
    // 指明分享的信息是文本
    intent.setType("text/plain");
    // 将数据附加到 Intent 对象
    intent.putExtra(Intent.EXTRA_SUBJECT, title);
    intent.putExtra(Intent.EXTRA_TEXT, msg);
    // 设置动作标识
    intent.setFlags(Intent.FLAG_ACTIVITY_NEW_TASK);
    // 发送命令
    context.getActivity().startActivity(intent);
    return null;
  }
}
```

ShareMessageFunction 类的代码不多，核心的代码不到 10 行，便完成了创建 Intent 对象、附加数据到 Intent 对象上、发送命令等步骤。

Intent（意图）是 Android 系统特有的一种通信机制，用来处理程序之间的交互与对话。Intent 对象描述了操作的动作类型，同时还可以附加数据。android.intent.action.SEND 是系统内置的命令类型，用来执行分享动作，支持文本、图像等数据格式。当为文本格式时，Intent 对象可携带 Intent.EXTRA_TEXT 属性和 Intent.EXTRA_SUBJECT 属性。

```
intent.setFlags(Intent.FLAG_ACTIVITY_NEW_TASK);
```

这行代码的作用是设置 Intent 对象的动作类型，声明调用程序时必须启动一个新的程序界面，而不是使用已经运行的程序。

发送 Intent 命令，或者说启动外部程序，调用 Activity 对象的 startActivity 方法来完成。

```
context.getActivity().startActivity(intent);
```

Activity（对应 android.app.Activity 类）是 Android 系统的核心组件之一，用来构建应用程序的表现层。Activity 是所有程序的基础，因为所有与用户交互的界面都由 Activity 来处理。context.getActivity() 的作用是获取 AIR 程序所对应的 Activity 对象，只有获取了 Activity 对象，我们才能以 AIR 程序的名义来调用外部程序。

编写完 ShareMessageFunction 类后，新的类还不能被外部使用，还必须在 FirstANE-Context 的 getFunctions 方法中添加如下一个函数映射：

```
functionMap.put("sayHello", new SayHelloFunction() );
functionMap.put("shareMessage", new ShareMessageFunction());
...
```

添加完毕后，保存文件，在 Eclipse 里面将项目导出为 JAR 文件。

由于更新了本地代码库，在如果要发布 ANE 文件时，ActionScript 端的代码也必须要更新。做法相似，也是同样为新的方法添加使用入口：

```
public function sayHello(message:String):String
```

```
{
  var retval:String;
  retval = context.call("sayHello", message) as String;
  return retval;
}
// 添加新的方法调用本地代码
public function shareTo(title:String, message:String):void
{
  context.call("shareMessage", title, message);
}
```

有了上一节的代码做基础，不管是编写新的 Java 类，还是添加 ActionScript 方法，都可以参考 sayHello 方法的做法。

至此，新的方法完全设置好了，可以发布新的 ANE 文件了。

为了检测本地扩展的新方法，下面修改 16.2 节中的例子程序，代码如下：

```
package
{
  import flash.events.MouseEvent;
  import org.fluidea.FirstANE;
  import ui.Button;

  public class Main extends AppBase
  {
    // 按钮
    private var btn_share:Button;

    private var ane:FirstANE;

    override protected function init():void
    {
      ane = new FirstANE();

      if ( ane.isSupported() )
      {
        trace(ane.sayHello("Hi, Android"));
      }
      // 在舞台上添加一个按钮
      btn_share = new Button(" 分享信息 ");
      btn_share.x = 30;
      btn_share.y = 120;
      addChild(btn_share);
      // 添加事件监听
      btn_share.addEventListener(MouseEvent.CLICK, onClick);
    }

    private function onClick(e:MouseEvent):void
    {
      // 调用本地扩展
```

```
            ane.shareTo("发送微博", "AIR 程序发送微博");
        }
    }
}
```

　　将程序发布到手机上运行，单击"分享信息"的按钮，会看到系统弹出如图 16-10 所示的菜单。

图 16-10　系统弹出分享菜单

　　如果手机上安装了新浪微博客户端，从列表中可以找到"分享到微博"的选项，单击该项后，即进入新浪微博客户端的发送界面，如图 16-11 所示。

图 16-11　新浪微博客户端的发送界面

从 ActionScript 传出的 message 文本出现在文本框内，由于微博不需要标题，所以 title
属性被忽略。进入到发送界面后，接下来的操作就不用多讲了。

到这里，AIR 程序整合社交网站的功能就全部完成了。仔细回顾代码，你会发现需要编
写的代码量非常少，这只能归功于 Android 系统的 Intent 机制。不仅使用灵活，而且扩展性
强，在提高程序重用度的同时，还可以让程序之间保持松散的关系，这种设计理念非常值得
借鉴。读者有兴趣的话可以去 Android 的开发站点（http://developer.android.com）查阅更详
细的文档。

## 16.3.2 在顶部状态栏显示系统通知

在 Android 设备上，顶部状态栏的系统通知（Notification）是一个很常见的功能，很多
程序都会利用它来提醒用户，比如收到新的短消息、下载和安装程序、微博有新的私信等，
都会在状态栏显示一个图标。状态栏如图 16-12 所示。

图 16-12　系统通知示意图

图 16-12 所示是未接来电的系统通知，单击通知栏中的信息，系统会打开相关程序。

对用户来说，系统通知这个功能很人性化，特别是当程序在后台运行时，如果遇到重要
的事情，发送系统通知可以让用户有机会快速了解情况。虽然 AIR 没有提供相关的 API，但
是有了本地扩展这个武器，这个问题就不再是问题了。

在 Android SDK 中，每个通知都是一个 Notification 对象，定义了通知的基本信息。位
于 android.app 包中的 NotificationManager 负责管理 Notification 对象，并处理相关的行为，
包括发送通知、更新通知、删除通知等。

下面按照发送通知的顺序来依次熟悉一下代码。

1）创建 Notification 对象，并设置相关属性，比如 icon、标题和内容等。

```
int icon = R.drawable.message_icon;
long when = System.currentTimeMillis();
// 创建 Notification 对象
Notification notification = new Notification(icon, "标题", when);
```

andorid.app.Notification 类有两个主要的属性：图标（icon）和标题文字。当有新的通知时，顶部状态栏会显示对应的图标和滚动文本信息，也就是这里设置的 icon 和标题。

在 Android 项目中，所有的图片素材都保存在 res/ drawable-xxxx 目录中，其中以 drawable 开头的有 3 个目录：drawable-hdpi、drawable-mdpi 和 drawable-ldpi，表示同一个素材需要为不同分辨率提供不同尺寸的版本。hdpi 适用于高 DPI 设备，所以尺寸最大；ldpi 最小。程序会根据设备的 DPI 属性使用尺寸最合适的素材。

这个例子在 3 个文件夹中放置了同名的文件 message_icon.png，用来作为系统通知的图标。使用代码访问图片素材时，都以 "R.drawable. 文件名" 的形式引用，这是编译器为每个素材分配的唯一标识符。

2）创建 Intent 对象，用来响应 Notification 的单击动作。

```
 // 创建 Intent 对象
 Intent notificationIntent = new Intent(context.getActivity(), context.
getActivity().getClass());
 PendingIntent contentIntent = PendingIntent.getActivity(appContext, 0,
notificationIntent, 0);
```

PendingIntent 和 Intent 功能相似，区别在于 PendingIntent 用于处理即将发生的事情，而 Intent 用来处理马上要发生的动作。当用户单击屏幕上的通知信息时，系统就会根据 PendingIntent 的描述调用相应的程序。

3）将 Intent 对象与 Notification 对象关联，然后将 Notification 提交给 NotificationManager，让其弹出 Notification。

```
// 将 Intent 对象与 Notification 对象关联
notification.setLatestEventInfo(appContext, "标题", "内容", contentIntent);
// 获取系统的 NotificationManager 对象, 调用 notify 方法将 Notification 发送出来, 显示到系统
   的状态栏
String ns = Context.NOTIFICATION_SERVICE;
NotificationManager mNotificationManager = (NotificationManager) context.
   getActivity().getSystemService(ns);
// 发送通知
mNotificationManager.notify(1, notification);
```

NotificationManager 是系统服务，不需要创建，而是调用 Activity.getSystemService 方法来获取。使用 notify 方法发送 notification 对象时，第一个参数 id 表示 notification 对象的唯一标识符。如果相同 id 的 notification 对象已经存在，原来的会被取而代之。

下面整理代码，完整的 SendNotificationFunction 类见代码清单 16-1。

代码清单 16-1　SendNotificationFunction.java 文件

```java
package org.fluidea;

import android.app.Notification;
import android.app.NotificationManager;
import android.app.PendingIntent;
import android.content.Context;
import android.content.Intent;
import android.util.Log;
import com.adobe.fre.FREContext;
import com.adobe.fre.FREFunction;
import com.adobe.fre.FREObject;

public class SendNotificationFunction implements FREFunction {

  @Override
  public FREObject call(FREContext context, FREObject[] args) {
    // 这个类将返回空值
    FREObject result = null;

    // 读取 ActionScript 端的参数
    String notificationString;
    String message;

    try
    {
      notificationString = args[0].getAsString();
      message = args[1].getAsString();
    }catch (Exception e) {

      Log.i ("SendNotificationFunction", e.getMessage());
      return result;
    }
    // 获取 AIR 程序当前的上下文环境对象
    Context appContext = context.getActivity().getApplicationContext();
    // 创建 Notification 对象
    int icon = R.drawable.message_icon;
    CharSequence tickerText = notificationString;
    long when = System.currentTimeMillis();

    Notification notification = new Notification(icon, tickerText, when);

      // 创建 Intent 对象
      Intent notificationIntent = new Intent(context.getActivity(), context.
        getActivity().getClass());
      // 定义 Notification 的单击动作
      PendingIntent contentIntent = PendingIntent.getActivity(appContext, 0,
notificationIntent, 0);
      // 关联 Notification 对象和 Intent 对象
```

```
    notification.setLatestEventInfo(appContext, notificationString, message,
        contentIntent);

    // 获取系统的 NotificationManager 服务
    String ns = Context.NOTIFICATION_SERVICE;
    NotificationManager mNotificationManager = (NotificationManager) context.
        getActivity().getSystemService(ns);
    // 发送通知
    mNotificationManager.notify(1, notification);

    return null;
    }
}
```

SendNotificationFunction 类的 call 方法从 ActionScript 端接收两个参数：标题和内容。接收后按照发送通知的逻辑开始一次执行。

**提示**　发送通知的逻辑并不复杂，不过如果读者没有 Android 开发的经验，可能对代码理解起来会比较困难。我们不必完全理解每个类具体用法和每句代码的含义，只要大概理解整个流程即可。

SendNotificationFunction 类编写完毕后，照例还要修改 FirstANEContext 类的 getFunctions 方法，添加一条函数映射如下，然后就可以导出 JAR 文件了。

```
functionMap.put("sendNotification", new SendNotificationFunction() );
```

和前面稍有区别的是，这次在发布 JAR 文件时，除了勾选 src 目录外，还要勾选 res 目录，如图 16-13 所示。

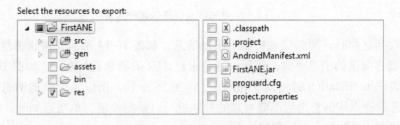

图 16-13　导出 JAR 文件的示意图

因为代码中使用了 res 目录中的 message_icon.png 图片，所以必须将 res 目录包含在文件中。

修改 Java 端的代码后，对应也需要更新 ActionScript 端的代码，在 FirstANE.as 中添加新的方法入口如下：

```
public function sendNotification(title:String, message:String):void
{
```

```
    context.call("sendNotification", title, message);
}
```

接下来进行打包，生成新的 ANE 文件，这里不再详述。

sendNotification 方法的使用也比较简单，和 shareTo 的方式完全相同，读者可以参考实例中的源代码。

运行效果如图 16-14 所示。

图 16-14　在顶部状态栏显示系统通知

系统刚收到通知时，顶部状态栏显示滚动信息，如图 16-14 所示。将状态栏拖下来，可以看到 AIR 程序发出的消息"嘿，伙计，这是来自 AIR 的消息（次数）"，如图 16-15 所示。

由于在发送 notification 时使用了相同的 id（始终为 1），所以每个发送消息时只是更新了原来的信息，这点从信息尾部不断增加的数字就可以得到验证。单击通知时，不管 AIR 程序处于何种状态，系统都会启动程序。

实例程序完整的代码请参见 ch16/ANEExample。

图 6-15　AIR 程序发出的消息

## 16.4　本章小结

　　本章介绍了 AIR 3.0 的新特性——本地扩展，不仅对本地扩展的技术特点做了全方位的解读，也对 Android 平台上本地扩展的开发进行了详细说明，包括开发环境的建立、Android 系统常见功能的实现方式。Android SDK 包含了丰富的功能库，而这些都可以依靠本地扩展引入到 AIR 程序中，实例中所涉及的只是一些基础应用，更多有趣的应用还有待读者去开发。

完全立足于 Android 系统源代码，深度解析 Android 内核的架构设计与实现原理
透彻分析 Android 内核层、硬件抽象层和系统运行库层的各功能模块的底层机制

移动开发

范怀宇◎著

Android In depth

# Android 开发精要

机械工业出版社
China Machine Press

Android Unleashed Second Edition

杨丰盛◎著

**Android 应用开发揭秘**
第 2 版

机械工业出版社
China Machine Press

Android Internals: System

杨丰盛◎著

**Android 技术内幕**
系统卷

机械工业出版社
China Machine Press

Android in Action

李宁◎著

**Android 应用开发实战**

机械工业出版社
China Machine Press

Understanding Android Internals: Volume I

邓凡平◎著

**深入理解 Android**
卷 I

机械工业出版社
China Machine Press

# Java 程序员藏书阁

机械工业出版社
China Machine Press

专业成就人生
立体服务大众

www.hzbook.com

**填写读者调查表　加入华章书友会**
**获赠精彩技术书　参与活动和抽奖**

尊敬的读者：

　　感谢您选择华章图书。为了聆听您的意见，以便我们能够为您提供更优秀的图书产品，敬请您抽出宝贵的时间填写本表，并按底部的地址邮寄给我们（您也可通过www.hzbook.com填写本表）。您将加入我们的"华章书友会"，及时获得新书资讯，免费参加书友会活动。我们将定期选出若干名热心读者，免费赠送我们出版的图书。请一定填写书名书号并留全您的联系信息，以便我们联络您，谢谢！

书名：_____　　书号：7-111-(　　　　　　　　)

| 姓名： | 性别：□ 男　　□ 女 | 年龄： | 职业： |
|---|---|---|---|
| 通信地址： | | E-mail： | |
| 电话： | 手机： | 邮编： | |

**1. 您是如何获知本书的：**
□ 朋友推荐　　　□ 书店　　　　□ 图书目录　　　□ 杂志、报纸、网络等　　□ 其他

**2. 您从哪里购买本书：**
□ 新华书店　　　□ 计算机专业书店　　　　　□ 网上书店　　　　　□ 其他

**3. 您对本书的评价是：**

| 技术内容 | □ 很好 | □ 一般 | □ 较差 | □ 理由_____ |
|---|---|---|---|---|
| 文字质量 | □ 很好 | □ 一般 | □ 较差 | □ 理由_____ |
| 版式封面 | □ 很好 | □ 一般 | □ 较差 | □ 理由_____ |
| 印装质量 | □ 很好 | □ 一般 | □ 较差 | □ 理由_____ |
| 图书定价 | □ 太高 | □ 合适 | □ 较低 | □ 理由_____ |

**4. 您希望我们的图书在哪些方面进行改进？**
_____
_____

**5. 您最希望我们出版哪方面的图书？如果有英文版请写出书名。**
_____
_____

**6. 您有没有写作或翻译技术图书的想法？**
□ 是，我的计划是_____　　□ 否

**7. 您希望获取图书信息的形式：**
□ 邮件　　　□ 信函　　　□ 短信　　　□ 其他_____

请寄：北京市西城区百万庄南街1号　机械工业出版社　华章公司　计算机图书策划部收
邮编：100037　电话：(010) 88379512　传真：(010) 68311602　E-mail：hzjsj@hzbook.com